L'AMI

DES CULTIVATEURS.

TOME PREMIER.

L'aube à peine paraît, on se lève, on attelle,
Déjà tout est debout, et maîtres et valets;
Riches insoucians dormez dans vos Palais,
Le vigilant fermier fait pour vous sentinelle.

L'AMI

DES CULTIVATEURS,

OU

Moyens simples et mis à la portée de tous les Propriétaires, Fermiers, Laboureurs, Vignerons, etc., de tirer le meilleur parti des biens de campagne de toute espèce ; avec tout ce qu'il est nécessaire de savoir pour faire valoir avantageusement un Domaine en Bétail, Volailles, Grains, Vins, Foins, Bois, Étangs et autres productions utiles, et de tirer un parti quelconque de tous les terrains ; avec le traitement des maladies du Bétail, et la manière de faire prospérer les Abeilles et les vers à soie.

AVEC DES GRAVURES EN TAILLE-DOUCE.

PAR P. G. POINSOT,

De la Société d'Émulation et de celle d'Agriculture de Lausanne, auteur de L'AMI DES JARDINIERS.

Cura sit . . . .
Et quid quæque ferat regio, et quid quæque recuset.
VIRG. GÉORG.

Du bon cultivateur le climat est le guide :
Tel sol refuse un plant dont un autre est avide.

TOME PREMIER.

PARIS,

Chez {
L'Auteur, rue de Malte, n.º 12 ;
F. SCHOELL et C.ᵉ, rue de Seine, n.º 12 ;
LENORMANT, rue des Prêtres S. G. l'Auxer.

1806.

AVANT-PROPOS.

On trouve chez tous les Libraires des Traités sur l'Agriculture ; chaque année les journalistes en annoncent de nouveaux. Que résulte-t-il de ces nombreux écrits qui semblent devoir enrichir l'Etat et faire la fortune des propriétaires et des cultivateurs ? qu'ils sont lus par quelques économistes, et que le laboureur les laisse pour suivre sa routine.

Si l'on demande d'où vient cette négligence à pratiquer d'excellens préceptes, je répondrai : Parlez au peuple un langage intelligible, il vous écoutera et vous comprendra. En vous mettant à sa portée, prouvez-lui que votre méthode est bonne, qu'elle change peu de chose à la sienne, et surtout, qu'elle ne lui occasionnera pas des dépenses onéreuses ; il la suivra avec zèle, parce que vous aurez excité sa confiance.

Mais on veut lui parler grec et latin ; on lui fait de belles phrases ampoulées ; on veut qu'il se serve d'outils dont il ne peut comprendre le mécanisme ni supporter la dépense ; on lui propose enfin des moyens impraticables pour améliorer un domaine, et

il répond tout bonnement : « Mon père m'a
« appris à cultiver comme je le fais ; c'est la
« coutume du pays : je me ruinerais pour
« suivre votre méthode, à laquelle je ne com-
« prends rien. »

Mon but, dans ce nouvel ouvrage sur l'A-
griculture, est donc de parler familièrement
au cultivateur, de tout ce qui peut l'inté-
resser pour faire valoir à peu de frais son
domaine ou sa métairie. Je ne lui donnerai
pas des outils ni une manière de cultiver extraordinaires ; mais je les perfectionnerai et
je les rendrai plus commodes et plus profitables, sans lui occasioner des dépenses rui-
neuses. Je lui apprendrai à tirer parti de chaque espèce de terrain en n'y semant ou en
n'y plantant que des végétaux qui pourront
y croître, sans avoir recours à des engrais
trop coûteux et dont la dépense excéderait
le produit.

Je lui donnerai la vraie manière d'élever
et de nourrir son bétail, de l'entretenir en
santé par un traitement convenable, de le
guérir de ses maladies ordinaires par des remèdes simples, et de le préserver des maladies contagieuses. En un mot, je veux lui
persuader que je suis véritablement cultivateur, et que je me conduis d'après une expé-

rience réfléchie, et non d'après une vaine routine.

On ne doit pas s'attendre à trouver dans un Ouvrage en deux volumes *in-8°*, chaque article minutieusement détaillé, tant pour la théorie que pour la pratique; il faudrait pour cela un Traité aussi étendu que le *Cours complet d'Agriculture* rédigé par M. l'abbé Rozier, ou autres, dont la dépense est au-dessus de la fortune d'un cultivateur ordinaire. D'ailleurs un fermier ou un laboureur occupé constamment aux travaux de la campagne, ne peut consacrer à la lecture un temps considérable. Je ne lui dirai donc que ce qu'il faudra pour son instruction, et par ce moyen il n'aura pas à regretter les momens qu'il aura employés avec moi.

DIVISION DE L'OUVRAGE.

TOME PREMIER.

Première partie. De la Métairie et des Bâtimens nécessaires pour loger le fermier, son bétail et ses récoltes.

Seconde partie. Des Outils et des Instrumens convenables pour l'agriculture.

Troisième partie. Du Bétail gros et menu ; de la manière de l'élever, de le nourrir, de le soigner, et des moyens de le guérir dans ses maladies.

Quatrième partie. Des Volailles de toute espèce, de leur éducation et de la manière de les engraisser, etc.

Cinquième partie. De la manière d'élever et de soigner les Abeilles et les Vers à soie, et de tirer parti de leurs productions.

TOME SECOND.

Sixième partie. Des différentes espèces de terres, et des engrais et amendemens tirés des animaux, des végétaux et des minéraux.

Septième partie. Des Labours et des différentes espèces de culture.

Huitième partie. Des Grains et autres productions qui servent à la nourriture de l'homme et du bétail, etc., avec la manière de les cultiver, de les récolter et de les conserver.

Neuvième partie. Des Plantes qui donnent la filasse ; de celles à graines huileuses, et de celles dont les principales productions se trouvent sous la terre, telles que les raves, les pommes de terre, etc.

Dixième partie. Des Prairies, tant naturelles qu'artificielles, avec la manière de récolter les foins et de les conserver en bon état.

Onzième partie. De la Culture des Vignes, selon la pratique des meilleurs vignobles, avec la manière de faire les vins, l'eau-de-vie et le vinaigre.

On a joint à cette partie ce qui concerne le cidre, le poiré et la bierre.

Douzième partie. De la culture des Oliviers, Noyers, Châtaigners, hêtres, avec la manière de faire l'huile d'olives.

Treizième partie. Des Bois ou Forêts, des Taillis, des Haies et autres plantations utiles.

Quatorzième partie. Des Etangs, des Viviers et de la manière de tirer parti des terrains marécageux ou aquatiques.

L'AMI
DES CULTIVATEURS.

PREMIÈRE PARTIE.

Les Bâtimens nécessaires à une Métairie.

CHAPITRE PREMIER.

De la Maison du Cultivateur ou Fermier.

JE ne parlerai point des habitations des cultivateurs qui demeurent dans une petite ville, un bourg ou un village ; il n'est guère possible d'y réunir toutes les aisances nécessaires à l'agriculture : mais ils pourront se régler en partie sur ce que je vais dire pour l'établissement d'une métairie construite séparément dans une campagne.

Une métairie doit être composée des bâtimens nécessaires au logement du propriétaire ou du fermier ; de ceux qui doivent servir pour le bétail, pour les récoltes et pour les besoins relatifs au climat où elle est située ; c'est-à-dire que dans un vignoble, par exemple, il faut un pressoir et un cellier ou vinée, qui sont inutiles dans un lieu privé de vignes.

L'exposition de la métairie doit être saine, autant qu'il sera possible, sur la pente douce d'une colline, pour faciliter l'écoulement de l'eau des pluies et la conduite des eaux de source pour l'arrosement des prairies ou autres productions qui exigent de l'humidité.

On doit donc y trouver une source, une fontaine ou un ruisseau, attendu que l'eau est absolument nécessaire pour l'usage d'une maison, l'abreuvement du bétail et les arrosemens. Les puits et les citernes peuvent servir à défaut de sources extérieures, mais la privation de celles-ci entraîne les plus grandes difficultés.

On doit faire en sorte de placer sa métairie dans un pays où le sol est bon, l'air sain, et où les denrées trouvent un débit facile et sûr, afin de tirer tout le parti possible de ses récoltes.

On aura soin d'examiner si les débordemens d'une rivière, des torrens, ou autres grands lavages d'eau, ne causent point des dégradations extraordinaires dans les terres, et si les champs de la plaine sont sujets à être inondés et submergés. Tout cela est facile à apprendre ou à reconnoître par l'inspection du local.

Il faut encore savoir si l'on y trouve facilement les matériaux nécessaires pour les constructions ; les bois propres aux instrumens d'agriculture, pour le chauffage, les clôtures, etc.

En un mot, on doit bien calculer tous les avantages et les inconvéniens du local, avant de se décider à établir ou à acquérir une métairie.

Cela posé, examinons d'abord en détail les différentes parties de la maison d'habitation.

La grandeur du bâtiment sera proportionnée à l'étendue du domaine qui l'accompagne, afin d'y pouvoir loger le chef, sa famille, et tous les domestiques nécessaires à l'exploitation, et y déposer les denrées de toute espèce, lorsqu'elles seront récoltées et mises en état de vente ou de consommation.

Une ou plusieurs caves seront creusées et bâties sous toute l'étendue de la maison, tant pour rendre celle-ci plus saine, que pour pouvoir y placer tous les vins ou autres boissons, et les denrées qui ne peuvent supporter les grands froids des hivers.

Plus les caves seront profondes, meilleures elles seront. Cependant il faut consulter le local pour la profondeur ; car une des qualités d'une bonne cave est d'être sèche, et, si le sol est naturellement humide, la cave ne peut être profonde sans contracter ce défaut : quelquefois même il est impossible d'en creuser sous la maison par rapport à cet inconvénient ; alors on y supplée par un cellier construit au rez-de-chaussée, avec des murs très-épais, des voûtes en pierre, et l'on place les ouvertures au nord, en les faisant très-petites ; une seule peut même suffire avec la porte, qui doit être placée dans l'intérieur de la maison ; mais rien ne peut suppléer à une bonne cave.

On lui donnera, s'il est possible, 4 à 5 mètres (15 pieds) de profondeur sous le niveau de la maison ; la voûte aura 3 à 4 mètres (10 à 12 pieds) de hauteur sous la clef ou sommet, et sera chargée de 12 à 13 décimètres (4 pieds) de terre. Les soupiraux seront petits et tournés au nord. Ils ne sont point destinés à éclairer une cave, mais à en renouveler l'air et à diminuer l'humidité. Il faut les ouvrir et les fermer à propos, selon la température extérieure, de manière que celle de la cave soit à peu près à 10 degrés de chaleur, au thermomètre.

L'entrée doit être dans l'intérieur de la maison ; elle aura deux bonnes portes, l'une au-dessus et l'autre en bas de l'escalier, pour empêcher l'air du dehors de pénétrer trop promptement.

Cette cave sera pourvue de chantiers pour supporter les tonneaux. Il vaut mieux les faire en maçonnerie qu'en bois, et leur donner deux à trois pieds de hauteur ; cette élévation facilite beaucoup le soutirage des vins. Leur épaisseur sera réglée sur la dimension des futailles. Il est à propos de leur former un canal dans le milieu de leur épaisseur, sur toute leur longueur ; les tonneaux s'y placent plus solidement, et ce qui coule par la bonde peut se recueillir à l'extrémité de chaque chantier.

On y laissera des passages de distance en distance, et ils seront assez éloignés des murs de la cave pour que l'on puisse visiter les tonneaux par derrière.

Enfin la cave sera pourvue de tous les ustensiles nécessaires, et l'on y pratiquera des enfoncemens, des tablettes de planches et autres commodités qui peuvent faciliter le service et éviter la confusion ; car rien n'est plus désagréable qu'une cave où règne le désordre.

Le rez-de-chaussée de la maison sera élevé de 6 à 9 décimètres (2 à 3 pieds) au-dessus du niveau de la cour. Je ne parlerai point de sa distribution, que chacun peut faire à sa volonté : mais je remarquerai qu'il est mal à propos de faire servir la cuisine de chambre à four ; celle-ci doit être bâtie séparément pour éviter les dangers du feu et laisser la cuisine libre.

On fera un premier étage sur le rez-de-chaussée, soit pour des chambres à coucher, soit pour des besoins particuliers. Cet étage est autant pour l'économie que pour l'aisance, parce que la même couverture sert pour le tout, et rien n'est plus désagréable que d'être obligé de construire de nouveaux logemens après coup.

Au-dessus du premier étage on établira les greniers proprement dits, si l'on ne préfère de les construire à part, ce qui vaudrait beaucoup mieux. Ils seront carrelés et plafonnés, et les murs en seront bien recrépis, afin d'éviter toute retraite aux rats, aux mulots, aux souris et aux charançons. On croit beaucoup économiser en retranchant cette dépense, et l'on perd chaque année une quantité considérable de grains par les ravages des animaux de toute espèce qui se cachent et se multiplient dans un grenier mal calfeutré.

Les fenêtres de ces greniers seront petites, placées presque au niveau du carrelage ; garnies , au dehors , d'une grille de fil de fer à petites mailles , et en dedans , d'un châssis en canevas , de manière que les rats et les charançons ou autres animaux n'y puissent passer. Elles seront distribuées tout à l'entour des greniers pour y établir des courans d'air au besoin.

Les greniers que l'on place en Suisse et ailleurs , dans des chambres basses et humides , et où l'on dépose les grains dans des *arches* ou caisses , ne valent rien. Je préférerais ceux que l'on y construit isolés en forme de cabinets , s'ils n'étaient pas en simples planchers.

Les qualités d'un bon grenier sont , d'être sec , bien enduit de toute part et bien aéré , sans laisser de passage aux animaux destructeurs.

Le dessus du bâtiment sera terminé par de faux greniers ou *galetas* , sous la couverture ; ils servent à l'étendage des lessives et à débarrasser la maison ; mais il ne faut y mettre ni bois de chauffage , ni matières purement combustibles , dans la crainte du feu. Par cette dernière raison , l'on se gardera bien de couvrir le bâtiment en paille ou en bois ; les tuiles plates ou creuses sont préférables à tout ; car les pierres plates et minces nommées *laves* , dont on se sert dans plusieurs pays , écrasent les bâtimens , et exigent une dépense énorme de bois de charpente pour les supporter.

CHAPITRE II.

Des Écuries, Étables et Bergeries.

APRÈS le logement du cultivateur, ceux de son bétail sont les plus intéressans, puisque de leur construction et de leur tenue dépendent en partie la santé et la vigueur des animaux domestiques.

Écurie des chevaux.

Toutes les écuries doivent être séparées du principal corps-de-logis, et avoir entre elles une certaine distance, tant pour éviter la communication du feu, en cas d'incendie, que pour leur donner les jours et les courans d'air nécessaires. Ainsi, dans la grande cour qui doit être établie devant la maison, si l'écurie des chevaux est à droite, l'étable des bœufs et des vaches sera à gauche, ou réciproquement. Il en sera de même pour la bergerie, la grange, etc., autant qu'il sera possible. Le tout sera placé de manière que le chef de la métairie puisse voir, de sa chambre, tout ce qui se passe dans la cour.

L'exposition sera au levant ou au nord. Le sol sera au moins de 3 à 4 décimètres (un pied) plus

élevé que celui de la cour ; toute écurie enterrée est
malsaine. Sa longueur se détermine par la quantité
de chevaux à y loger. Il faut 12 à 16 décimètres
(4 à 5 pieds) de largeur pour chaque cheval ; plus
près l'un de l'autre, ils seraient gênés. Si l'écurie est
simple , elle doit avoir 5 à 6 mètres (18 à 20 pieds)
de largeur ; si elle est double , c'est-à-dire , pour
deux rangs de chevaux , on lui donnera 11 à 12 mètres (36 ou 38 pieds) de largeur , un peu plus ou un
peu moins.

La hauteur sera proportionnée à la longueur et à
la largeur ; 4 mètres 5 décimètres (14 pieds) ne sont
pas trop pour une écurie de 12 chevaux ; l'air ne cir-
cule point dans une écurie trop basse.

Une voûte ou un plafond serait infiniment préférable à un plancher, qui laisse pénétrer le froid ,
la chaleur , et fait tomber continuellement de la
poussière.

La porte de l'écurie aura 2 mètres et demi (8 pieds)
au moins de hauteur sur un mètre 4 décimètres (4
pieds et demi) de largeur. On pratiquera des fenêtres vis-à-vis et au-dessus des râteliers : elles
seront garnies de châssis en papier huilé ou en toile,
pour le dedans , et de contrevents pour le dehors.
Les châssis en verre fatiguent la vue des chevaux.
D'ailleurs en été la trop grande clarté de l'écurie
donne lieu aux mouches de les harceler , et c'est un
grand soulagement pour eux que de manger tran-
quillement. Pour y parvenir , on peut donner à
l'écurie la plus grande obscurité en fermant la porte

et les contrevents : alors ou pourra donner de l'air par les ouvertures du plafond, qui servent à jeter le foin et la paille.

J'aime beaucoup les écuries de Suisse, dont le sol est planchéié en madriers de sapin, inclinés en pente douce depuis l'auge jusqu'au milieu de l'écurie. Le pavé est moins coûteux et dure plus long-temps ; mais il fatigue beaucoup les pieds des chevaux, et ne se nettoie pas si facilement qu'un plancher.

Il est nécessaire de pratiquer un conduit ou écoulement pour les urines, qui ne doivent point séjourner dans l'écurie.

Les râteliers doivent être garnis de fuseaux ou barreaux de bois dur bien arrondis ou unis, espacés d'un décimètre environ (3 à 4 pouces). Ils doivent être solidement retenus par des barres de bois ou de fer, et avoir une pente de 4 à 5 décimètres (15 à 18 pouces) seulement, afin que la poussière du foin ne tombe pas sur la crinière du cheval en mangeant.

La mangeoire ou auge serait meilleure en pierre qu'en bois ; elle doit être plus étroite au fond que dans le haut, afin que le cheval rassemble mieux le foin ou l'avoine. Elle doit être soutenue par un mur plutôt que par des piliers de bois, et ce mur sera construit de manière qu'il ne puisse y entrer ni ordures, ni souris, ni insectes. Une très-mauvaise méthode est de retrousser la litière sous les mangeoires saillantes, et par conséquent sous le nez des chevaux ou des mulets, qui en sont souvent dégoûtés au point de refuser la nourriture.

La barre que l'on place ordinairement entre les chevaux est très-mal imaginée ; une séparation en planches, haute de 12 décimètres (4 pieds) est préférable.

L'écurie doit être fournie des ustensiles nécessaires, tels que l'étrille, la brosse, l'époussette, les peignes, fourches de bois, balais, cure - pieds, ciseaux, couteau de chaleur, etc., dont je parlerai à l'article du pansement.

Il est bon aussi d'avoir une petite écurie séparée pour les chevaux malades.

Celles des mulets et des ânes sont à peu près les mêmes.

Des Étables pour les bœufs et les vaches.

Leur étendue se règle, comme celle des écuries des chevaux, sur la quantité des bêtes que l'on doit y héberger ; il faut 16 décimètres (5 pieds) d'espace pour chacune. La hauteur du plancher sera suffisante à 38 ou 45 décimètres (12 ou 14 pieds). La largeur de l'écurie pour un rang de vaches sera de 4 à 5 mètres environ (12 à 15 pieds), et du double pour deux rangs.

L'exposition sera, autant que possible, au levant ; le sol en sera sec et élevé ; la porte et les fenêtres seront grandes, afin de donner beaucoup d'air, même quand il est froid. Le plus grand défaut des campagnards est d'étouffer leurs bêtes à cornes, en bouchant toutes les ouvertures de l'étable.

Je préfère les auges et les râteliers, mais moins

élevés que pour les chevaux, aux autres manières de
donner à manger aux bœufs et aux vaches. La propreté et l'économie y trouvent mieux leur compte.

On doit souvent nettoyer l'étable ; autrement le
fumier, en pourrissant, altère l'air, et donne lieu à
beaucoup de maladies putrides. Il seroit à souhaiter
que l'on pût laver le sol des étables et des écuries de
temps en temps, pendant que les bêtes sont au travail, ou lorsqu'on vient d'en sortir les fumiers ; rien
ne seroit plus propre à en purifier l'air.

Toute bête malade doit être placée dans une écurie
séparée.

Au-dessus des étables on placera les fourrages pour
la nourriture des animaux.

De la Bergerie.

Le plus grand défaut des bergeries ordinaires est
d'être établies sur un sol humide, au fond d'une
écurie, et sans qu'il soit possible d'y renouveler l'air.

Un autre grand défaut de ceux qui élèvent des
brebis, c'est de laisser amasser sous elles la litière
et les excrémens.

Enfin un troisième défaut, c'est de laisser les moutons manger les uns sur les autres, n'ayant pas de
place suffisante, et de ne point empécher les toiles
d'araignées, la poussière et les ordures, de se mêler
à leur alimens.

Toute bergerie sera donc établie dans une exposition saine, sur un sol exempt de toute humidité,
qui est le plus grand fléau des moutons, et cons-

truite de manière à pouvoir y renouveler l'air souvent et facilement.

Une bergerie de 8 mètres (3o pieds) de long sur 6 mètres et demi (2o pieds) de large peut contenir soixante moutons, s'ils sont gros, et quelques-uns de plus, s'ils sont d'une petite espèce.

L'élévation d'une pareille écurie sera de 32 décimètres (1o pieds) au moins. Le sol sera en pente douce, de 3 centimètres (un pouce) d'élévation, sur un mètre (3 pieds) de long. Si elle est construite sur la pente d'un côteau, il faudra creuser dans la partie du haut, au dehors de l'écurie, un fossé dont le fond sera plus bas que le sol intérieur de l'écurie ; ce fossé sera continué tout à l'entour, de manière que les eaux viennent se rendre dans un autre fossé creusé au-dessous de la bergerie, et dans laquelle les urines s'écouleront. En déposant dans cette fosse les pailles de la litière, des feuilles d'arbres et d'autres substances végétales, on aura un excellent fumier chaque année.

A chaque extrémité du bâtiment, on ouvrira une grande porte à deux battans, pour faciliter l'entrée et la sortie des moutons, et les empêcher de se presser les uns contre les autres ; l'une de ces portes sera au nord et l'autre au midi, si cela est possible.

On ouvrira des fenêtres aux différens côtés de la bergerie, à proportion de son étendue ; elles auront trois pieds de largeur sur cinq de hauteur. Chacune sera garnie d'un châssis à vitre ou en papier huilé. On les ouvrira souvent du côté opposé au soleil, pour renouveler l'air, même dans la saison la plus froide.

La propreté la plus scrupuleuse doit être mainte-
nue dans l'intérieur. On lèvera les fumiers tous les
quinze jours, en quelque saison que ce soit, à moins
que la neige ne force les brebis à rester dans l'étable.
Lorsqu'ils sont levés, ouvrez toutes les portes et fenêtres, et ne les refermez qu'au moment où les bêtes
sont prêtes à rentrer.

On peut établir les râteliers ou berceaux le long
des murs ou au milieu de la bergerie ; mais, quelque
part qu'ils soient placés, ils doivent être fixes et non
mobiles, comme on le fait mal à propos dans certains pays. Leur hauteur doit être de niveau au dos
des moutons, de manière qu'ils ne lèvent ni ne baissent la tête pour prendre leur nourriture.

Ces râteliers seront accompagnés de petites auges
que l'on nettoiera soigneusement chaque jour. Les
bois de ces auges, ainsi que ceux des râteliers, seront
d'un bois dur et uni sans esquilles : cette attention est
presque oubliée chez les cultivateurs ; cependant ils
voient que la laine s'accroche et se déchire, ou que
l'animal s'écorche, s'il passe ou qu'il se frotte contre
un bois raboteux ou mal uni.

On ne doit point placer les fourrages sur un plancher au-dessus de la bergerie, surtout sur des claies,
comme on le fait dans beaucoup d'endroits ; les vapeurs qui s'élèvent continuellement, leur donnent nécessairement un mauvais goût et une mauvaise odeur.
On doit les déposer dans une loge séparée, à côté où
au fond de la bergerie, à laquelle elle communique
par une porte que le berger a soin de fermer chaque
fois qu'il donne à manger aux moutons.

Il serait bon d'avoir encore un hangar ouvert de
toute part sous le couvert, au-dessus des murs, pour
placer les moutons en été, depuis dix heures du
matin jusqu'à trois heures après midi; car la chaleur
est infiniment plus préjudiciable que le froid, par
rapport à leur toison, en sorte qu'il est essentiel de
leur procurer de l'ombre sans les priver du grand air.

Écurie des chèvres.

Si la métairie est établie dans un pays où l'éducation des chèvres soit préférée à celle des brebis,
on suivra à peu près la même règle pour leur écurie
que pour la bergerie. La chèvre demande beaucoup
de propreté.

Loge pour les cochons.

Les cochons n'exigent pas autant de propreté que
les animaux précédens; mais il est bon de leur
fournir une loge saine, exempte d'humidité, et de
la nettoyer souvent en changeant leur litière. Je ne
doute pas que la saleté où on les laisse ordinairement presque partout, ne contribue beaucoup à leur
donner la ladrerie dont ils sont souvent attaqués.

Chenil pour les chiens.

Comme il n'est pas question de chiens de chasse
dans ce traité, le chenil sera une simple loge placée
à côté de la porte d'entrée de la cour, où l'on mettra
de la paille fraîche de temps en temps.

Les chiens de garde doivent être lâchés pendant
la nuit, et enchaînés ou enfermés pendant le jour. Il
y en aura un pour le jardin et un pour la cour d'entrée.

Du Poulailler.

Presque tous les poulaillers sont froids, humides,
malpropres, et l'air n'y est point renouvelé.

Le mur de face du poulailler sera tourné au levant,
et un autre mur au midi : il sera pratiqué à chacun
une fenêtre ; celle du levant s'ouvrira pendant l'été,
et celle du midi pendant l'hiver : elles seront grillées
en fil de fer à mailles serrées.

On peut placer le poulailler au-dessus de la loge
aux cochons, pourvu que le sol soit carrelé, pour
empêcher la communication de toute mauvaise odeur.

Entre les deux fenêtres, il y aura une ouverture
de 2 à 3 décimètres (10 pouces) de hauteur sur 2 décimètres (8 pouces) de largeur, pour l'entrée et la
sortie des poules ; il est essentiel qu'elle ferme bien.

La porte d'entrée se placera dans l'endroit le plus
commode pour le service. Les murs seront bâtis
solidement avec de bon mortier et soigneusement
recrépis, de manière que les rats ni les souris ne
puissent y trouver de retraite.

Quelques personnes placent les nids dans l'épaisseur des murs, en y mettant de la paille : je préfère-
rais l'usage des paniers accrochés aux murs dans le
côté le plus obscur du poulailler. Leur nombre doit
être proportionné à celui des poules.

Le huchoir sur lequel les poules reposent, est

composé de perches éloignées entre elles de 27 à 32 centimètres (10 à 12 pouces) : on évitera de les prendre rondes et trop unies , afin que les poules puissent s'y reposer plus solidement.

On nettoiera le poulailler deux fois par semaine , en ôtant tout le fumier , toute la paille, et en lavant les murs, le pavé et les perches du huchoir, qui doit être élevé de 12 à 16 décimètres (4 à 5 pieds) au-dessus du sol ; il y aura par conséquent une petite échelle au dedans, pour que les poules puissent y monter facilement.

Les nids seront au niveau des perches, et seront garnis de paille ou de foin. Ils doivent être assez grands pour que chaque poule y soit à son aise.

On mettra un abreuvoir dans le poulailler ; il sera placé sous une espèce de caisse renversée dont le devant aura deux ouvertures par où les poules passeront la tête et le cou pour boire. On renouvellera soigneusement l'eau chaque jour.

Il serait important de planter quelques arbres à côté du poulailler , tels que des mûriers blancs et des cerisiers , dont les fruits nourrissent les poules , et l'ombre les garantit de l'ardeur du soleil.

Enfin on placera près du poulailler une *fosse* remplie de sable fin , dans laquelle les poules iront faire la *poudrette*, surtout après leur couvée.

Il serait bon d'avoir, pour l'hiver, un petit poulailler chaud pour y loger quelques bonnes poules qui pondraient beaucoup plus tôt que les autres : le dessus du four, par exemple, serait excellent.

De

De la Dindonnerie.

On doit avoir, pour élever les dindonneaux, une petite chambre séparée du poulailler, à une exposition chaude, exempte d'humidité, dans laquelle on placera un nombre de cabas ou de paniers assez grands, garnis de paille ou de foin, pour la ponte des mères dindes.

Il ne faut pas que cette chambre soit trop éclairée; mais il faut pouvoir en renouveler l'air chaque jour. On la tiendra propre.

Lorsque les dindons sont grands, on leur place des juchoirs dans la cour ; ils sont formés avec de grandes perches plantées en terre et traversées par des bâtons opposés entre eux, de deux pieds en deux pieds, le long de chaque perche : ou bien on place de vieilles roues au-dessus d'un ou de plusieurs grands piquets.

Du Colombier.

J'ignore si l'usage des grands colombiers à pied reviendra ; mais comme ils sont supprimés et qu'il n'est plus permis d'avoir une grande quantité de pigeons, on peut se contenter d'un ou de plusieurs cabinets placés au-dessus du rez-de-chaussée de quelque bâtiment de la métairie. En tout cas, de quelque manière qu'on loge les pigeons, l'intérieur de leur habitation doit être parfaitement recrépi, plafonné, carrelé assez solidement pour empêcher les rats ou

Tome I. 2

autres animaux malfaisans de s'y cacher. On doit
peindre tout en blanc, même les planches que l'on
pourrait y placer, attendu que le pigeon aime beaucoup cette couleur.

L'ouverture du dehors, qui doit être au midi,
sera entourée, à un mètre environ (quelques pieds
de distance), d'une plaque de fer blanc pour couper
le passage aux fouines, putois, etc. Elle sera élevée
d'un mètre et demi à deux mètres (5 à 6 pieds) au-
dessus du carrelage.

Cette fenêtre sera garnie par devant d'une large
banquette, pour poser les pigeons qui veulent rentrer ou se mettre au soleil. L'intérieur de cette
fenêtre aura également une banquette et sera garni
d'une planche percée suffisamment pour passer un
pigeon, et cette ouverture sera fermée par une bas-
cule garnie d'une grille en fil de fer à petites mailles,
que l'on aura soin de lever le matin et de baisser le
soir, au moyen d'une ficelle passée à une poulie et
attachée au-dessus de la grille. La porte d'entrée du
colombier sera au dedans du bâtiment et fermera
bien.

Le dedans du colombier sera garni de banquettes
de pierres ou de planches, sur lesquelles on posera
des pots de terre évasés ou terrines plates. Quelques
personnes préfèrent les paniers attachés aux murs;
mais ils sont difficiles à nettoyer et durent très-peu.
D'autres font avec des planches des cases de huit pouces en tout sens. Chacun a sa méthode; l'essentiel est
de nettoyer soigneusement le colombier au moins tous

les mois, tant avec une ratissoire qu'avec une brosse.
On y mettra de l'eau souvent renouvelée et quelques
paquets de lavande, que les pigeons aiment singulièrement.

Je ne parlerai point de la faisanderie, attendu que
l'éducation de ces oiseaux ne doit point entrer dans
un plan d'économie rurale.

De la Loge pour les oies et les canards.

Ces oiseaux, qui sont d'un grand produit pour une
métairie, demandent à être logés séparément, mais
à peu près de même. Le sol de la loge sera un peu
plus élevé que celui de la cour ; l'intérieur sera bien
crépi et propre : on y jette de la litière, sur laquelle
ces oiseaux se couchent ; mais il faut la changer souvent, sans quoi le mauvais air et la malpropreté leur
causeraient des maladies dangereuses.

CHAPITRE III.

Des autres Bâtimens nécessaires ou utiles à la Métairie.

1. De la Ferme.

Si le corps de logis dont j'ai parlé au chapitre premier est destiné à loger le propriétaire de la métairie, et que celui-ci ne cultive pas par lui-même,

il faudra un bâtiment subalterne pour loger son fermier. Cette ferme proprement dite consistera en un rez-de-chaussée avec cuisine et chambre à manger, pour le fermier et son monde; sur le tout il y aura un premier étage distribué en chambres à coucher, et enfin un grenier ou galetas sous le couvert.

2. *De la Grange.*

Après la maison du fermier et les écuries, la grange est le bâtiment le plus nécessaire au cultivateur, puisqu'il doit renfermer sa principale richesse. Ce bâtiment, qui est inutile dans les climats chauds où l'on fait des gerbiers et où l'on bat les grains dans les champs mêmes, devient nécessaire dans les pays plus froids, où l'on ne bat presque qu'en hiver.

La grange serait assez bien placée entre l'écurie des chevaux et l'étable des bœufs et vaches : c'est ce que l'on fait en Suisse. On y ouvre de chaque côté des cloisons qui la séparent des écuries, des ventaux composés d'une file de planches qui se lèvent et qui se baissent à volonté; elles sont posées à la hauteur des râteliers placés dans les écuries contre ces cloisons, en sorte qu'on peut emplir, vider et nettoyer facilement ces râteliers sans déranger ni salir le bétail. On sent que cette méthode est aussi commode qu'économique.

La grandeur de la grange sera, comme celle des autres bâtimens, proportionnée à l'étendue de la métairie, afin que l'on puisse y loger et placer sans confusion toutes les espèces de grains et de denrées.

Elle sera composée de la place de l'aire, qui doit avoir au moins 4 mètres et demi (14 pieds) de largeur sur près de 6 mètres (18 pieds) de longueur, non compris environ 3 mètres (10 pieds) de plus dans le fond, pour que les chevaux ou autres bêtes de trait puissent conduire les charriots de grains jusqu'au bord du déchargeoir, qui est un plancher élevé de 2 mètres et demi à 3 mètres (8 à 10 pieds) au-dessus du niveau de la grange, dans le fond.

L'aire, ou le sol sur lequel on bat les grains, se fait ordinairement avec de la terre grasse bien pétrie et corroyée avec les pieds ou des pilons de bois, et battue ensuite avec des morceaux de bois plats à long manche. Dans les pays où les bois sont communs, on fait cette aire avec de fortes planches bien jointes à languettes. L'élasticité de ce plancher facilite beaucoup plus le battage que la dureté sèche de l'aire de terre.

Le plancher sur lequel on place les grains sera élevé au-dessus de l'aire d'environ 5 mètres (15 pieds), afin que le bout des fléaux puisse s'élever sans obstacle en battant. Il sera de bonnes planches bien jointes par des gravures à languettes.

Tous les murs de la grange seront construits solidement et bien recrépis, tant en dedans qu'en dehors, pour empêcher les rats, les mulots et les souris de s'y retirer, ainsi que les charançons.

La couverture du bâtiment sera très-élevée, afin de pouvoir hausser les tas de grains à proportion de l'abondance des récoltes.

La grange sera pourvue de plusieurs échelles

grandes et petites, d'une corde armée d'un crochet, avec une grosse poulie attachée au faîte du bâtiment, vis-à-vis du bord du déchargeoir, dans laquelle on passe un bout de la corde qui sert à enlever facilement les gerbes à telle hauteur que l'on veut, en passant le crochet sous le lien.

Il est inutile de dire qu'elle doit être pourvue de vans, de cribles, de fléaux, de rateaux, de fourches, de balais, etc. On la tiendra toujours propre en balayant soigneusement l'aire, les murs, le plancher, où l'on ne doit apercevoir ni poussière, ni araignée, surtout si l'on fait sur l'aire le mélange du fourrage pour le bétail, comme je le dirai à l'article de la nourriture des animaux de travail.

3. *Du Cellier.*

Dans les vignobles, un cellier est absolument nécessaire, et ce seroit sous cet emplacement que je construirois la cave principale, dont la voûte seroit percée pour pouvoir y descendre le vin par un tuyau de fer blanc ou de cuir, depuis le cellier, surtout si l'on se sert de *foudres*, qui sont de trop gros tonneaux pour quitter les chantiers.

C'est dans le cellier que se placent les cuves et tous les instrumens qui servent aux vendanges ; on peut même y construire un ou plusieurs pressoirs.

Pour rendre un cellier très-commode, il faudroit y ouvrir des fenêtres du côté de la cour, dont chacune seroit placée vis-à-vis d'une cuve avec un glissoir pour jeter la vendange par dehors.

Au fond du cellier seraient placés les chantiers pour poser les tonneaux remplis au sortir du pressoir : on y laisserait bouillir le vin et déposer la première lie avant le premier soutirage ; il est prouvé qu'il s'y dépouille mieux que dans les caves.

On doit avoir beaucoup d'attention à tenir un cellier propre et parfaitement rangé , à en laver tous les ustensiles après que la vendange est finie, et surtout à ne point y laisser entrer les volailles.

4. *Du Pressoir.*

Si l'on n'a pu placer le pressoir dans le cellier , soit par rapport à une cave qui seroit creusée dessous (ce qui n'est cependant pas un obstacle suffisant) , soit pour raison de sa petitesse , ou pour y laisser le vin plus en sûreté , on fera un bâtiment séparé pour un pressoir , qui est absolument nécessaire à tout propriétaire économe qui a beaucoup de vignes.

Sans entrer dans le détail de plusieurs pressoirs que l'on a imaginés , soit pour l'économie , soit pour la commodité , je déclare que je ne reconnais de bons pressoirs que celui à grand arbre avec une cage ou un tesson , lorsqu'on a beaucoup de vin à faire ; ou celui à étiquet, qui se serre avec une corde attachée à une roue à vis , lorsque l'on a peu de vignes. Tous les autres pressoirs sont de pure fantaisie, et sujets à mille inconvéniens qui , à la fin , les rendent plus dispendieux que les deux autres.

Pour un pressoir à arbre avec une vis à *cage* ou à *zesson*, il faut un bâtiment de 11 à 13 mètres (36 à 40 pieds) de long sur 5 à 6 mètres (18 à 20 pieds) de largeur ; si l'on veut y ranger des cuves, il faut donner 2 à 3 mètres (8 à 10 pieds) de plus à la largeur. En donnant à ce bâtiment une plus grande étendue, il n'en sera que plus commode.

Il doit être pourvu d'un plancher élevé de 4 à 5 mètres (15 pieds) au-dessus du sol, pour y placer des provisions de tonneaux tant vieux que neufs, des cercles, des osiers, et autres attirails qui ne doivent point embarrasser le pressoir au temps de la vendange.

Pour un pressoir à étiquet, une loge de 8 à 10 mètres (24 à 30 pieds) de long sur 5 à 6 mètres (16 à 18 pieds de largeur, est suffisante. Il y aura aussi un plancher de 4 mètres à 4 mètres et demi (13 à 14 pieds) d'élévation pour y serrer différens objets, comme au pressoir précédent.

Ces pressoirs seront pourvus de balonges, cuviers, tines, gerles, égrappoirs, entonnoirs, pelles, balais, hache à couper le marc des raisins, etc.

On se sert de deux barres de bois dans plusieurs vignobles, pour tourner la vis des pressoirs dont je viens de parler : c'est une mauvaise méthode, en ce que les pressureurs qui sont près de la vis ne servent presque à rien. Il faut établir une grande roue entourée de chevilles, auxquelles les pressureurs s'accrochent pour tourner la vis ; par ce moyen la force de chaque individu est également employée, et il faut moins de monde : mais il faut avoir l'œil à ce que l'on ne serre pas trop, et par saccades, comme le font la plupart des pressureurs, surtout quand ils ont bu ; autrement le meilleur pressoir peut être cassé dans un instant.

On doit avoir plusieurs vis pareilles, pour pouvoir en changer en cas de besoin.

La cage chargée de pierres et assemblée au pied de la vis des grands pressoirs, est préférable au tesson, qui est sujet à pourrir dans la terre, et qui peut s'arracher au moment où l'on est le plus pressé.

La propreté, l'ordre et la police doivent être maintenus dans un pressoir ; on doit empêcher d'y manger du pain, dont les miettes sont dangereuses pour le vin. Il est essentiel d'avoir un conducteur intelligent et zélé pendant les vendanges ; on gagne par cette attention beaucoup plus que ne coûtent les gages qu'on lui donne.

5. *De la Chambre à four et à lessive.*

La chambre à four, que je conseille de séparer de la maison d'habitation, pourra servir en même temps pour les lessives. Il est très-utile de carreler le dessus de la voûte, et d'y ménager un cabinet, qui peut servir d'étuve pour sécher un grand nombre de denrées, et où l'on peut faire couver de bonne heure quelques poules ou autres volailles.

Ce petit bâtiment aura simplement un rez-de-chaussée, et sera voûté en voûtes plates de briques, ou avec des pierres maçonnées entre des solives évasées par le haut. Cette précaution est très-utile

contre les incendies souvent occasionnés par ceux
qui chauffent le four.

La grandeur du four sera proportionnée aux
besoins de la métairie ; on peut lui donner depuis
2 mètres (6 pieds) jusqu'à 3 mètres (9 ou 10 pieds):
mais il serait très-commode d'avoir un petit four de
10 à 12 décimètres (3 à 4 pieds) seulement , qui se
chauffe avec peu de bois , et qui peut servir dans
bien des circonstances.

La forme du four doit être ovale ou en cercle
alongé , plutôt que ronde. La voûte, qui sera très-
surbaissée, aura autour de 40 centimètres (15 à 16
pouces) au-dessus de l'âtre, et viendra affleurer le
dessus de l'entrée ou *gueule* de four. Elle sera construite en briques ou en pierres à feu ; mais dans les
pays où l'on trouve de bonne terre à four, on ferait
bien mieux de la former avec cette terre bien corroyée et moulée à peu près comme des pains de
savon.

L'âtre sera construit avec huit pouces d'épaisseur
de cette terre à four, bien battue et foulée avec des
battes; il sera un peu renflé dans le milieu plutôt que
creux.

Lorsqu'on aura rempli les reins de la voûte avec
de la terre et du moellon, il faudra bien battre et unir
le tout, ensuite carreler ce massif; ce sera le dessus
du four dont j'ai parlé au commencement de cet
article.

Le devant de la bouche du four aura une tablette
pour attirer la braise et poser la pelle quand on en-

fourne. Sous l'âtre on ménagera un cendrier voûté, avec une entrée.

Parmi les bois dont on chauffe le four, celui de hêtre ou foyard, qui n'est pas trop sec, mérite la préférence ; mais quelque bois que l'on emploie, il ne faut le prendre ni trop vert ni trop sec. Les épines ne doivent servir qu'en cas de disette : les branches d'arbres, mises en fagots ou bourrées, sont fort bonnes.

6. *De l'Angar ou Remise.*

Ce bâtiment est absolument nécessaire, et l'un des plus importans d'une métairie, pour mettre à couvert les charrues, les chariots, les charrettes, les outils de labourage, les bois de service, les harnois, les cordes, etc.

Cet angar doit avoir une étendue suffisante pour y ranger commodément le nombre de chars dont le fermier a besoin, ainsi que les autres ustensiles, sans que le passage soit embarrassé autour du mur, où l'on accrochera les harnois et les outils à des chevilles qui y seront plantées.

Tout doit être rangé par ordre sous ce bâtiment, de manière que l'on puisse y trouver à l'instant ce dont on a besoin.

Il aura deux portes ; une grande pour entrer et sortir les voitures, et une plus petite par où l'on passera pour prendre les menus outils. Ces portes fermeront bien, afin que tous les domestiques indistinctement, ou même des étrangers, ne puissent y aller gaspiller les différens outils dont le maître-valet doit être responsable, au moyen d'un inventaire dont le fermier ou le propriétaire aura un double.

Voilà les bâtimens les plus nécessaires à une métairie. Il est important qu'ils soient distribués dans la même cour et en vue de la maison d'habitation: mais, je le répète, il serait fort bon qu'ils fussent séparés les uns des autres pour éviter la communication, en cas d'incendie; alors il faudrait que leurs séparations fussent garnies de bons murs de clôture, de manière que toute la cour autour de laquelle ils sont établis fût exactement fermée.

Les réparations de toute espèce des bâtimens détaillés ci-dessus ne peuvent être trop soignées à mesure qu'elles se présentent à faire. Ainsi, chaque année, et même chaque mois, le propriétaire doit examiner tous les détails des murs, des couvertures et de l'intérieur de ses bâtimens, et n'y laisser subsister aucune dégradation. Toute négligence à cet égard est suivie de quelque inconvénient, dont le moindre est préjudiciable à l'économie, puisqu'une simple gouttière fait pourrir les bois, sur lesquels elle laisse couler l'eau des pluies.

7. *De la Cour d'entrée.*

La cour d'entrée, bien fermée dans son enceinte, tant par les bâtimens qui l'entourent que par des murs d'une hauteur suffisante, doit avoir une fontaine, ou au moins un puits, ou une bonne citerne, tant pour l'usage de la maison que pour abreuver et nettoyer le bétail. On y placera des auges en pierre en en bois, que l'on tiendra toujours propres en les nettoyant souvent. Cette précaution devient inutile lorsqu'on a une rivière ou un ruisseau à portée de la métairie, où les bestiaux vont s'abreuver et se laver en même temps.

On peut aussi former un abreuvoir environné d'une muraille dans le fond et sur les côtés, ouvert sur le devant, et dont le sol descend en pente douce jusqu'au mur du fond. Ces sortes d'abreuvoirs doivent être pavés ou garnis de gros sable; la boue que l'on y laisse ordinairement est pernicieuse au bétail, qui la détrempe en piétinant, et qui la boit ensuite avec l'eau. C'est un très-mauvais préjugé que celui de croire que les chevaux boivent l'eau trouble avec plus d'avidité que l'eau claire; je soutiens au contraire qu'une eau claire et pure est non-seulement préférée par les animaux, mais qu'elle les préserve de beaucoup de maladies, notamment des engorgemens, des obstructions et de la pierre dans les reins et la vessie.

Bien des personnes veulent que la cour soit pavée dans toute son étendue, pour éviter les dépôts d'ordure et lui donner un air de propreté. Je préférerais de la distribuer en carrés de gazon entourés de barricades, et en allées suffisamment larges pour passer librement les voitures et communiquer d'un bâtiment à l'autre. Ces allées ou chemins seraient pavés et couverts de sable. Mais je me plairais infiniment à voir une cour égayée par des arbres bien distribués et dont les productions pussent servir pour le volaille.

Enfin la cour n'aurait qu'une porte d'entrée, qui serait fermée tous les soirs, et dont le maitre aurait la clef.

8. *De la Place aux fumiers.*

La méthode de répandre les fumiers dans le milieu ou dans le coin d'une cour, à mesure qu'on le sort des écuries, ne vaut rien, soit par rapport à la malpropreté, soit par rapport à la mauvaise qualité du fumier. Il faut avoir, hors de la cour, au moins deux creux à fumier, dont la grandeur sera proportionnée au nombre du bétail. Ces creux seront en pente douce depuis l'entrée jusqu'au fond : le fumier y sera environné de terre battue, à mesure qu'il s'y exhaussera, afin que le tour ne soit pas desséché par l'air et la chaleur, et que le tout se consomme et se pourrisse également.

Dans les sécheresses considérables, il serait très à propos d'arroser le dessus du tas de fumier, soit avec de l'eau ordinaire, soit avec l'égoût même du fumier, que l'on peut puiser au fond des creux au moyen d'une pompe en bois que l'on y établit, en commençant les premières couches de litières.

Le surplus de ce qui concerne les fumiers se trouvera dans la septième partie de ce traité, à l'article des Engrais.

9. *Du Jardin.*

Il faut dans une métairie un bon potager et un verger garni d'arbres à fruit qui n'exigent pas des soins bien recherchés : les pêchers, abricotiers et autres qui demandent des abris et des attentions continuelles, ne conviennent pas à un cultivateur, qui cherche plutôt l'utile que l'agréable. Cependant, comme j'ai réuni cette partie dans mon traité intitulé l'*Ami des Jardiniers*, on peut se le procurer ; car il me serait impossible de placer dans celui-ci les instructions nécessaires, puisqu'elles remplissent seules deux volumes aussi considérables que ceux-ci ; mais un cultivateur qui ne veut s'occuper, pour son jardin, que des arbres fruitiers et des légumes de toute espèce, pourra se contenter du tome I.er de l'ouvrage en question.

A l'égard des grands arbres fruitiers qui ne se plantent que dans la campagne ou en avenue, tels que les noyers, les châtaigners, les oliviers, les pommiers à cidre, etc., j'en parlerai dans la treizième partie.

SECONDE PARTIE.

Les Instrumens et Outils d'Agriculture.

CHAPITRE PREMIER.

Des Charrues.

Le principal instrument du laboureur est la charrue , et c'est ordinairement celui qui est le plus mal
exécuté, soit à défaut d'ouvriers habiles dans les
campagnes , soit par une ancienne habitude du local , qui fait préférer celle dont on s'y est servi,
quoique défectueuse, à toutes celles que l'on pourrait proposer aux habitans.

Parmi toutes les espèces de charrues qui ont été
inventées depuis un siècle par les économistes et les
agriculteurs , je ne proposerai pour modèle que
celle dont on se sert dans la partie du département
de la Haute-Marne que l'on appelle le *Bassigny*,
tant parce que je la trouve simple , solide et commode , que parce qu'elle est employée par d'habiles
cultivateurs qui font de ce pays un des *greniers* de
la France.

J'observerai

J'observerai seulement qu'il faut modifier cette charrue selon les espèces de terre que l'on a à cultiver. On sent qu'elle doit être plus légère dans un terrain léger et sablonneux, que pour une terre forte et argileuse; cependant c'est une attention que n'ont point les cultivateurs ordinaires, qui n'emploient que la même charrue pour toutes les espèces de terrains.

L'effet d'une bonne charrue est de couper, diviser, retourner et ameublir la terre, au moyen du *coutre* ou couteau, du *soc* et du *versoir* ou tourne-oreille, bien ajustés ensemble pour produire facilement ces trois opérations essentielles; ils sont réunis à l'avant-train, qui les fait mouvoir avec aisance et qui donne au cultivateur la faculté de labourer plus ou moins profondément, et aux chevaux ou autres bêtes de trait celle de les tirer avec moins d'efforts.

Ces principes posés, je vais donner les détails nécessaires pour connaître les différentes parties de la charrue que je viens d'annoncer, avec leurs proportions; ensuite je les rassemblerai pour faire voir d'un coup-d'œil la charrue toute montée.

ARTICLE PREMIER.

Détail des pièces qui composent l'arrière-train d'une charrue.

Voyez Planche 1.re, à la fin de ce volume.

A, *fig.* 1, est le soc, de 6 à 7 décimètres (2 pieds) de longueur depuis la pointe B, jusqu'aux mâchoires C; à 2 décimètres (8 pouces) de la pointe, on voit un trou E, pour recevoir la pointe d'un morceau de fer représenté *fig.* 7.

L'aile D du soc s'élargit, à commencer du trou E jusqu'à son extrémité F, où elle a 32 centimètres (un pied) de largeur jusqu'en G. Les mâchoires G servent à recevoir le bout du sep, *fig.* 2, qui est un morceau de bois de 7 décimètres (27 pouces) de longueur sur 13 centimètres (5 pouces) de largeur à sa tête H, et d'un décimètre (4 pouces) d'épaisseur. Sa pointe I, qui est réduite à 8 centimètres (3 pouces) ou environ, entre dans les mâchoires du soc. La mortaise K sert à recevoir le bas du double-manche représenté *fig.* 5. Ce morceau de bois ou *sep* est creusé par-dessous en gouttière, et convexe ou arrondi par dessus.

La *fig.* 3 représente l'*âge*, *haye* ou *flèche* L. C'est une pièce de bois arrondie dans sa longueur, qui est de 2 mètres et demi environ (7 pieds à 7 pieds et demi). A son extrémité M elle est formée en *tenon*, pour entrer dans une mortaise pratiquée au manche, *fig.* 5. Cette pièce a 11 centimètres (4 pouces et demi) de diamètre, ou 35 centimètres (14 pouces) environ de tour, à l'endroit de la mortaise N, dans laquelle on place le coutre; le surplus va en diminuant jusqu'à l'autre bout marqué O. *a*, *a*, *a*, *a*, *a*, *a*, sont 6 trous pour planter une cheville de fer, marquée P, qui sert à avancer ou à reculer l'arrière-train, selon le besoin, comme je l'expliquerai.

Fig. 5, est le double-manche, dont les extrémités ou poignées sont liées et soutenues dans le haut par une traverse R , pour les fortifier. S , est une mortaise pour recevoir le bout M de la *haye* ou *âge*. Le double-manche a un mètre 2 décimètres (3 pieds 9 pouces) depuis le *sep* jusqu'aux extrémités Q , Q , qui sont éloignées entre elles de 4 décimètres (15 pouces). Leur longueur peut varier selon la taille du conducteur de la charrue.

Fig. 6. L'*oreille* , tourne-oreille ou versoir, est une pièce de bois de 8 décimètres (2 pieds et demi) de longueur, et même plus , de A en B, savoir, 3 décimètres (un pied) de A en C, et le reste de C en B. Sa largeur est de 29 centimètres (11 pouces) de C en D. Cette pièce est chantournée de manière que sa partie large se rapproche du *soc* et s'attache solidement sur le *sep* , et que sa partie étroite s'en éloigne de 16 à 18 centimètres (6 à 7 pouces) ; elle est soutenue dans cette position par une cheville , que l'on nomme *entrepied* ou *jambette*. Elle est destinée à tourner la terre sens dessus dessous , à mesure que le *coutre* et le *soc* la coupent et la soulèvent. On verra sa position ci-après dans la charrue montée.

Fig. 7. La *pelotte* ou *gendarme* est un morceau de fer plat , et tranchant à sa partie f, f , de 19 à 22 centimètres (7 à 8 pouces) de longueur, sur 8 à 10 centimètres (3 à 4 pouces) de largeur. Sa pointe courbée et arrondie, *e* , entre dans le trou E de la pointe du *soc* ; et la partie plate s'attache le long du lisoir, A , E , de l'oreille, *fig.* 6, avec 5 à 6 clous ; il sert à fortifier le bout de l'oreille et à arrêter les herbes et les broussailles qui peuvent se rencontrer en labourant.

Fig. 8. Le *coutre* a environ 4 décimètres (un pied et demi) de long ; il est tranchant dans la partie *a*, *b*, et presque carré de *b* en *c*, qui est le manche. Il entre dans la mortaise pratiquée à la *flèche* ou *âge* en N, où il est retenu par des coins de bois, dont l'un se met de côté et l'autre en devant, pour lui donner l'inclinaison et la direction que l'on désire. On peut même percer son manche de plusieurs trous, et le retenir plus ou moins élevé dans sa mortaise, par une cheville de fer passée dans deux anneaux fixés de chaque côté de la mortaise.

ARTICLE II.

Pièces de l'avant-train.

L'essieu, *fig.* 9, a 8 décimètres (2 pieds 5 pouces) de longueur, de *a* en *b*. Il a deux entailles marquées *c*, *d*, qui servent à placer les bras du fourchu ou fourché, *fig.* 10. L'entaille *d*, qui se trouve du côté droit, doit être à 21 centimètres (8 pouces) de l'angle *b*, et l'entaille *c*, du côté gauche, doit être à 27 centimètres (10 pouces) de l'angle *e*. Si ces deux entailles étaient à égale distance des bouts de l'essieu, la charrue prendrait terre très-difficilement.

Les deux bouts, *e*, *f*, de l'essieu, qui entrent dans les moyeux des roues, seront de longueur et de grosseur proportionnées auxdits moyeux.

Fig. 19. Le *fourchu* ou *fourché a*, *b*, *c*, aura 8 décimètres (2 pieds et demi) de longueur de *a* en *b*, *c*, sur 10 à 13 centimètres (4 à 5 pouces) carrés. Les bras pourront être plus ou moins ouverts, pourvu que les entailles dans lesquelles ils doivent être placés, soient à 5 centimètres (2 pouces) plus près du côté de l'essieu que du côté gauche.

Le premier trou, en *a*, reçoit une broche de fer qui passe à travers la tête du *fourché*, et reçoit deux petites planchettes nommées *varvelles*, fig. 11, de 6 décimètres (2 pieds) au moins de longueur, dont l'une se place sur le *fourché* en long, et l'autre au-dessous, pouvant se tourner de tel côté que l'on veuille. On assujettit celle-ci, soit à droite soit à gauche, au moyen d'une broche de bois que l'on place dans l'un des deux trous, 2 et 3, placés à la queue des *varvelles*. Cette disposition sert à empêcher la charrue de descendre à terre, ou à l'y faire descendre à volonté.

À la tête de ces deux pieux, on voit un autre trou 1, qui dépasse la tête du fourché d'environ 16 à 18 centimètres (6 à 7 pouces); ces trous reçoivent une broche de fer garnie d'un crochet, pour recevoir le palonnier auquel sont attachés les chevaux : mais si ce sont des bœufs, les varvelles sont inutiles, parce qu'on attache à la tête du fourché la corde ou le chaînon qui est à la queue de leur joug.

Fig. 12. Le tétard est un morceau de bois écarri, long d'environ 5 décimètres (1 pied 6 pouces), sur 16 à 18 centimètres (6 à 7 pouces) de hauteur, que l'on peut même élever davantage avec de petites planches que l'on met entre lui et l'essieu sur lequel il est retenu par deux broches ou chevilles de bois, *a*, *b*, qui passent en même temps dans les bras du *fourché*, renfermés dans les entailles, *c*, *d*, de l'essieu.

Au milieu de ce *têtard* est une échancrure *e*, en demi-cercle, sur laquelle glisse la *haye* ou *âge*, et où elle est arrêtée avec une chaîne au degré d'inclinaison nécessaire.

Fig. 13. La chaîne a un gros anneau A, dans lequel passe le corps de la *haye*, que l'on arrête avec la cheville de fer P, à tel degré d'inclinaison que l'on désire. Elle a un autre chaînon B, plus alongé et plus gros que les autres, qui passe entre les bras du *fourché*, sous le têtard, et s'arrête avec un coin devant l'essieu. Cette chaîne a au moins 6 décimètres (2 pieds) de longueur.

Fig. 14. Une autre chaîne, appelée chevalet, sert à embrasser la *haye* sur le *têtard* avec le *fourché*, pour supporter ce dernier devant l'essieu, lorsque l'on conduit la charrue au champ. Elle sert aussi à assujettir la haye sur le têtard en labourant, et peut s'alonger ou se raccourcir au moyen des crochets placés en *a*, *b*.

Fig. 15. Le *têtard*, monté sur l'essieu avec le *fourché*, vu par derrière.

Fig. 16. Les roues telles que celle représentée, auront au plus un mètre (3 pieds) de hauteur. Elles se font entièrement en bois : quelques-uns les entourent d'un cercle de fer; mais cela ne vaut rien pour les terres fortes ou humides.

Voilà toutes les pièces principales de l'avant et de l'arrière-train de la charrue; vous les allez voir assemblées et formant la charrue prête à marcher.

ARTICLE III.

La Charrue montée.

Fig. 17. A, *soc* emmanché sur le *sep.* B, le *sep* armé du *soc.* C, le *manche* avec ses poignées, entrant dans le *sep.* D, la *haye* ou *âge*, tenant par le gros bout dans le manche C, et posée dans l'échancrure du têtard I. E, le *coutre* arrêté dans sa mortaise avec deux coins. F, le *versoir* ou *oreille*, monté sur le *soc* et sur le *sep.* G, cheville ou entrepied qui soutient la partie de l'oreille qui s'écarte pour mieux tourner la terre. H, H, chevilles dont l'une passe à travers la *haye*, la tête de *l'oreille* et dans le *sep*, et l'autre à travers la *haye* et dans le *sep* seulement. I, le *têtard* monté sur l'essieu. K, le bout du *fourché* portant les varvelles dessus et dessous. L, varvelle supérieure. M, M, palonniers attachés à la traverse N, qui tient au bout des varvelles par un crochet de fer O.

Il est difficile de bien rendre par une gravure l'assemblage de cette charrue, surtout la position et la tournure de l'oreille ou versoir ; mais on voit qu'elle est fort simple et qu'elle remplit parfaitement sa destination, savoir : de bien fendre, diviser et retourner la terre ; d'être maniée avec aisance par le laboureur, et d'être tirée facilement par les bestiaux.

Il faut observer, pour la direction du *soc*, qu'il doit sortir, sur la droite, d'un décimètre (4 pouces) au moins de la perpendiculaire du bout de la *haye* ou *âge*, en alignant celle-ci avec l'œil, depuis le manche. Je veux dire que le laboureur, étant appuyé sur les poignées du manche et fixant la *haye* dans sa longueur, doit voir sortir d'un décimètre (de 4 pouces) sur la droite, la pointe du *soc*.

Plus on reculera la haye sur le tétard pour éloigner le *soc* de l'avant-train, plus il aura *d'entrure* dans la terre. Si l'on veut donc labourer légèrement ou effleurer la terre , on n'a qu'à rapprocher beaucoup le soc au moyen de la cheville de fer qui retient la chaîne ; c'est l'affaire d'un instant.

Les différentes manières de labourer seront expliqués à l'article du labourage, dans la 8.e partie.

Tous les charrons connaissent les bois propres à la construction des charrues ; il est cependant bon de dire que le *sep*, qui frotte continuellement dans la terre, doit être d'un bois dur et poli, tel que le poirier et le sorbier.

Les mêmes bois serviront pour le versoir ou oreille qui éprouvera aussi beaucoup de frottement.

L'*âge*, la *haye* ou *flèche*, sera de foyard ou hêtre, de frêne, de tilleul ou autre bois léger.

Le double manche, qui doit être fort et solide, pourra se faire en chêne , d'une seule pièce ou d'assemblage, si l'on ne peut trouver de bois qui ait naturellement cette forme.

Toutes les pièces de l'avant-train doivent être d'un bois léger , mais assemblées solidement. Si elles étaient d'un bois pesant , les roues entreraient trop avant dans la terre, et fatigueraient beaucoup le bétail sans faire aller mieux la charrue. C'est pour cette raison que j'ai conseillé de ne point entourer les roues d'un cercle de fer.

Mais de quelque qualité que l'on choisisse les bois pour construire une charrue, il est important qu'ils soient extrêmement secs, afin d'éviter les gerçures et toutes les dégradations que le grand air, le soleil et la pluie, auxquels une charrue est continuellement exposée, lui feraient nécessairement éprouver.

CHAPITRE II.

Des différentes espèces de Voitures.

LES meilleures voitures sont, sans contredit, celles qui sont les plus solides et les plus faciles à mettre en mouvement. Leur forme doit varier selon les pays où elles sont employées ; on sent que les gros chars des rouliers qui suivent les grandes routes, ne conviendraient point sur les montagnes, ni dans les lieux où les chemins sont presque toujours mauvais et où l'on n'emploie que des bœufs.

Des Chariots.

Cela posé, je ne me servirais des chariots que dans les pays de plaine, et je les construirais comme en Champagne ou dans le département de la Haute-Marne, ainsi que je vais en décrire un sommairement, car je n'entreprends point de donner tous les détails du charronnage.

Ce chariot est composé de quatre roues, dont les deux de devant sont beaucoup plus petites que celles de derrière, afin de les faire tourner le plus qu'il est possible sous le char, lorsque l'on veut changer de direction, surtout pour retourner plus facilement le char dans un chemin étroit.

Le train de devant tient à celui de derrière par une pièce de bois ronde, de longueur à volonté et d'un décimètre (de 4 pouces) de diamètre à son gros bout, qui est attaché sur l'essieu de devant par une cheville de fer qui le traverse à quelques pouces de son extrémité, et qui est en conséquence un peu aplatie et serrée d'une virole pour plus de solidité. Cette pièce est percée vers l'autre bout de plusieurs trous à la file, et près les uns des autres, de 8 à 10 centimètres (3 à 4 pouces), pour pouvoir éloigner ou rapprocher les deux trains, c'est-à-dire, alonger ou raccourcir le chariot. Une autre cheville de fer passe par l'un de ces trous pour retenir la pièce sur l'autre essieu qui est percé dans le milieu à cet effet.

Afin que le train de derrière ne puisse pas tourner comme celui de devant, ce qui deviendroit très-défectueux, on fixe sur l'essieu, au moyen de deux chevilles, les branches d'une pièce de bois fourchue, creusée, dans sa partie droite, en gouttière, dans laquelle la perche est placée de la longueur d'environ un mètre (3 pieds), et à laquelle elle est attachée par une virole de fer qui embrasse la perche et le bout de la fourche.

Sur chaque essieu est placé un chevalet ou pièce de bois, de la longueur du gros de l'essieu, sur 10 à 13 centimètres (4 à 5 pouces) au moins d'équarrissage. Celui du devant n'est attaché sur l'essieu que par la cheville de fer qui y retient le bout de la perche dont je viens de parler, en sorte qu'il peut tourner librement par dessous. Mais celui de derrière est fixé par les deux chevilles qui passent à travers les branches de la fourche. Chaque chevalet est percé à 8 centimètres (3 pouces) de ses extrémités, d'une mortaise pour recevoir deux morceaux de bois d'un mètre (3 pieds) de longueur sur 5 à 8 centimètres (2 à 3 pouces) de grosseur, un peu amincis par le bout qui est tourné en haut ; le plus gros bout entre dans la mortaise, et y est fixé par une cheville. Ils doivent être placés de biais, de manière qu'ils s'écartent entre eux par le haut ; c'est ce qu'on appelle les *cornues*, qui servent à soutenir le berceau du chariot, composé de deux espèces d'échelles larges de 8 décimètres (2 pieds et demi) ou environ, dont les échelons ne sont éloignés entre eux que de 13 à 16 centimètres (5 à 6 pouces), et sortent de 16 centimètres (6 pouces) par le côté qui se trouve en haut lorsque les échelles sont placées contre les *cornues* qui les soutiennent en dehors. Ces espèces de chevilles servent à accrocher des gerbes ou des fagots de foin que l'on laisse pendus, et qui augmentent la charge du chariot sans l'exposer à être renversé par une trop grande élévation.

Le côté d'en bas des échelles est soutenu sur les chevalets dans des crans qui y sont creusés pour les recevoir.

Le fond du chariot est garni d'une bonne planche

qui couvre entièrement la séparation du bas des échelles.

Je ne parlerai point de la garniture du timon ou limonière ; elle varie selon les goûts et l'habitude des différens pays : mais ces chariots, exécutés par un charron habile et avec de bons bois, peuvent être très-légers, très-forts, et contenir jusqu'à trois milliers de foin et plus de cent gerbes de 2 mètres (6 pieds) de tour.

On peut les faire traîner par des chevaux ou des bœufs, en changeant la forme de la limonière ou du timon.

Des Charrettes.

Les charrettes à deux roues sont préférées aux chariots dans bien des pays qui ne sont pas même montueux : elles sont commodes pour l'activité du service ; un seul cheval peut les conduire, à moins qu'elles ne soient très-grandes et très-chargées ; en les construisant plus petites, on peut y atteler un âne ou un bœuf. Mais il faut convenir que quand elles sont grandes et bien chargées, le cheval de *limon* est abîmé par le poids et les secousses qu'il est forcé de soutenir dans les descentes, quoiqu'on puisse les enrayer avec un *frayon*.

Elles ont un autre inconvénient, c'est de ne pouvoir y atteler deux chevaux de front, comme aux chariots ; mais on peut y mettre deux bœufs au moyen d'un timon dans le milieu du joug, où il est retenu par devant avec une cheville, et par derrière avec un *mentonnet*.

Les côtés des charrettes qui servent à voiturer les grains et les foins, se nomment *ridelles*: on leur donne environ un mètre (3 pieds) de haut, selon la grandeur des charrettes ; elles ont des fuseaux ou échelons, comme celles des chariots. Mais pour conduire des fumiers et autres engrais, ces ridelles n'ont qu'un pied de hauteur, et leurs fuseaux sont larges, aplatis, et placés très-près les uns des autres pour mieux retenir les matières.

Du Tombereau.

Bien des cultivateurs ne connaissent pas le tombereau dont on se sert en Champagne. Cette voiture est très-commode pour fumer les terres, et pour conduire des décombres, du sable, de la terre à bâtir, etc. Elle est montée sur deux roues et composée d'une caisse longue, plus étroite sur le devant que par derrière, et creuse d'environ 3 décimètres (un pied). Elle est jointe à la limonière par une grande broche de fer ronde, ayant de 8 décimètres à un mètre (2 pieds et demi à 3 pieds) de longueur, avec un boulon à un bout et un trou pour une clavette à l'autre. Cette broche passe dans deux trous percés à l'extrémité des branches de la *limonière*, près de la caisse, et dans deux autres trous percés aux bouts des principaux bois qui composent la carcasse de la caisse. Par cet *emmanchement*, la limonière et la caisse jouent ensemble, comme avec une charnière, en sorte que la caisse peut se renverser par derrière en ôtant un crochet ou une corde qui l'assujettit par devant à la limonière, tant qu'elle doit rester chargée. On peut aussi se contenter d'ôter une planche qui se place derrière la caisse avec deux chevilles, pour en tirer les fumiers par petits tas, que l'on distribue le long des terres que l'on veut fumer ou amender.

Mais une voiture très-commode, qui peut servir pour le terrotage des champs et des vignes, pour rentrer les fruits, conduire les décombres, du sable, etc., c'est le *camion* inventé par M. Perronnet, architecte. Il est extrêmement léger, et peut être conduit partout avec un petit cheval ou un âne; une femme ou un enfant de douze à quinze ans peuvent le décharger en un instant. Il est composé d'un *camion* à deux roues, et d'une caisse plus étroite au fond que le dessus, et dont les côtés sont un peu arrondis. Cette caisse est traversée par l'essieu du camion, et s'arrête contre le devant du brancard avec un crochet que l'on ôte pour la culbuter.

De la Brouette.

Cette espèce de petite voiture à bras est inconnue ou mal faite dans beaucoup d'endroits; cependant elle est très-commode et très-expéditive pour nettoyer les écuries, pour le service du jardin, de la cour, etc. Comme il est inutile d'en donner les détails, voyez-en la forme, *pl.* 2, *fig.* 1re. J'observerai seulement que, plus les deux bras *a a* seront longs et plus la caisse *b* sera rapprochée de la roue, plus le conducteur sera soulagé, attendu que le poids principal portera sur la roue et non sur ses bras.

Cette brouette est bonne pour conduire de la terre, du sable et autres matières coulantes ; mais si on a du bois, des caisses, des balots ou autre chose solide à voiturer, on lui donne la forme représentée *fig.* 2.

CHAPITRE III.

Des autres Outils d'Agriculture.

1. De la Herse.

Après la charrue, la herse est peut-être l'instrument le plus utile de l'agriculture, comme nous le ferons voir à l'article des Labours et des Semailles. Il est donc bien étonnant que beaucoup de cultivateurs en soient dépourvus, ou qu'ils en aient de très-mal conditionnées. Presque toutes sont disloquées ; leurs dents ou chevilles ne tiennent point, parce que l'on prend, pour les construire, du mauvais bois qui n'est pas sec, en sorte qu'au moment où l'on en a le plus besoin, tout se détraque, et le laboureur perd un temps considérable à réparer cet instrument.

Tout cultivateur doit avoir deux herses, une grande, avec des dents de fer, pour briser les mottes, et une plus petite et plus légère à laquelle des dents de bois dur peuvent suffire pour recouvrir les graines lorsqu'elles sont semées.

La grande herse sera carrée et aura de 2 mètres
à 2 mètres 5 décimètres de long sur 2 mètres de
large (de 6 à 8 pieds de long sur 6 de large). On
peut la faire de 3 décimètres (1 pied) plus étroite
par le devant, qui aura une traverse ronde séparée
du corps de la herse, le long de laquelle glissera un
anneau de fer pour attacher le crochet du palonnier,
en sorte qu'en la traînant, elle se tournera toujours
diagonalement et non carrément, ce qui produit un
meilleur effet. *Voy. fig.* 3, *pl.* 2.

La petite herse, *fig.* 4, aura de 16 à 19 décimètres (5 à 6 pieds) de long sur 16 décimètres (5 pieds)
de largeur par en bas ; le bout de devant sera en
pointe : cette herse sera par conséquent triangulaire.

Il faut la garnir d'épines, que l'on entrelassera par
le gros bout dans les traverses, comme on le voit,
même *fig.* 4.

On se servira de cœur de chêne qui ait deux ou
trois ans de coupe, tant pour le corps de la herse
que pour les dents. On garnira les assemblages de
petites bandes de fer pour les maintenir très — solides, et les dents seront éloignées entre elles d'un
décimètre (5 pouces).

On trouvera à l'article des Semailles et des Labours,
la manière de se servir des herses.

2. *Du Rouleau.*

C'est un cylindre de bois dur, de pierre et quelquefois même de fonte, qui sert à passer sur les
terres

terres nouvellement semées, ou sur les blés après les gelées, afin d'enterrer les racines soulevées pendant l'hiver, ou enfin sur certaines graines qui demandent à être serrées dans la terre.

Cet instrument a ordinairement 16 décimètres (5 pieds) de long sur 3 décimètres (un pied) de diamètre, lorsqu'il est de bois ; mais il peut se réduire à 2 décimètres (8 pouces), lorsqu'il est en pierre ou en fonte, parce que, plus épais, il serait trop lourd.

On monte le rouleau dans des brancards, où il est retenu par un axe de fer à chaque bout. *Voyez pl.* 2, *fig.* 5.

En parlant de la culture des terres et des différentes graines, j'aurai soin d'indiquer les circonstances où le rouleau est utile ou nécessaire.

3. La civière est une espèce de brancard sur lequel on porte communément les fumiers et différens fardeaux ; mais comme il faut nécessairement deux personnes pour la porter, je conseille de préférence la brouette, qui n'occupe qu'une personne, et qui, au moyen de la roue, est beaucoup plus commode.

4. L'émottoir est une espèce de maillet ou marteau de bois avec un manche d'un mètre (3 pieds) de long ; ou s'en sert pour briser les mottes de terre que la charrue n'a pu diviser : cette opération est souvent nécessaire, lorsque la terre a été battue par des sentiers, des charrois, etc., surtout après de grandes pluies, et lorsque la grande herse n'est pas suffisante

pour rompre les mottes, quand elles sont trop sèches.

Mais je préfère pour cet usage une petite houe ou *fossoir*, *fig.* 6, qui a un côté large et tranchant, et l'autre en forme de marteau. Cet instrument est léger et commode, et si le marteau ne brise pas la motte, on se sert du tranchant pour la diviser.

5. Le rateau peut être de différentes formes : celui qui sert à séparer la grosse paille du grain est représenté *fig.* 7 ; celui qui sert à ramasser les javelles pour les porter sur les lieux, est représenté *fig.* 8.

Enfin, on fait de grands rateaux de 13 à 16 décimètres (4 à 5 pieds) de long, avec des dents fortes et serrées, pour traîner dans les champs lorsque les gerbes viennent d'être liées, surtout quand on a fauché les grains, pour en ramasser les épis.

Ces rateaux doivent être de bon bois bien sec ; autrement les dents sont bientôt brisées.

6. La fourche est simple dans bien des pays ; mais je préfère celle de Suisse à trois fourchons, représentée *fig.* 9. On doit en avoir en fer pour charger et décharger les foins et les fourrages, tant secs que verts.

7. Le fléan à battre le grain est composé de deux bâtons, dont l'un, qui est le manche, aura environ 16 décimètres (5 pieds) de longueur sur 3 centimètres (1 pouce) de grosseur ; l'autre, qui est le battoir, a 6 à 8 décimètres (2 pieds quelques pouces) de long, sur 3 à 4 centimètres (15 à 18 lignes) de grosseur. Celui-ci doit être de bois dur et noueux, tel que de cornouiller, d'alisier ou de poirier. Il est attaché au

manche par des courroies, dont l'arrangement facilite beaucoup le maniement du fléau. Par exemple, le manche doit tourner dans la courroie qui est attachée au bout d'en haut, lequel doit par conséquent avoir une échancrure pour que la courroie ne sorte pas. Le battoir doit, au contraire, être carré, avec deux échancrures par le bout auquel sa courroie est attachée. Ces deux courroies sont unies entre elles par un lien. *Voyez* l'arrangement du tout, *fig.* 10.

8. Les cribles sont des instrumens faits avec du parchemin ou une peau mince, montée sur un cercle de bois large de 10 à 14 centimètres (4 à 5 pouces), dans lesquels on passe les grains à travers les trous dont ils sont percés, pour les séparer des ordures ou des mauvaises graines. On doit en avoir au moins trois ou quatre pour les graines plus ou moins fines. On suspend les cribles à des cordes, ou on les pose sur une double barre de bois au-dessus d'un cuvier, pour s'en servir avec plus de facilité. La *fig.* 11 représente un crible.

9. Le van est un instrument d'osier dont la forme est à peu près celle d'une coquille, avec deux poignées ou petites anses sur les côtés. En le soutenant avec les deux mains et le faisant frotter contre les genoux, on lui donne différens mouvemens ou secousses qui séparent la paille et les ordures du bon grain. Il faut de l'habitude et de l'adresse pour bien s'en servir.

Voyez la *fig.* 12, qui est une bonne forme de van.

Du Bluteau à vent.

Tout cultivateur qui a beaucoup de grains à vanner, doit avoir cette machine, qui, en faisant l'office du van, expédie plus de besogne en deux heures, que deux bons vanneurs en une demi-journée. Elle a été inventée par M. Duhamel. On peut l'appeler bluteau à vent, et je vais la représenter aussi simple que je l'ai vue en Suisse, *fig.* 13 et 14.

A, B, *fig.* 13, est la caisse ou carcasse dans laquelle se fait le vannage et le criblage des grains. C, est une trémie, dans laquelle on verse le grain pour le faire tomber sur le crible placé en pente, *a, b, fig.* 14. On peut ouvrir ou fermer plus ou moins la trémie, au moyen d'une coulisse en dedans, que l'on baisse ou que l'on hausse à volonté. On peut aussi donner plus ou moins de pente au crible représenté séparément *fig.* 15, en tournant une petite traverse ronde *c*, qui porte à l'un de ses bouts une petite roue dentée *d*, retenue par une languette *e* ; en tournant cette traverse, on accourcit ou l'on alonge une ficelle qui élève ou qui abaisse le bout antérieur du crible.

Sur un des côtés de la caisse près du bout B, *fig.* 13, on voit une manivelle D, qui fait tourner une roue dentée E, laquelle engraine dans une lanterne F, fixée sur un essieu qu'elle fait tourner fort vite, et qui porte dans son milieu huit ailes formées de planches minces qui produisent un vent considérable, au moyen duquel toute la paille et la poussière, mêlées avec le grain, sont chassées fort loin de la caisse, en sorte qu'il n'y a que les graines proprement dites, les petites pierres et la terre, qui tombent à travers le crible du haut sur le crible d'en bas qui sépare le gros grain du petit.

L'essieu sur lequel est fixée la lanterne F près de la manivelle, porte à son autre bout, hors du côté opposé de la caisse, une petite roue G, armée de coches f, f, f, f, sur lesquelles pose le bout d'un lévier H, à l'autre bout duquel est attachée une ficelle qui traverse la caisse, et va répondre au crible, qu'elle secoue brusquement, à mesure que la roue armée de coches fait hausser et baisser le lévier, qui est forcé de suivre ce mouvement au moyen d'un ressort I, attaché contre la caisse. Sans ce mouvement brusque, le grain ne coulerait pas le long du crible.

La grille du crible d'en haut est faite en mailles de fil de fer, ainsi que celle du crible d'en bas; mais celles-ci sont plus serrées, afin que le petit grain tombe devant la caisse en B, tandis que le gros tombe derrière en A.

Pour mettre ce bluteau en activité, il faut deux personnes, dont l'une tourne la manivelle pour faire mouvoir les ailes et trémousser le crible, et l'autre verse le grain dans la trémie C, à mesure qu'elle se vide.

Il est bon de placer cette machine dans un lieu où le grand air donne; mais il suffit de s'en servir dans la grange, lorsque les batteurs ont amassé une certaine quantité de grain, ou vers la fin de chaque journée. On tourne le bout par où sortent la paille et la poussière du côté du fond de la grange.

A mesure que le grain se vanne et tombe du bluteau, on peut lui donner un tour de crible, et le porter aussitôt au grenier.

Des Outils de fer ou d'acier.

Le cultivateur aura des faux simples pour les foins, les grains verts, l'herbe, etc.; des faux à rateau pour faucher le froment, l'avoine : c'est un moyen très-expéditif, dont je parlerai en son lieu ; quant à la forme, *voyez* la *fig.* 16.

Je préfère les faucilles dentées à fines dents, à celles qui sont simplement tranchantes. La forme marquée *fig.* 17 est très-commode.

Le croissant est meilleur que les ciseaux pour tondre les haies.

On doit avoir des bêches plus grandes que celles des jardiniers, pour creuser des fossés, labourer des recoins où la charrue ne peut pénétrer, etc.

Enfin, des louchets pour charger les fumiers; des houes, hoyaux, pioches, pics, pelles, et autres outils indispensables pour l'agriculture.

TROISIÈME PARTIE.

Des Bestiaux propres pour l'agriculture, et de ceux qu'on nomme le menu bétail, avec la manière de les nourrir, de les soigner et de les guérir de leurs maladies.

CHAPITRE PREMIER.

Coup d'œil général sur le Bétail.

L'HOMME est le tyran des animaux de toute espèce, qu'il peut dompter encore plus par l'adresse que par la force. Il sait approprier toutes leurs facultés à ses besoins ou à ses plaisirs. Mais, ce qu'il y a de cruel, c'est qu'il tue et qu'il mange sans pitié l'animal docile qui lui a rendu les plus grands services ; ou, s'il le trouve trop vieux et trop dégoûtant pour en faire sa nourriture, il l'abandonne à l'écorcheur, dans l'état pitoyable où il l'a réduit, pour le jeter à la voirie.

Mais, quelle que soit l'injustice de l'homme envers les animaux, et particulièrement envers ceux qu'il appelle *domestiques*, comme ce n'est point ici un traité de morale, mais une instruction sur la manière la plus avantageuse d'employer et de soigner le bétail, je dois faire observer que sa santé et les services que nous en attendons, dépendent de la nourriture, du logement, de la modération dans le travail, et des remèdes convenables dans ses maladies : or les deux tiers des cultivateurs manquent formellement à ces quatre points essentiels.

1.º La nourriture n'est ordinairement ni réglée ni modérée, et les fourrages sont ou viciés, ou composés d'herbes dont une partie est dangereuse. On croit qu'en emplissant le matin un râtelier de foin pour la journée, et le remplissant le soir pour la nuit, le bétail est entretenu comme il doit l'être : c'est une très-grande erreur, surtout si l'herbe est fraîchement coupée ; il n'y a pas de moyen plus infaillible pour donner des maladies au bétail, et même pour le faire crever. L'expérience prouve qu'il n'engraisse et ne se porte jamais si bien qu'en lui donnant la nourriture par petites portions, souvent, et à des heures réglées. Une preuve de ce que j'avance, c'est que le bétail ne s'engraisse point sur les pâturages, où il peut manger son soûl, comme à l'écurie, où on lui donne régulièrement et peu à la fois. Les épizooties même, qui font périr tant de bétail, prennent presque toutes naissance de la mauvaise qualité des pâturages et des eaux malsaines.

Le second vice de la nourriture du bétail consiste dans le mélange pernicieux des fourrages. Toute herbe provenant de prairies marécageuses, mêlée de joncs ou autres mauvaises plantes, est nuisible. Si le foin a été serré lorsqu'il était encore humide, il moisit dans le tas, après la fermentation ; et, comme le bétail est forcé par la faim d'en manger, il tombe nécessairement malade.

Si l'on donne au bétail de l'herbe fraîchement coupée, il faut la mélanger avec du foin vieux, ou de la paille, et en donner peu à la fois ; autrement il prendrait trop avidement cette nourriture qui lui plaît, et il contracterait différentes maladies, qui le feraient périr promptement s'il n'était secouru à temps.

On doit prendre garde de lui donner de l'herbe coupée quand il pleut, ou fauchée par la rosée ; l'heure la plus favorable pour la couper, est une heure ou deux avant le coucher du soleil. En arrivant à la grange, elle doit être aussitôt éparpillée ; autrement elle s'échaufferait promptement.

Si cependant, après avoir pris ces précautions, quelque bête venait à enfler, il faudrait lui faire avaler sur-le-champ trois ou quatre livres de lait fraîchement tiré ; après cela, la faire sortir de l'étable pour la promener ; puis la laisser huit à neuf heures sans manger, et ne lui donner ensuite que du foin sec, et peu à la fois.

Ou bien, faites fondre 3 décagrammes (une once) de sel de nitre ou salpêtre raffiné dans deux cuillerées d'eau ; mêlez avec un bon verre d'eau-de-vie, et faites avaler à la bête.

Ce remède a toujours parfaitement réussi aux bœufs et vaches qui s'étaient gorgés de luzerne et de trèfle verts.

Les eaux croupies ou sales sont également nuisibles au bétail ; il faut de l'eau courante ou, à défaut, de l'eau de puits ou d'une bonne citerne.

On fera boire le matin de bonne heure, et le soir à l'entrée de la nuit, mais toujours après avoir fait manger suffisamment. Ne laissez jamais boire une bête quand elle a chaud en venant de travailler, à moins que l'eau ne soit adoucie et mêlée avec du son ou de l'avoine.

2.° La plupart des écuries sont malsaines, soit par rapport à l'humidité qui y séjourne, parce que le sol en est trop bas et que les urines n'ont pas d'écoulement ; soit parce que l'on y laisse trop long-temps les fumiers, sous prétexte qu'ils donnent un meilleur engrais ; soit enfin parce que l'air n'y est presque jamais renouvelé.

J'ai donné à l'article des écuries, *page* 7, ce qu'il faut faire pour remédier à ces trois inconvéniens.

3.° Un laboureur croit s'avancer beaucoup en forçant ses bêtes à un travail excessif. Mais s'il perd une partie de son attelage par cette mauvaise et cruelle économie, ne sera-t-il pas retardé et en partie ruiné, au lieu d'avoir gagné du temps ? Ou bien il voudra faire avec deux bœufs ou deux chevaux un travail qui en exige trois ou quatre : alors il tue ses bêtes, et son ouvrage est mal fait.

N'entreprenez jamais rien au-dessus de vos forces.

Cet ancien proverbe doit s'appliquer particulièrement à l'agriculture. On ne voit jamais prospérer
un cultivateur qui n'a pas un attelage suffisant, surtout dans un pays où les terres sont fortes et les
chemins difficiles. D'ailleurs les engrais sont nécessaires pour se procurer des récoltes abondantes. Or,
comment ferez-vous des fumiers suffisamment avec
deux ou trois mauvais bœufs ou chevaux? J'ai même
vu des gens qui se disaient laboureurs avec deux ou
trois ânes.

Un autre inconvénient qui résulte d'un trop foible attelage, ce sont les mauvais traitemens que le
laboureur fait essuyer à ses bêtes, en les assommant
de coups et les accablant de malédictions. On croit
que les animaux ne sont pas sensibles aux mauvais
procédés, et l'on se trompe. J'ai vu des bœufs et
des chevaux tomber morts dans un travail forcé
par les coups et les juremens. Il devrait y avoir des
peines contre une pareille barbarie. On croit généralement en France qu'il faut frapper et jurer sans
cesse le bétail : hé bien, dans toute la Suisse, où cependant l'on n'est pas tendre, je n'ai jamais entendu
prononcer un seul jurement aux voituriers : ils donnent seulement le cri de droite et de gauche ; ils lèvent le fouet pour menacer, et ne frappent que dans
les instans où il faut un bon coup de collier.

4.º Enfin la quatrième cause qui fait périr beaucoup de bétail, c'est la mauvaise manière de le gouverner dans ses maladies.

Il serait à propos que chaque laboureur eût

connoissance des remèdes convenables aux accidens
les plus dangereux et qui demandent les plus pressans
secours. Dans les campagnes on n'a que de loin en
loin quelques maréchaux ou mauvais médecins vétérinaires ; il faut aller à la ville pour se procurer des
secours efficaces ; encore souvent l'on n'y trouve que
des charlatans peu instruits : pendant le voyage , le
mal empire ou la bête crève ; ensuite la dépense est
considérable, et cette dernière considération rebute
beaucoup de laboureurs.

Il serait bon aussi que chaque cultivateur eût chez
lui une petite pharmacie, fournie des drogues les
plus nécessaires , et qu'il tînt certains remèdes tout
prêts pour des besoins pressans où un animal peut
crever en vingt-quatre heures , s'il n'est secouru sur
le champ, par exemple, dans une colique ou des
tranchées rouges.

Je donnerai , pour chaque espèce de bétail, des remèdes simples et faciles à administrer , excepté dans
des cas graves où il faut un vétérinaire habile et expérimenté, par exemple , pour un déboîtement ou
luxation, une fracture , etc.

J'apprendrai aussi à connoître les signes ou symptômes qui caractérisent chaque espèce de maladie,
afin que l'on n'aille pas donner des remèdes contraires
qui seraient pires que le mal.

Enfin l'on doit se garder de faire travailler trop
tôt une bête convalescente ; il faut la laisser suffisamment se rétablir, et ce n'est que quand son appétit ,
ses forces sont revenus, et qu'on lui a fait prendre

quelques exercices très-modérés, qu'on doit la remettre à son travail ordinaire.

Cultivateurs, qui que vous soyez, souvenez-vous
toujours que votre bétail est votre principale richesse;
ayez-en donc soin, encore plus que de vous-mêmes,
puisqu'il ne peut vous exprimer ses besoins. *Vous
ne lierez point la bouche du bœuf qui travaille,* mais
vous le nourrirez convenablement, et vous le soigne-
rez comme votre soutien et votre ami.

CHAPITRE II.

Des Chevaux.

ON ne doit pas s'attendre à trouver ici ce qui concerne le manége et les haras : un cultivateur doit seulement savoir choisir de bons chevaux de travail ;
élever quelques poulains; nourrir, soigner et panser
convenablement un cheval, et lui donner les remèdes
convenables dans ses maladies.

Un cheval de labourage ou de trait doit avoir
l'encolure un peu épaisse, les épaules fortes, le poitrail large, les jambes plates, le tendon détaché, le
pied bien fait et non plat, le dos droit et court, la
croupe large et étoffée, le genou et le jarret souples
et sains. Sa taille aura un mètre 4 à 6 décimètres (4
pieds 10 pouces à 5 pieds). Un bon pas est la seule
allure qu'on en doive exiger.

Les chevaux de Bretagne, du Boulonais, de la Franche-Comté ou du Jura, et ceux de Suisse, sont excellens pour la voiture et la charrue.

La couleur du poil ne fait rien à la bonté d'un cheval, malgré l'opinion de bien des personnes; il y a de bons et de mauvais chevaux de toutes couleurs.

Connoissance de l'âge du cheval.

Le cheval a 40 dents; la jument n'en a ordinairement que 36.

On les divise en incisives qui sont sur le devant de la bouche, en crochets qui sont placés ensuite, et en molaires ou mâchelières.

Les incisives se sous-divisent en deux pinces, deux mitoyennes, et deux coins.

Les pinces sont plus longues que les mitoyennes, celles-ci plus longues que les coins; les coins plus couchés que les mitoyennes, et les mitoyennes plus que les pinces. Les coins sont à peu près triangulaires, les mitoyennes le sont un peu moins, et les pinces sont à peu près ovales.

Les pinces sont placées au devant de la bouche; il y en a deux à chaque mâchoire, ainsi que deux mitoyennes, deux coins et deux crochets. Les crochets sont les plus reculés de toutes, et l'espace qui les sépare des coins s'appelle *les barres*.

Les dents molaires ou mâchelières, qui occupent le fond de la bouche, sont au nombre de 24, douze à chaque mâchoire. Cela posé, voici la manière de connoître l'âge du cheval.

Quinze jours après la naissance du poulain, les dents de devant commencent à lui pousser; ces dents de lait tombent en différens temps et sont remplacées par d'autres. A quatre ans et demi les dernières dents de lait tombent, et celles qui leur succèdent marquent l'âge du cheval; elles sont aisées à connoître : ce sont les troisièmes de chaque côté, tant en haut qu'en bas, en les comptant depuis le milieu de l'extrémité de la mâchoire. On les nomme *coins*, parce qu'elles sont en effet aux quatre coins qui bornent les dents incisives. Ces dents sont creuses, et ont au fond de leur creux une marque noire. A quatre ans et demi elles ne débordent presque pas au-dessus de la gencive, et le creux est fort sensible : à six ans et demi, il commence à se remplir; la marque commence aussi à diminuer et à se rétrécir, et toujours de plus en plus jusqu'à sept ans et demi ou huit ans : alors le creux est tout-à-fait rempli, et la marque noire effacée.

Lorsqu'on ne peut plus connoître l'âge du cheval par les coins, on examine les crochets. Jusqu'à l'âge de six ans, ces dents sont fort pointues : à dix ans, celles d'en haut paroissent émoussées, usées et longues, parce que la gencive se retire; plus elles le sont, plus le cheval est âgé.

Passé dix ans, les dents ne marquent plus : on examine alors s'il n'y a pas, près des sourcils, quelques poils qui commencent à devenir blancs; c'est une marque de vieillesse.

Les chevaux qui ont les dents dures et qui marquent plus long-temps que les autres, se nomment *bégus*; mais ils sont aisés à connoître par le creux de la dent, qui est absolument rempli, et par la longueur des crochets.

Le cultivateur ayant fait choix de l'âge et de la qualité de ses chevaux, il est utile pour lui d'avoir une ou plusieurs jumens d'un bon âge, pour se procurer quelques poulains.

Une bonne jument doit avoir une belle encolure et un beau poitrail, du corps et du ventre. Elle doit avoir au moins trois ans, et être assortie, autant que possible, à l'étalon qui doit la monter. Celui-ci doit être bien fait, bien membré, vigoureux, et surtout sans vices de méchanceté; car s'il est hargneux, ombrageux ou rétif, le poulain qui en naîtra sera sujet aux mêmes défauts.

On ne conduira la jument à l'étalon que quand elle sera décidément en chaleur, ce qui est facile à connoître. Si elle est naturellement chatouilleuse, il faut la déferrer pour la faire saillir.

On connoît qu'une jument est pleine, 1.º quand la chaleur ne revient plus, et qu'elle refuse absolument l'étalon; 2.º lorsqu'elle prend du ventre et que ses mammelles se gonflent et disparoissent alternativement; 3.º après le sixième mois, on sent les secousses du poulain en appliquant la main vers le dessous du ventre.

Pendant tout le temps qu'une jument porte, on doit la ménager et éviter soigneusement tout ce qui

pourrait

pourrait la blesser ou la faire avorter ; la nourrir avec du bon foin ; lui donner de l'eau blanchie avec de la farine d'orge. Il ne faut cependant pas l'engraisser, cela rendrait l'accouchement laborieux et difficile.

Au commencement du douzième mois, il faut surveiller le moment où la jument sera près d'accoucher : si le poulain ne présente pas la tête, on le placera convenablement avec la main en la graissant avec de l'huile ; s'il est mort, après avoir fait entrer de l'huile dans la matrice, on le tirera avec une corde. Pour donner de la force à la jument dans le travail, on lui fera manger de l'avoine bouillie avec un peu d'eau-de-vie et de sel, ou on lui fera prendre une rôtie de pain grillé et trempé dans une bouteille de vin mêlée d'eau, après l'avoir émietté.

Lorsque le poulain est né, comme il a peine à se soutenir, il faut l'entourer de paille, et éviter qu'il n'aille tomber contre les murs de l'écurie.

On le sèvre à six mois, et on lui donne de bon foin, un peu de luzerne, de sainfoin ou esparcette, de l'eau blanchie avec la farine d'orge et de froment. On diminue alors la nourriture de la mère pour lui faire passer son lait ; on lui donne de l'eau blanche, et on a soin de la tenir chaudement.

On ne doit toucher les poulains que le moins possible, depuis leur naissance jusqu'à l'âge de deux ans ; mais il est bon de les rendre familiers sans les tourmenter. On les laisse dans l'écurie sans les attacher, et on leur place des râteliers et des auges à leur portée, afin de ne pas les accoutumer à porter la tête trop haute. Il faut les tenir très-proprement, car le fumier leur gâte les pieds. Si l'on est à portée d'une rivière, il est bon de les faire baigner tous les jours, pourvu que l'eau ne soit pas trop froide.

A un an ou dix-huit mois, on leur tond la queue pour rendre leurs crins plus forts et plus touffus ; mais on ne coupe point la crinière, parce qu'elle deviendrait trop épaisse, et que la crasse s'amasserait dans les plis du cou, ce qui produirait une gale que l'on nomme *roux-vieux*.

On châtre les poulains à l'âge de deux ans et demi, au printemps ou en automne, car le froid et la chaleur sont contraires à cette opération.

Il ne faut les ferrer qu'à trois ans, qui est l'âge où l'on peut commencer à les faire travailler ; si on les ferrait plus tôt, la corne ne se fortifierait pas si bien.

Lorsqu'on veut les dresser pour le labour ou la voiture, on commence par leur mettre un harnais léger, sans les brider. On les fait trotter à la longe, avec un cavesson sur le nez, sur un terrain uni, sans les monter ; mais toujours avec une selle ou un harnais sur le corps.

Le poulain étant accoutumé au harnais, on l'attache avec un autre cheval fait, et on lui apprend à aller à droite ou à gauche, en prononçant les termes d'usage, qui sont ordinairement, en France, *dia*, pour la gauche, et *huaut* ou *huraut*, pour la droite. Il faut en même temps lui donner quelques petits coups de fouet ; mais quand il sera dressé, on le fera aller plutôt par le bruit que par les coups. Il faut surtout prendre garde de le surcharger, et de le trop pousser au travail ; ce serait le moyen de le rebuter et de le rendre rétif.

Toutes les fois qu'il sera obéissant et qu'il remplira ses devoirs, on lui donnera quelque petite récompense, un morceau de pain ou un peu de son salé, ou on lui fera des caresses.

De la Nourriture de chevaux.

Le foin étant la principale nourriture du cheval, on doit faire choix de celui qui a été récolté à la première coupe, et non de regain ou recors, sur un terrain non marécageux, mais produisant des herbes saines, *telles que le sainfoin ou esparcette, le trèfle, la pimprenelle, la chicorée sauvage, la pâquerette, la grassette*, etc. Tout foin mêlé de joncs ou autres plantes aquatiques, celui qui est garni de limon ou vase, doivent être rejetés.

On ne doit cependant pas accoutumer les chevaux à un foin trop fin et trop délicat, parce qu'ils n'en voudraient plus d'autre. Ce n'est qu'après trois ou quatre mois que le foin a été renfermé et qu'il a *sué*, qu'on doit le faire manger : autrement, par sa fermentation dans l'estomac, il causerait de violentes maladies.

Il est facile de distinguer le bon foin à l'odeur et à la couleur : la première doit être agréable et non puante ; le vert un peu brun est la véritable couleur

du bon foin : celui qui est noir est corrompu ; celui
qui est blanc a été trop lavé par les pluies.

L'avoine noire, pesante, luisante, bien nourrie et
sans mélange de mauvaises graines, est la meilleure.
Cette nourriture, bien ménagée, donne de la force
et de la vigueur au cheval. On doit prendre
garde qu'elle ne soit en partie pourrie ou ger-
mée pour être restée trop long-temps au champ
par la pluie. Il faut aussi éviter de donner aux chevaux de l'avoine pleine de poussière et d'ordures ;
toute avoine mal-propre doit être vannée et criblée
avant de s'en servir : on doit même la flairer dans
les mains pour sentir si elle n'a pas de mauvaise
odeur, telle que celle d'urine ou de crottes de chats;
car dans ce cas il faudrait la laver, puis la faire
sécher.

La paille de froment, sur-tout lorsqu'elle est fine
et mêlée d'un peu d'herbe, est excellente pour les
chevaux. En hiver, où l'on n'a plus d'herbe verte à
leur donner, on la mêle avec le foin. En la hâchant
comme en Allemagne, on peut en donner avec
l'avoine, et les mouiller un peu. Pendant l'été on
la mélange avec le fourrage vert, pour modérer
l'avidité des chevaux à le manger.

Pour faire ce mélange, on répand d'abord un lit
de paille sur l'aire de la grange bien nettoyée, ensuite un lit d'herbe, puis un lit de paille, et enfin
un lit d'herbe ; on secoue légèrement avec une fourche ces quatre lits ensemble à plusieurs reprises,
et l'on en met peu à la fois dans les râteliers.

La luzerne verte, que les chevaux aiment beaucoup, leur serait pernicieuse si elle n'était mêlée avec
de la paille. On ne doit la leur donner qu'en petite
quantité et avec cette précaution, sans quoi elle les
ferait enfler, et même périr s'ils n'étaient secourus.

Le sainfoin ou esparcette est moins nuisible que
la luzerne, mais il faut en donner modérément ;
autrement il donne des coliques, et cause même la
gangrène dans les intestins.

L'orge verte, coupée avant qu'elle ait épié, est
bonne pour les jeunes chevaux ; mais elle est contraire
à ceux qui sont vieux, poussifs ou farcineux. On la
coupe avant que la rosée soit entièrement dissipée, et
on la distribue par poignée que l'on a trempée dans
un seau d'eau. Cette nourriture purge les chevaux, et
les dispose ensuite à engraisser ; leur poil devient
plus vif, et les urines coulent abondamment.

La racine de disette ou *bette-rave champêtre*,
est excellente pour les chevaux ; on peut les nourrir
pendant tout l'hiver avec cette racine, en y mêlant
moitié de paille et de foin hachés ensemble. Cette
nourriture les rend gras, vigoureux et bien portans ;
mais dans le temps des travaux il faut y ajouter un peu
d'avoine. Dans la plus grande partie de l'Allemagne
cette racine tient presque lieu de prairies, et les chevaux que l'on en nourrit sont très-estimés.

Le son est une nourriture rafraîchissante et saine,
lorsqu'il n'est pas trop vieux et qu'il n'a aucun mauvais goût ; on peut le mêler avec l'avoine. Il est excellent pour faire un mélange de bourre d'épeautre,

d'avoine et de vesce ou poisote, par parties à peu près égales. On place ce mélange dans une caisse ou coffre, en l'étendant également; on répand ensuite quelques poignées de sel égrugé par-dessus, et l'on brasse le tout aux deux mains, pour le bien incorporer. C'est ce qu'on appelle du *léchon*, que les chevaux aiment et qui leur profite beaucoup.

En général les herbages sont plus nuisibles que salutaires aux chevaux, et l'on remarque que ceux auxquels on les fait prendre, engraissent à la vérité, mais deviennent mous et paresseux.

On ne doit donc mettre les chevaux au vert que quand ils maigrissent, qu'ils sont sans appétit, ou lorsqu'ils sont échauffés ou fatigués par le travail.

On rétablit parfaitement un cheval usé, en le mettant à l'eau blanche pendant quelques jours; on le fait ensuite saigner; après quoi on le met au vert. La chicorée sauvage, semée avec du trèfle, de la luzerne et de la grande pimprenelle, donne un excellent vert.

Un cheval de charrue ou de voiture peut manger par jour 10 kilogrammes (vingt livres) de foin, 5 kilogrammes (10 livres) de paille, et, lorsqu'il travaille, trois picotins d'avoine. En faisant un mélange de luzerne et de paille, on peut en donner un myriagramme et demi (trente livres) pesant par jour à chaque cheval de travail, non compris l'avoine, qu'on ne lui donne que quand il est en activité.

L'eau de rivière est la meilleure pour les chevaux; mais il ne faut pas les y mener boire dans les temps rigoureux de l'hiver. Lorsqu'on les fait boire à l'écu-

rie , il faut leur donner l'eau aussitôt qu'elle est tirée du puits ou de la fontaine ; si elle est trop froide,
il faut l'adoucir avec du son ou un peu d'eau chaude.

On fait boire trois fois par jour les chevaux de
travail , pendant l'été , savoir, le matin avant d'atteler , à midi , et le soir une heure ou deux après le
travail. En hiver on les abreuvera seulement deux
fois ; le matin à sept ou huit heures , et le soir un
peu avant la nuit.

On ne doit jamais les faire boire lorsqu'ils sont
échauffés par le labourage ou un autre exercice , ni
quand ils sont en sueur.

De la Ferrure.

Il n'y a pas un maréchal qui ne se flatte de savoir
bien ferrer un cheval ; et sur vingt maréchaux à
peine en trouve-t-on un qui sache les principes de
cette opération, et qui la pratique comme il faut : elle
est cependant très-essentielle, et de l'ignorance ou
de la mal-adresse peuvent résulter les plus grands
inconvéniens. Il faut d'ailleurs connoître les différentes espèces de ferrure, non-seulement pour les
pieds différemment conformés, mais pour ceux auxquels il arrive des accidens ou incommodités. On doit
ferrer convenablement un cheval qui se coupe, celui
qui forge, celui qui pince du pied de derrière et
qui se déferre : il y a la ferrure pour le cheval de
selle, pour celui de voiture ; celle pour aller sur
le pavé, sur la glace. En un mot, un bon maréchal

doit connoître d'un coup d'œil la serrure qui convient à chaque cheval, dans toutes les circonstances où il se trouve, et savoir forger et poser un fer qui ne puisse blesser ni fatiguer les pieds du cheval auquel il le destine. Enfin le maréchal doit avoir assez d'adresse et d'usage pour planter les clous qui retiennent les fers, sans blesser l'intérieur du pied, et poser celui-ci comme il faut sans aller trop au vif. En un mot, le retard dans les travaux et la ruine des pieds d'un cheval, dépendent souvent de l'ignorance d'un maréchal qui se flatte cependant de tout savoir.

Du Pansement du cheval en santé.

Pour panser convenablement un cheval, il faut une étrille, une brosse ronde pour achever d'enlever la crasse, une brosse longue pour les jambes, une époussette ou morceau de gros drap, une grosse éponge, un couteau de chaleur et un gros peigne de corne.

Le valet ou palefrenier doit commencer tous les matins, en entrant dans l'écurie, par nettoyer les auges avec un bouchon de paille ; distribuer ensuite l'avoine ou autre nourriture de mangeoire ou d'auge. Après que les chevaux ont mangé, il remue la litière avec une fourche de bois, la relève proprement, et met à l'écart les parties qui se trouvent pourries par la fiente et l'urine.

Après ces précautions, il attache à l'un des fuseaux

du râtelier une des deux doubles longes du licol du cheval qu'il veut panser, passe l'étrille légèrement et avec vitesse sur la croupe et les deux côtés du cheval, sans jamais la porter sur le tronçon de la queue, sur les côtés de l'encolure, sur l'épine ni sur le fourreau ; les jambes ne doivent être qu'effleurées.

Il frappe ensuite légèrement avec l'époussette tout le corps de l'animal ; il en frotte et nettoie la tête, les oreilles et toutes les parties sur lesquelles l'étrille n'a pas passé.

Après l'époussette on frotte, avec la brosse, la tête en tout sens, prenant garde de blesser les yeux ; on la passe sur tout le corps à poil et à contre-poil ; lorsqu'elle ne se charge plus de poussière, on prend un bouchon de foin ou de paille légèrement mouillé, avec lequel on passe et l'on repasse sur toutes les parties du corps, pour unir exactement le poil. On lave ensuite les jambes avec l'éponge et la brosse longue. Il ne s'agit plus alors que de peigner et de laver les crins, de les démêler en se servant d'un peu d'huile d'olives, et de les décrasser avec du savon. Il est bon de laver les fesses et le fondement, et d'étuver les testicules et le fourreau.

Lorsque les chevaux viennent de l'eau, une bonne pratique est de leur bouchonner les jambes, et de les nettoyer de la boue dont elles sont chargées, avec l'éponge et la brosse.

Un cultivateur ne peut trop surveiller les domestiques, qui souvent font courir les chevaux et les mènent ensuite à l'eau ; cet abus peut avoir les suites les plus fâcheuses : lorsqu'il a eu lieu, il faut presser le retour des chevaux à l'écurie, leur abattre l'eau avec le couteau de chaleur, qui est un morceau de vieille faux avec lequel on racle les jambes en descendant ; après quoi on les bouchonne avec un torchon de paille sèche.

Souvenez-vous que le pansement de la main est une opération essentielle pour la santé d'un cheval, et qu'un chef de métairie ne peut trop apporter d'attention à ce qu'elle soit faite régulièrement et avec soin. *Le pansement*, dit le proverbe, *vaut de l'avoine au cheval*. Malheureusement on le néglige dans la plupart des métairies et chez presque tous les laboureurs. Aussi voit-on leurs chevaux hideux, malpropres et attaqués de maladies ou incommodités qui sont la suite de cette négligence. On a le mauvais prétexte que les travaux de la campagne sont trop pressans, et qu'on n'a pas le temps de *s'amuser* à panser les chevaux avec tant de soin : hé bien, avec ce raisonnement, vos chevaux tomberont malades, et il faudra bien leur laisser le temps de se guérir, si la mort ne vous les enlève pas. C'est ce que j'ai déjà observé ci-devant, pour le travail forcé qu'on leur fait faire. *Voyez pag.* 59.

Des Maladies des chevaux, avec l'indication des remèdes convenables.

Avant d'entrer dans le détail des maladies qui peuvent attaquer les chevaux, je vais expliquer les principales opérations à faire, les noms des outils que l'on y doit employer, et donner la formule de certains remèdes indiqués pour plusieurs maladies, afin d'éviter les répétitions. Cette explication servira en même temps pour les maladies des autres espèces de bétail.

Du Pansement dans les maladies ; noms des outils et instrumens dont on se sert, et formules des remèdes généraux que l'on emploie.

Attelles. Ce sont de petites planchettes d'un bois mince et pliant, mais cependant d'une certaine force, avec lesquelles on maintient l'os cassé dans sa situation naturelle jusqu'à ce que la réunion soit formée par la nature. Elles doivent être assorties à la grandeur et à la force de la fracture.

Bandes. Ce sont des rubans de toile plus ou moins larges et plus ou moins longs, dont on enveloppe et avec lesquels on contient l'appareil des plaies, des fractures, etc.

Bassiner. C'est imbiber, arroser légèrement une plaie, une contusion, un ulcère, une tumeur, etc., avec une décoction, une infusion ou autre remède liquide.

Bouchonner. C'est frotter, avec un torchon de paille ou de foin, quelque partie du corps d'un animal. C'est une friction qui sert à resserrer et à fortifier les parties que l'on y soumet, en ouvrant les pores et favorisant la transpiration.

Bourdonnet. Petit rouleau de filasse bien piquée et très-douce, de figure longue, plus épais que large, qui sert à remplir une plaie ou un ulcère. Il sert à absorber le pus qui séjourne au fond, et à procurer son écoulement. Lorsque l'ulcère est profond, il faut lier les différentes parties qui composent le bourdonnet, afin de pouvoir le retirer avec facilité, car il vaudrait mieux n'en point employer que de tamponner une plaie ou d'élargir ses bords.

Bouton de feu, ou *cautère actuel*. C'est un instrument de fer, recourbé par le bout, arrondi en manière de bouton pointu. Après l'avoir fait rougir au feu, on l'applique sur les boutons de farcin, ou pour détourner des humeurs ; on s'en sert pour brûler la carie des os, etc.

Cataplasme. C'est une espèce d'emplâtre mou, semblable à de la bouillie, qui s'applique sur une plaie, une tumeur, une contusion, etc.

Le cataplasme émollient s'emploie lorsqu'il y a inflammation ; il se fait ordinairement avec de la mie de pain bouillie dans de l'eau commune.

Le cataplasme maturatif ou suppuratif sert à attirer au dehors la suppuration. Le meilleur de tous se fait avec la bouillie, ou avec la mie de pain et le lait, que l'on fait cuire avec une quantité proportionnée d'oignons de lis blanc, ou, à défaut, d'oignons de cuisine ; on peut y ajouter quelques figues grasses.

Le cataplasme résolutif est celui qui sert à dissiper les engorgemens et les inflammations, lorsqu'on peut se dispenser de les faire tomber en suppuration.

Prenez 2 hectogrammes (6 onces) de farine d'orge,
6 décagrammes (2 onces) de feuilles fraîches de ciguë
écrasées, du vinaigre une quantité suffisante; faites
bouillir ensemble pendant quelques minutes, et ajoutez deux gros de sucre de plomb.

Les feuilles de sureau ou d'yèble bouillies et ap-
pliquées sur la partie affectée, sont un bon cataplasme
résolutif.

Les quatre farines résolutives sont les semences
d'anis, de fenouil, de coriandre et de cumin.

Les fleurs de camomille, de mélilot, de mille-
pertuis; les roses rouges, le safran, le baume du
Pérou; celui de tolu, de copahu; la gomme ammoniaque, le vin, le marc de raisin, sont de bons
résolutifs. L'urine d'homme, de vache, les moelles,
les graisses, le blanc de baleine, le miel, la laine
grasse, tout cela peut s'employer en cataplasme
pour dissiper les inflammations et les engorgemens.

Dans un grand nombre de maladies, il est important de détourner les humeurs d'une partie attaquée; on emploie alors le cataplasme vésicatoire:
il se fait avec 15 grammes (une demi-once) ou environ de mouches cantharides mélées avec 12 décagrammes (4 onces) de levain ou de farine, le tout
mêlé avec suffisante quantité de vinaigre. Ce mélange,
qui doit se faire exactement, doit être d'une consistance molle. On laisse l'emplâtre qui en est formé,
pendant vingt-quatre heures sur la place où il est
nécessaire de l'appliquer, à moins que les vessies
qu'il fait sortir ne soient formées plus tôt.

Les cataplasmes de moutarde, que l'on nomme *synapismes*, se font avec de la moutarde en poudre mêlée avec suffisante quantité de vinaigre, pour que le mélange ait la consistance d'emplâtre ou de cataplasme.

Cautère. C'est une petite plaie ou ulcère que l'on fait à la peau, pour procurer la sortie d'une humeur quelconque. On le fait avec un instrument tranchant, ou avec la pierre à cautère, la pierre infernale, etc. *Voy.* aussi *Bouton de feu*, ou *cautère actuel.*

Charge. C'est un médicament d'une plus forte consistance que le cataplasme, qu'on emploie à l'extérieur pour guérir quelque mal.

Voici la composition d'une charge résolutive et fortifiante pour les efforts des reins ou de cuisse du cheval ou du bœuf.

Prenez poix résine, poix grasse, poix noire, térébenthine, miel, vieux oing, huile de laurier, de chaque 9 décagrammes (3 onces) ; faites cuire ; retirez du feu ; ajoutez-y 9 décagrammes (3 onces) d'huile d'aspic ou essence de térébenthine ; mêlez pour une charge et appliquez sur les reins ou la cuisse de l'animal, après en avoir rasé le poil.

Compresse. C'est un assemblage de plusieurs morceaux de toile un peu usée, formant une certaine épaisseur, que l'on pose, à sec ou imbibé de quelque liquide, sur une blessure ou autre mal que l'on veut guérir. On applique une *compresse* sur une saignée, sur une contusion, etc.; puis on l'assujettit avec une bande, un surfaix, pour la maintenir en place.

Décoction. Eau dans laquelle on a fait bouillir des plantes ou des drogues pour la médecine; elle sert à dissoudre les parties médicamenteuses que contiennent les substances que l'on fait bouillir: il faut en conséquence faire bouillir plus long-temps celles qui sont dures et compactes, comme les bois, les racines, etc., que celles qui sont tendres, comme les feuilles, les sommités, etc.

On ne doit jamais faire bouillir les fleurs, ni les substances aromatiques, mais les faire infuser; *voyez*, ci-après, *Infusion*. Les tisanes sont des décoctions.

Dessoler. La dessolure consiste à enlever la sole de corne du pied du cheval, de dessus la sole charnue.

Pour bien faire cette opération, il faut, 1.º humecter la sole de corne avec des cataplasmes émolliens de feuilles de mauve et de pariétaire, appliqués sur la corne, que l'on renouvellera de quatre en quatre heures;

2.º La sole de corne étant ramollie par les cataplasmes, on abat du pied autant qu'il est nécessaire.

3.º On pare le pied dans l'épaisseur de la sole, afin de la diminuer, de la rendre souple et flexible, pour l'enlever plus facilement.

4.º Il faut surtout parer la sole le long des côtés de la fourchette; c'est là le vrai moyen de favoriser

sa séparation d'avec la sole charnue. C'est dans
cette dernière opération que consiste l'adresse du
maréchal ; elle demande beaucoup de précautions
et de détails dans lesquels il serait trop long d'entrer,
et qui ne pourraient apprendre les coups de main
nécessaires , comme l'expérience.

Digestif simple. Médicament que l'on prépare
pour guérir les ulcères , les plaies , etc. Le digestif
ordinaire se fait avec un mélange d'huile de mille-
pertuis , de jaunes d'œufs , de térébenthine ; on le
tempère par la quantité d'huile, que l'on augmente.

Digestif animé. C'est le même que le précédent ,
auquel on ajoute quelques liqueurs spiritueuses ,
telles que l'eau-de-vie, ou l'essence de térébenthine.

Éclisses , voyez *Attelles ,* ci-devant.

Eau blanche. C'est la boisson que l'on doit
donner aux animaux malades. Pour la bien faire,
on prend une jointée de son ; on trempe les deux
mains dans un seau plein d'eau ; on exprime fortement et à plusieurs reprises l'eau dont le son est
imbibé , et l'on rejette le son comme inutile ; on
recommence : l'eau devient blanche , parce qu'elle
n'est teinte de cette couleur qu'avec les parties
les plus fines du son. La méthode que l'on suit
ordinairement, en délayant entièrement tout le son
dans l'eau , ne vaut rien , parce que les particules
grossières du son la corrompent en peu de temps.

Eau-de-vie camphrée , est celle où l'on a fait
dissoudre un peu de camphre ; elle est bonne pour
les

les plaies avec contusion, contre la gangrène humide, etc. Sur 5 décilitres (demi-pinte) d'eau-de-vie, il faut tout au plus 16 ou 21 grammes (3 ou 4 grains) de camphre.

Embrocation. Médicament qu'on applique à l'extérieur de l'animal, en arrosant la partie attaquée avec des eaux, des huiles, des onguens, etc.

Embrocation émolliente. Prenez huile d'olives ou d'amandes douces, infusion de mille-pertuis, de chaque (6 décagrammes) 2 onces; mêlez ensemble pour embrocation adoucissante.

Embrocation résolutive fortifiante. Prenez huile rosat et de laurier, de chaque 6 décagrammes (2 onces); mêlez, et ajoutez-y de l'eau-de-vie camphrée ou de l'esprit de vin.

Emolliens. Médicamens qui ont la vertu de ramollir les parties sur lesquelles on les applique, en rendant leur tissu moins serré. L'eau tiède seule est un bon émollient : la patience, la racine de guimauve, les fleurs et les feuilles de mauve, le nymphéa, les semences farineuses; les semences de courges, de melons, de concombres; les semences de chicorée, de pourpier, de laitue; le blanc de baleine, les gommes arabique et adragant; les jujubes, les figues sèches, etc., sont des émolliens.

Etuver. C'est imbiber, arroser ou humecter une partie du corps avec du vin, de l'eau-de-vie ou quelque décoction tiède, au moyen d'un morceau de linge trempé dans le liquide convenable, avec lequel on touche à petits coups la partie pour la

Tome I.   6

bien imprégner de ce liquide. On étuve ordinairement une contusion et même une plaie, avec du vin
chaud, ou de l'eau-de-vie mêlée d'eau tiède.

Feu ou cautère. C'est une opération par laquelle
on applique le feu sur quelque partie du corps d'un
animal.

On doit choisir un maréchal très - expérimenté
pour appliquer convenablement le feu ou le cautère, de manière qu'il ne laisse aucune suite fâ-
cheuse. L'instrument dont il se servira doit avoir le
degré de chaleur particulier pour les chairs, les os,
la peau. En un mot il faut beaucoup de discerne-
ment, d'adresse et de prudence, pour bien appliquer
le feu.

Fomentation. Médicament liquide que l'on applique à l'extérieur du corps d'un animal ; il diffère
de l'embrocation, en ce qu'il n'y entre point d'huile
ni de graisse.

Friction. C'est un frottement que l'on fait avec un
bouchon de paille ou de foin, ou avec un morceau
d'étoffe de laine, sur quelque partie du corps d'un
animal, pour y rétablir la transpiration, le mouvement ou la circulation des liquides.

Infusion. Elle consiste à faire tremper pendant
quelque temps dans de l'eau, du vin, de l'eau-de-
vie, ou une autre liqueur, des plantes aromatiques ou
quelques autres qui perdraient leurs vertus en les
faisant bouillir pour en tirer une décoction. L'infusion peut se faire à froid ou à un certain degré de
chaleur au-dessous de l'ébullition.

Lavemens. Ce sont des injections que l'on fait au moyen d'une seringue, par le fondement, dans les intestins des animaux, avec des décoctions de plantes, des huiles ou autres liqueurs, selon le besoin et les circonstances.

La dose pour un bœuf ou un cheval, est d'une bouteille ou une bouteille et demie, c'est-à-dire, 10 à 15 hectogrammes (2 ou 3 livres) pesant.

Le degré de chaleur convenable se connoît lorsqu'en appliquant contre la joue la seringue remplie de liqueur chaude, on peut la supporter sans se brûler.

Les lavemens les plus simples sont les meilleurs. J'en indiquerai quelques-uns dans un instant.

Avant de donner un lavement à un cheval ou à un bœuf, une personne, après avoir frotté sa main d'huile, doit l'enfoncer dans le fondement le plus avant qu'elle pourra, pour retirer les excrémens qui y sont endurcis ; sans cette précaution essentielle, le lavement deviendra inutile ou presque sans effet.

Dès que l'animal aura reçu un lavement, on le promènera et même on le fera trotter, pour le lui faire garder plus long-temps ; autrement il le rendra presque aussitôt. Mais s'il est trop malade pour le faire courir, on lui donnera un second et même un troisième lavement, après qu'il aura rendu les premiers.

Si l'on n'a point de seringue, on peut en faire une sur-le-champ avec une vessie, à laquelle on mettra un bout de sureau vidé de sa moelle, de 16 à 21 centimètres (6 à 8 pouces) de long, bien lié avec une ficelle

dans le canal de la vessie. On garnira l'extrémité du
bout du sureau avec de la filasse bien liée avec du fil,
et graissée de beurre ou de suif, pour ne point blesser
le fondement en l'introduisant. On tient la vessie
d'une main, et on la presse de l'autre pour faire
entrer ce qu'elle contient dans le corps de l'animal.
On proportionnera le tuyau de sureau, qui sert de
canule, à la grosseur de l'animal, c'est-à-dire que
ce tuyau doit être plus petit pour une chèvre ou
une brebis que pour le bœuf ou le cheval.

Lavement rafraîchissant. On peut le donner avec
de l'eau simple ; mais on le fait ordinairement avec
une décoction de mauve ou de pariétaire ou de
mercuriale. Si l'on manque de ces plantes, on fera
fondre dans l'eau un peu de gomme arabique ou de
cerisier, de pêcher, d'abricotier ; ou bien l'on fera
bouillir de la graine de lin. Si l'on se sert des plantes
indiquées, on en prend une poignée, que l'on fait
bouillir dans deux bouteilles d'eau : si c'est de la
graine de lin, il en faut 3 décagrammes (une once) ;
si c'est de la gomme, 15 grammes (une demi-once).
Si l'on veut rendre le lavement plus adoucissant,
plus calmant, on ajoutera un peu de vinaigre.

L'eau de son et l'eau de poulet sont très-rafraî-
chissantes.

Un lavement d'eau simple, mêlée d'un peu de
vinaigre, est excellent dans les rétentions d'urine.
En le répétant six fois par jour, dans les maladies
contagieuses, elle produit des effets merveilleux.

Les lavemens aromatiques ou *toniques* se font avec

les plantes odoriférantes, comme le thim, le romarin, le serpolet, la lavande, la camomille romaine : si l'on veut le rendre purgatif, on y ajoutera une décoction de séné, ou seulement un peu de sel de cuisine.

Les lavemens carminatifs, c'est-à-dire, propres à chasser les vents, se font avec la décoction de camomille, de mélilot, de coriandre, d'anis ou de baies de genièvre ; cependant il ne faut les prendre qu'avec prudence et précaution.

Masticatoires. Ce sont des médicamens qui se placent et qui entrent dans la bouche des animaux, pour exciter leur salive en les mâchant, et leur rendre le gout et l'appétit. Les racines d'angélique, d'impératoire, de zédoaire, de pimprenelle blanche, de galega, de myrrhe, le sel commun, les gousses d'ail, l'assa-fétida, etc., s'emploient comme masticatoires, en les enfermant dans un nouet de linge, après les avoir grossièrement pulvérisés, et les suspendant à un mors ou filet. Ou bien on roule le linge qui les contient autour d'un billot de bois, que l'on place dans la bouche comme le mors d'une bride.

Ces remèdes sont aussi très-bons dans les maladies contagieuses.

Nitre, nitré. C'est du salpêtre ordinaire purifié en le faisant bouillir et l'écumant plusieurs fois de suite. Lorsqu'on dit d'un remède qu'il doit être *nitré*, c'est comme si l'on disait qu'il faut y ajouter un peu de salpêtre. Cette substance est indiquée dans les maladies où il y a inflammation ou une disposition à cet état.

La dose est depuis 32 grammes (6 grains) jusqu'à une drachme dans 24 décagrammes (huit onces) d'eau.

Onguent. C'est un médicament de consistance plus molle que dure, dont on se sert pour le traitement des maladies extérieures. Le meilleur onguent ne sert pas à grand'chose pour la guérison ; mais ce préjugé en leur faveur est tellement enraciné, que je vais donner les recettes de quelques-uns des plus en usage dans l'art vétérinaire.

Onguent basilicum. Prenez cire jaune , résine blanche, encens, de chacun un gramme (3 onces). Mettez le tout sur un feu doux, et quand il sera fondu, ajoutez 6 décagrammes (2 onces) de sain-doux ; posez l'onguent pendant qu'il est chaud. Il sert pour les plaies et les ulcères.

Onguent blanc. Prenez huile d'olive 5 hectogrammes (une livre), cire blanche et blanc de baleine , de chacun 3 onces ; faites fondre à une douce chaleur : remuez continuellement et fortement jusqu'à ce que le tout soit refroidi.

Pour en faire l'onguent blanc camphré , on ajoute un peu de camphre battu avec un peu d'huile.

Onguent à cautère, ou vésicatoire radouci. Prenez cantharides en poudre fine, 15 grammes (demi-once); onguent *basilicum* jaune, 18 décagrammes (6 onces).

Celui-ci sert à poser les vésicatoires et à entretenir l'écoulement.

Les ongues mercuriels se prennent chez les apothicaires.

Onguent de la mère. Sain-doux, beurre frais,

cire, suif de mouton, litharge préparée, de chacun 12 décagrammes (4 onces); huile d'olives 24 décagrammes (demi-livre). Mettez le tout, excepté la litharge, dans un vase de terre vernissé; faites chauffer jusqu'à ce qu'il fume; ajoutez alors la litharge bien séchée, remuez jusqu'à parfait mélange; ensuite laissez chauffer le tout jusqu'à ce qu'il prenne une couleur brune tirant sur le noir; laissez-le refroidir à demi et versez dans un pot, pendant qu'il est encore liquide.

Cet onguent est très-suppuratif.

Onguent de plomb, ou *de Saturne*. Huile d'olives, 24 décagrammes (demi-livre); cire blanche, 6 décagrammes (2 onces); sucre de plomb ou de Saturne, 1 décagramme (3 gros): broyez le sucre de Saturne réduit en poudre, avec un peu d'huile; ensuite ajoutez le reste de l'huile et de la cire que vous aurez auparavant fait fondre ensemble, et ayez soin de remuer jusqu'à ce que le tout soit refroidi.

Cet onguent sert à dessécher et à cicatriser les plaies et les ulcères.

Plantes aromatiques. Le genièvre, le romarin, la lavande, le thim, la marjolaine, le serpolet, l'hysope, la camomille romaine, etc.

Plantes astringentes. Les fleurs de roses de Provins, de grenade; les feuilles de pervenche, de plantain, de bourse à pasteur, d'argentine, d'ortie, de vigne; le mouron, le gratte-cul, les nèfles, la cornouille, le sumac, les pepins de raisins; les semences d'oseille, de patience, de tabouret; la noix de galle, les mousses d'arbre.

Plantes apéritives. La saxifrage, la chélidoine, ou éclaire, la scrophulaire, la filipendule, la semence d'ancolie.

Les cinq petites racines apéritives sont celles d'arrête-bœuf, de caprier, de chardon – roland, de chiendent et de garance.

Les cinq grandes racines apéritives sont celles d'ache, d'asperge, de fenouil, de persil et de petit houx.

Plantes émollientes. La mauve, la guimauve, la pariétaire, la patience, le nymphéa, ou *plateau d'eau*, l'endive ou chicorée, la laitue, le pourpier, la réglisse, la violette, la mercuriale, la poirée, l'arroche ou belle-dame, le lis blanc, le lin, le mélilot, le mille-pertuis.

Plantes masticatoires; voyez *Masticatoires*, ci-devant, *page* 85.

Plantes rafraîchissantes. On distingue les délayantes; ce sont la laitue, le pourpier et les fleurs de violette.

Les incrassantes, qui sont le nénuphar, ou *plateau d'eau*, le seneçon, le laiteron, la dent de lion, le mouron, les racines de mauve, de guimauve, de grande consoude, l'orge, l'avoine, le seigle.

Les rafraîchissantes coagulantes sont l'orpin, la joubarbe, l'oseille, l'alleluia, le limon, le citron, les grenades, les groseilles, les fruits de l'airelle ou myrtille.

Les sudorifiques sont le chardon bénit, la scabieuse, la germandrée, la bourrache, la buglose,

le scordium , la bardane, le gratteron , la sapo-
naire.

Plumasseau. C'est de la charpie aplatie , dout on
couvre les plaies et les ulcères.

Réduction. C'est l'opération par laquelle on remet en place le membre qui a été dérangé ou rompu
par quelque accident.

Résoudre. C'est dissiper un engorgement, une tumeur, etc., sans les faire tomber en suppuration.

Scarifier , scarification. Incision que l'on fait sur
la peau avec un instrument tranchant.

Seringue ; voyez *Lavement.*

Séton. C'est une bandelette de linge , ou une petite
corde de chanvre peu tordue, graissée d'onguent basilicum, que l'on passe dans la peau de l'animal avec
une grosse aiguille.

Pour faire le séton, on pince la peau dans l'endroit désigné, derrière le cou, au poitrail , à l'épaule,
à la cuisse , etc.; ensuite on passe l'aiguille courbe
enfilée du cordon de fil ou de la bandelette de linge,
jusqu'à ce qu'ils sortent de chaque côté de la peau
que l'on a pincée. On retire l'aiguille, et on laisse
les fils dans la peau en faisant un nœud à chaque
bout.

On entretient les sétons aussi long-temps que l'on
veut , en continuant d'y appliquer l'onguent suppuratif.

Tentes. Ce sont des espèces de bourdonnets (*voy.*
ce mot) , faits avec de la filasse ou de la charpie. On

les forme quelquefois avec de la toile roulée; on leur donne la forme d'un clou, en les faisant pointues par un bout; ou bien on leur donne une grosseur égale d'un bout à l'autre.

Les tentes servent à maintenir une ouverture à un abcès, à une fistule, etc.

Vin aromatique. C'est du vin rouge ou autre dans lequel on a fait infuser des plantes aromatiques, que l'on ne doit jamais y faire bouillir.

Des Maladies du cheval, avec les remèdes convenables à chacune.

Abattement. Cet état annonce une disposition à quelque maladie.

Le cheval a les yeux larmoyans, la tête pesante, les oreilles basses, le poil hérissé et terni. Si l'abattement vient du travail forcé ou trop long, il faut laisser reposer le cheval, lui faire prendre du vin rouge avec son avoine, et lui bien bouchonner les jambes. Mais si l'abattement est l'avant-coureur de quelque maladie, il faut chercher à connoître les signes; pour la distinguer et lui donner le traitement convenable.

Abcès. C'est un amas de pus qui se fait dans quelque partie du corps, et qui y cause de la douleur, de l'inflammation et un gonflement quelquefois très-considérable jusqu'à ce qu'il soit évacué.

Quelle que soit la cause de l'abcès, il faut, 1.º le faire *mûrir* promptement, c'est-à-dire, le mettre en état d'être ouvert ; 2.º en faire l'ouverture pour le nettoyer de tout le pus ; 3.º le traiter convenablement pour remettre la place qu'il a occupée dans l'état où elle était avant qu'il eût lieu.

Pour faire mûrir l'abcès, on applique dessus du levain de pâte (celui de seigle est le meilleur) de la graine de moutarde réduite en poudre et mêlée avec de la fiente de pigeon ou de vache. Les oignons cuits sous la cendre, l'oseille cuite de même, avec de la graisse de cochon, dans quelques feuilles de carde poirée, le tout enveloppé de papier, sont un souverain suppuratif. Lorsque ce mélange est cuit, on ôte la feuille de papier et l'on bat le tout ensemble avec une spatule de bois, pour en faire un onguent.

Pour ouvrir l'abcès, on peut se servir du bouton de feu, *voy*. ce mot *pag*. 82. Mais cette opération est très-douloureuse. Le moyen le plus prompt et le plus sûr est d'employer un instrument tranchant ; mais il faut de l'adresse et de l'attention pour plonger le fer suffisamment sans blesser quelque partie saine. On introduira le doigt dans l'ouverture pour sentir s'il n'y a pas quelques brides ou cloisons, qui feraient autant d'abcès séparés, et qu'il faut également détruire. En général, il faut faire l'ouverture plus grande que petite : dans le premier cas, l'incision se guérit promptement ; dans le second, le pus ne peut s'évacuer entièrement, et il en peut résulter beaucoup de mal.

1.º L'abcès étant ouvert, on fait aussitôt sortir le pus en pressant légèrement sur les deux côtés des lèvres de la plaie; on essuie l'ulcère avec de la filasse de chanvre bien cardée, bien douce et très-propre. 2.º On garnit le dedans de l'abcès avec des bourdonnets ou plumasseaux de la même filasse, qui se chargeront du pus à mesure qu'il se formera dans l'abcès, et l'empêcheront de ronger les chairs. 3.º On applique par dessus d'autres plumasseaux épais, trempés dans une décoction de mille-pertuis, d'absinthe et d'aunée ou de fougère, que l'on a fait bouillir ensemble pendant une heure, dans une bouteille d'eau avec un peu de sel de cuisine. 4.º On assujettit ces plumasseaux avec des compresses de linge en plusieurs doubles, trempées dans la décoction susdite, et recouvertes d'un bandage. 5.º On humecte plusieurs fois par jour cet appareil, sans le déranger, avec la même eau. 6.º On pansera l'animal une fois par jour seulement et le plus promptement possible, en enlevant les compresses, les plumasseaux tant du dehors que du dedans de l'abcès, et on le nettoiera bien avec la décoction. 7.º A mesure que le dedans de l'abcès se rétrécit, on diminue le nombre des bourdonnets ou plumasseaux, et on n'en emploiera pas de trop gros; on ne forcera pas non plus d'entrer ceux dont on se servira. 8.º Si les chairs deviennent baveuses sur les bords de la plaie, on les touchera avec la pierre de vitriol ou la pierre infernale, et on ajoutera du sel dans la décoction ou un peu d'eau-de-vie. 9.º Si les bords de la plaie sont enflammés ou durs, on la lavera avec une décoction de mauve, de guimauve et d'oignons de lis bouillis ensemble.

Acrimonie du sang. On reconnoît cette disposition à l'urine, qui est rouge, de couleur de brique, épaisse; le cheval souffre en urinant; la dyssenterie bilieuse survient, et est presque toujours l'avant-coureur de maladies plus graves.

Les causes de l'acrimonie ou âcreté du sang viennent, ou de la mauvaise nourriture, ou du séjour dans une écurie trop chaude et trop étouffée; d'avoir bu des eaux croupies ou infectées. Si la maladie vient de cette dernière cause, il faut absolument se procurer de la bonne eau, y mettre un peu de vinaigre, de salpêtre, du son; faire boire au cheval une tisanne ou décoction de feuilles de mauve, de pariétaire, de laitue, ou d'autres plantes émollientes.

Le meilleur parti serait, si l'on n'a pas de rivière, de ruisseau ni d'eau courante près de la métaire, de conduire les chevaux attaqués dans un lieu où l'on a cette ressource; de les y faire séjourner pendant quelque temps pour les reposer et les rétablir. Si l'on a préféré d'amener de l'eau, il faut la laisser reposer et prendre l'air avant de la donner à boire. En un mot, à quelque prix que ce soit, il faut de la bonne eau; sans quoi on risque de perdre ses chevaux.

Si l'âcreté du sang vient de l'excès du travail, on doit laisser reposer les chevaux, et leur donner des breuvages rafraîchissans et adoucissans.

Les maréchaux ont le mauvais usage de saigner les chevaux, comme un excellent remède contre l'âcreté du sang; il faut absolument s'opposer à cette pratique pernicieuse.

Ankilose. C'est l'union de deux os dans l'endroit où ils se réunissent pour agir ensemble, de manière que le mouvement de la partie est arrêté ou très-gêné; c'est une espèce de soudure d'os.

La courbe, l'éparvin, les entorses, les fractures non réduites, etc., peuvent donner lieu à l'ankilose.

Lorsque le mouvement est entièrement arrêté, l'ankilose est souvent incurable. Celle qui arrive au jarret et au boulet des chevaux, après une entorse, un coup, une piqûre, un effort, est la plus commune, surtout si l'on a manqué de remédier au gonflement de la partie, par les saignées et les fomentations émollientes et résolutives, avec la décoction de mauve, de violette, de mille-pertuis, de camomille.

S'il y a de la douleur et de l'inflammation, l'on fera d'abord une saignée, puis on appliquera des cataplasmes d'oignons de lis bouillis dans du lait. Quand la douleur est passée, on essaie de faire mouvoir la partie affectée, sans rien forcer et dans le sens du mouvement naturel; ensuite on fera bouillir dans du gros vin, de la sauge, du thim, du romarin, de l'hysope, et l'on bassinera bien avec du linge trempé dedans. Enfin l'on fera des frictions d'eau-de-vie camphrée, ou avec un torchon passé sur la fumée de graine de genièvre, dont on enveloppera ensuite la partie attaquée.

Aphtes. Ce sont de petits ulcères qui viennent dans l'intérieur de la bouche, au palais, à la langue et au gosier. Ceux qui ne sont que superficiels, transparens, blancs et séparés les uns des autres, se guérissent facilement en les lavant avec de la rue et de l'ail , pilés et mêlés dans du vinaigre.

Mais lorsque les ulcères s'agrandissent , qu'ils creusent et qu'ils deviennent noirs et livides , ils sont dangereux et demandent de prompts secours : tel est le chancre qui vient sous la langue des chevaux ; voyez aux mots *Chancre* , *Charbon* , ci-après.

Apoplexie , voyez *Assoupissement*.

Apostèmes ou *apostumes*. C'est une tumeur ou grosseur contre nature , qui peut venir des coups , des contusions , des piqûres et des morsures d'animaux venimeux , de l'excès du travail , etc. Toutes ces causes peuvent produire des embarras , des engorgemens , des obstructions , et par conséquent des *apostèmes*.

Il y a aussi des causes intérieures qui les produisent , telles que le mauvais sang , les humeurs épaissies , quelque dérangement dans les chairs ou dans les différentes parties intérieures du corps.

Comme il y a différentes espèces d'apostèmes , voy. *Taupe* , *Etranguillons* , *Avant-cœur* , *Javart-encorné*.

Atrophie ; voyez *Maigreur*.

Atteinte. C'est une meurtrissure que le cheval se fait au dedans du boulet avec ses fers , ou qu'il reçoit d'un autre cheval qui marche à côté de lui , ou de la pince du fer de derrière , dont il se donne un coup sur le talon du pied de devant.

On distingue l'atteinte sourde, qui ne forme qu'une

contusion sans blessure apparente ; l'atteinte qui forme une plaie, en enlevant la peau et entamant les chairs ; et l'atteinte encornée, qui pénètre jusqu'au dessous de la corne.

La première se guérit ee bassinant l'endroit avec du vin chaud et du sel. On la connoît par la chaleur qui y est plus forte que dans le reste du pied, et à la douleur que sent le cheval en posant le doigt ou la main dessus.

La seconde se guérit en coupant la peau détachée, puis bassinant la plaie avec du vin chaud et du sel, et la couvrant avec un linge trempé dans ce mélange.

A l'égard de la troisième, voyez au mot *Javart-encorné*.

Avalure. C'est un bourrelet ou cercle de corne, qui se forme au sabot du cheval, à l'endroit de la couronne, lorsqu'il a été blessé. Cette corne est plus raboteuse et plus molle que l'ancienne. Il faut oindre le sabot avec de la graisse de cochon fondue dans un peu d'huile d'olives.

Avant-cœur. C'est une tumeur située au devant du poitrail, ordinairement occasionée par le collier. S'il y a inflammation, l'on fait une ou plusieurs saignées ; ensuite on bassine bien la tumeur avec une décoction de mauve, guimauve, oignons de lis. On applique un cataplasme de mie de pain et de lait.

Si la tumeur est dure, sans chaleur, sans douleur,

leur, et de la grosseur du poing, on fend la peau
dans toute la longueur du mal, pour vider la matière contenue dans le sac, et l'on panse la plaie avec
un jaune d'œuf mêlé dans de la térébenthine.

Si c'est un squirre, il faut l'enlever en entier ;
mais cette opération demande un bon maréchal.

Avives. Ce sont des glandes situées derrière
et au-dessus de la ganache, au-dessous de l'oreille.
Ces parties se gonflent quelquefois dans la gourme,
à la suite d'une blessure, d'une piqûre, d'un coup,
et surtout lorsque le cheval a bu de l'eau trop froide,
après un travail considérable.

Si les avives sont une suite de la gourme, il est
bon de faire suppurer ces glandes, en appliquant dessus des cataplasmes émolliens faits avec des oignons
de lis cuits sous la cendre et pilés, ou avec des
feuilles de mauve cuites dans du lait.

Si elles ont d'autres causes, pilez de la ciguë avec
du sel, exprimez le jus dans l'oreille du cheval, et
appliquez le marc sur le mal, en l'y soutenant par
une compresse et une bande.

Il faut bien se garder de tenailler ou de battre
les avives aux chevaux, comme le font très-mal-à-
propos les maréchaux de campagne.

On nomme aussi *avives* une espèce de tranchées
qui font perdre l'appétit au cheval : il se tourmente,
se couche, se roule par terre et s'agite fortement ; il
en meurt même s'il n'est promptement secouru. *Voy.*
Tranchées.

Tome I.   7

Avortement. Il peut être occasioné par un exercice trop violent, une chute, des coups sous le ventre, par un effort, par la mauvaise nourriture et même par la peur.

Si la jument a de la peine à mettre bas, il faut la saigner et lui donner quelques lavemens avec une décoction de mauve. On lui frotte le ventre et les reins avec de l'eau-de-vie chaude.

Lorsqu'elle a mis bas, on lui donne un peu de vin, du son un peu mouillé, du bon foin et beaucoup d'eau blanche. Cet accident est ordinairement sans suites fâcheuses.

La *bleime* est une inflammation causée par un sang extravasé dans la sole des talons. Elle est occasionée par des coups, des blessures ou de fortes contusions.

On distingue : 1.º la *bleime sèche*, qui attaque les pieds cerclés ou encartelés (*voyez* ce mot), plutôt le quartier du dehors que celui du dedans ; 2.º la *bleime encornée*, dans laquelle la matière abonde, et, pénétrant sous le quartier, faute d'issue, peut causer de grands ravages ; 3.º la *bleime foulée*, qui est la suite d'une contusion, d'une foulure, d'une compression, et à laquelle les pieds plats et les pieds combles sont fort sujets.

La première se guérit par les cataplasmes émolliens et les rémoulades de moutarde. La seconde demande l'ouverture de la sole, si la rougeur de la sole des talons se change en tache noire, ce qui annonce que la matière demande à sortir. On introduit dans l'ouverture de petits plumasseaux de chanvre ou de charpie, imbibés d'essence de térébenthine. On serre légèrement les plumasseaux avec un bandage, pour empêcher les chairs de surmonter.

La troisième se guérit en appliquant des plumasseaux imbibés d'eau-de-vie camphrée, et l'on serre convenablement le cheval.

Boiteux, cheval boiteux. Comme il y a différentes causes qui peuvent faire boiter un cheval, on trouvera pour chacune les remèdes qui lui sont propres.

Bouffissure. Un cheval peut être bouffi après avoir été mordu ou piqué par une bête venimeuse, ou lorsqu'une plaie pénètre dans le creux de la poitrine : par exemple, si une côte cassée touche le poumon ; dans ce dernier cas le mal est incurable, et il vaut mieux faire tuer l'animal que de faire des dépenses inutiles.

Pour l'autre cas, voyez *Morsures* et *Piqûres*.

Bouleté. Maladie qui arrive aux pieds des chevaux de tirage ou de labour, à la suite d'un travail forcé ou d'une mauvaise ferrure. Dans le premier cas, laissez reposer le cheval pendant quelques jours, et enveloppez-lui le boulet avec un linge trempé dans de l'eau-de-vie et du savon. Si le mal vient de la ferrure, il faut la changer.

Bourses. L'enflure des bourses se guérit en les étuvant avec une infusion de rhue, d'absynthe ou d'autres plantes aromatiques, dans du vin et un peu d'eau-de-vie.

Pendant le traitement on fera boire au cheval une décoction de pariétaire , dans laquelle on fera fondre un peu de salpêtre, et on lui donnera du bon foin pour principale nourriture.

Brûlure. Il faut distinguer celle qui peut avoir lieu sur différentes parties du corps par accident, et celle de la sole par la faute du maréchal.

Pour la première , lorsqu'elle est accompagnée d'inflammation , il faut saigner le cheval à la veine du cou , fomenter la plaie avec une décoction de feuilles de mauves , étendre par-dessus un onguent de miel et d'huile. Ce remède fait tomber la croûte ou crasse assez promptement ; la suppuration s'établit : ensuite on dessèche la plaie avec du miel mêlé avec de la céruse.

Si la sole a été brûlée par le maréchal , on la cerne comme pour dessoler, et l'on met dans la rainure de petits plumasseaux imbibés d'essence de térébenthine , dont on les arrose deux fois par jour. On met par-dessus la sole des cataplasmes pour la détendre.

Bubon. C'est une tumeur ronde ou ovale qui survient aux glandes des aines du cheval, accompagnée de chaleur et de douleur.

Il faut la conduire à suppuration avec un cataplasme d'oignons de lis , de levain et d'onguent *basilicum* (*page* 86). On ne doit ouvrir l'abcés que lorsque le pus a détruit une partie de la glande, ou plutôt dissipé les duretés de la tumeur. On panse la plaie avec l'onguent digestif simple (*page* 80), jus-

qu'à parfaite cicatrice ; on l'anime même avec l'eau-
de-vie et la teinture d'aloës, si la suppuration est
trop abondante et les chairs trop lâches.

Le *bubon pestilentiel* est contagieux. On juge qu'il
a cette qualité quand l'animal est triste, que ses
fonctions se font mal, et que le bubon change quelquefois de place pour paroître sur une autre partie
du corps.

On doit tenir le cheval à la diète, lui donner souvent de l'eau blanche avec un peu de salpêtre ; appliquer sur la tumeur un cataplasme d'oignons de
lis, de fiente de pigeon, de gomme ammoniaque et
d'euphorbe, mêlés avec du savon noir. On fait des
scarifications à la tumeur, avant d'appliquer ces
remèdes.

Lorsque l'abcès aura acquis une certaine étendue,
on l'ouvrira avec un bistouri ; ensuite on pansera
la plaie avec le digestif animé (*page 80*) avec l'eau-
de-vie camphrée ou l'essence de térébenthine. Si
les forces du cheval sont affoiblies, on lui donnera
un breuvage de vin et de thériaque, et enfin on lui
fera avaler un purgatif de 9 décagrammes (3 onces)
de séné et de 12 décagrammes (4 onces) de miel, sur
lesquels on aura versé une livre d'eau bouillante.

Voyez l'article *Charbon*. La saignée est pernicieuse pour le bubon pestilentiel.

Capelet, *Passe-campane*. C'est une tumeur mou-
vante, plus ou moins grosse, située sur la pointe du
jarret d'un cheval, et qui ne le fait boiter que quand
elle a un volume considérable. Elle est occasionée

ou par un travail forcé, ou par un coup, ou par les frottemens du jarret contre un corps dur.

On guérit cette tumeur, dans son commencement, en la frictionnant avec le vin aromatique chaud, ou l'eau-de-vie camphrée ; mais si ce remède ne réussit pas et que la tumeur augmente, le plus sûr est d'y appliquer le feu.

Carie, *os cariés*. La teinture de myrrhe et d'aloës, l'eau-de-vie camphrée, l'essence de térébenthine, appliqués sur la carie avec de petits plumasseaux, arrêtent les progrès de la carie : si les préservatifs ne suffisent pas, il faudra appliquer le feu ou le cautère actuel (*page* 76).

Castration. On peut châtrer un cheval de différentes manières, dont le but est toujours de couper les testicules ; mais la plus sûre est celle-ci. On fait aux bourses deux incisions assez longues pour laisser passer les testicules ; on les tire ensuite doucement, et on applique sur les côtés de chaque cordon spermatique (ou conduits de la semence) deux billots faits d'un bâton de sureau d'un décimètre (5 pouces) de longueur sur trois centimètres (un pouce) de grosseur, fendu en deux par le milieu. On remplit le creux que la moelle occupait, avec un mélange de parties égales de vitriol bleu et de poudre de licoperdon, et l'on attache ensemble ces billots avec une ficelle. On coupe les testicules, et vingt-quatre heures après on détache les billots, et l'on fait promener le cheval une heure le matin et autant le soir.

On sait que, pour châtrer un cheval, il faut le jeter par terre du côté gauche ou du montoir, et en lui prenant avec une corde ou plate-longe la jambe droite de derrière, la lui passer par-dessus le cou, pour saisir facilement les testicules.

Les poulains ne doivent être châtrés qu'à deux ans et demi, au printemps, ou en automne.

Cataracte. Il est facile de connoître ce mal en regardant les yeux de l'animal en face, en sortant de l'écurie ou d'un lieu un peu obscur ; on y voit un corps plus ou moins blanc, que l'on nomme *dragon :* les chevaux y sont fort sujets.

La cataracte peut être occasionée par un coup, par les efforts de l'animal, par un reste de gourme, etc. Elle est presque toujours incurable ; cependant on peut essayer de la coque d'œuf bien séchée au feu, réduite en poudre très-fine, mêlée avec un peu de sucre candi également en poudre, que l'on souffle dans l'œil. On applique ensuite une compresse retenue par une bande. Voyez *Onglée.*

Catarre. C'est une fluxion accompagnée d'écoulement d'humeurs, qui se fixe au nez, au cou ou sur le poumon des chevaux, et à laquelle ils sont forts sujets. Elle peut être occasionée par les intempéries de l'air, la transpiration et la sueur arrêtées ; par le passage de l'air chaud des écuries à l'air froid du dehors ; par les eaux crues et trop froides qu'on laisse boire aux chevaux échauffés par le travail, etc. On la nomme aussi *morfondure. Voy.* ce mot.

Le mal se connoît, 1.º par un malaise et une

foiblesse générale qui surviennent les premiers jours, avec quelques légers frissons, surtout le soir en revenant du travail : 2.º par un éternument suivi d'écoulement d'une humeur âcre par les naseaux : 3.º par la perte de l'appétit : 4.º l'humeur devient verdâtre, elle s'épaissit et ne coule que par un naseau ; les glandes de dessous la ganache se gonflent du côté du naseau qui flue : 5.º enfin, au bout de huit à dix jours, l'humeur devient plus épaisse, jaunâtre, puis blanche ; elle coule en plus grande quantité et par les deux naseaux : 6.º la respiration se trouve gênée : 7.º le cheval tousse quelquefois légèrement.

Si les symptômes sont tels que je viens de les décrire, on fera boire au cheval une décoction de mauve, guimauve, bouillon blanc et graine de lin, et on lui en fera respirer la vapeur. On délaiera 2 décagrammes (une demi-once) de kermès minéral avec 6 décagrammes (2 onces) de miel dans de l'eau blanchie avec du son de froment, et l'on donnera ce mélange au cheval.

Lorsque l'animal perd entièrement les forces, qu'il a une toux sèche plus ou moins violente, qu'il souffre beaucoup de la poitrine, qu'il rend par la bouche et par les naseaux beaucoup de matière épaisse et jaunâtre, on lui fait boire une infusion d'absinthe, de sauge, de lavande et d'iris de Florence, et on lui donne pour nourriture de la paille et du son.

La saignée ne vaut rien et même est dangereuse dans le catarre.

Chancre. Petite vessie, remplie d'une humeur rousse et liquide, qui sort d'elle-même et laisse un creux qui s'augmente en peu de temps, à la bouche et surtout à la langue du cheval, en rongeant les parties voisines.

Il faut ratisser, avec une pièce ou une cuiller d'argent, les chancres, ou les frotter avec une pierre de vitriol de Chypre, ou vitriol bleu, attachée au bout d'un petit bâton fendu, jusqu'à ce qu'il sorte du sang, et laver ensuite la plaie avec du vinaigre dans lequel on a fait tremper de l'ail et de la rhue pilés, en ajoutant un peu d'eau-de-vie camphrée.

Ordinairement ce mal se communique, et, si l'on n'y remédie promptement, les chevaux perdent entièrement la langue. On appelle communément ce mal *pustule maligne*. Celui qui a pansé un cheval attaqué du chancre, doit laver ses mains avec de l'eau-de-vie ou du vinaigre, pour éviter de communiquer la contagion en touchant les autres.

Le *charbon* à la langue est aussi une vessie, qui occupe tantôt le dessus, tantôt le dessous, et quelquefois les côtés de la langue. Elle est d'abord blanche, ensuite rouge, bientôt livide et noire. Elle augmente considérablement et ronge toute l'épaisseur de la langue, quelquefois en moins de vingt-quatre heures, quoique le cheval mange, boive et fasse toutes ses fonctions à l'ordinaire, jusqu'à ce que la langue soit entièrement tombée par morceaux.

Ce mal est très-contagieux et demande les plus promptes précautions pour empêcher les chevaux sains d'en être attaqués.

On commence par saigner à la veine jugulaire, puis on lave souvent la langue et toute la bouche avec du vinaigre, du poivre, du sel et de l'assa-fétida concassé ; on peut même y mêler 2 décagrammes (une demi-once) de sel ammoniac.

On donnera pour boisson de l'eau blanchie avec du son de froment, dans laquelle on fera fondre 3 décagrammes (une once) de cristal minéral ; on y mêlera du fort vinaigre à proportion.

On parfumera les écuries avec du vinaigre versé sur des charbons ardens ou sur du fer rougi au feu ; ou bien l'on mettra trois poignées de graines de genièvre dans du vinaigre, que l'on fera chauffer sur un réchaud.

Si la contagion est extrême, on fera boire une infusion de deux poignées de rhue dans une demi-bouteille de bon vin, avec quelques gousses d'ail, de la graine de genièvre, et trois drachmes de camphre pour chaque breuvage.

Lorsque les chevaux sont réellement attaqués, on emporte le *charbon* avec un bistouri ou des ciseaux, et l'on étuve la place et la langue entière cinq à six fois par jour avec une teinture de myrrhe ou d'aloës, ou avec de l'eau-de-vie chargée de sel ammoniac et de camphre, à raison de 2 décagrammes (une demi-once) de chaque, sur 2 hectogrammes (une demi-livre) d'eau-de-vie. Dans le cours de la maladie on donne au cheval la boisson suivante.

Faites bouillir 6 décagrammes (2 onces) de racine d'angélique dans un kilogramme (2 livres) ou

une bouteille de bon vinaigre , jusqu'à déduction
d'un tiers ; ajoutez 6 décagrammes (2 onces) de thériaque , et partagez ce mélange en deux doses , dont
vous donnerez l'une le matin à jeun et l'autre le soir ,
ayant soin de bien couvrir l'animal pendant l'effet du
remède.

Il faut faire aussi dans les écuries les fumigations
indiquées plus haut comme préservatif , avant que
les chevaux soient attaqués.

Charbon musaraigne. Il commence par une petite grosseur ou glande du dessus de l'intérieur de
la cuisse , laquelle dégénère en gangrène , si l'on n'y
remédie promptement. Elle diffère du *bubon* et des
autres abcès , en ce qu'elle ne suppure point. La
jambe et la cuisse sont souvent enflées , et le cheval a
du dégoût, de la tristesse, de l'abattement et des
frissons.

Il faut d'abord scarifier promptement et profondément ; répandre sur les incisions de l'essence de
térébenthine , et panser ensuite la plaie avec le digestif animé (*pag.* 80). Si en scarifiant l'on coupe
une artère ou une veine considérable , on appliquera
sur l'ouverture du vaisseau un morceau d'amadou
ou un bouton de feu pour arrêter le sang. Si la jambe
est enflée, on l'étuvera avec une décoction de feuilles
de sauge et de sureau. On donnera , pour boisson et
pour toute nourriture, de l'eau blanche avec un peu
de salpêtre , et insensiblement du son , de la paille
et du foin.

On fera prendre , les quatre premiers jours de la

maladie, deux breuvages, l'un le matin et l'autre le soir, composés de 6 décagrammes (2 onces) de salpêtre, deux décagrammes (une demi-once) de camphre, 6 décagrammes (2 onces) de miel, dans environ 5 hectogrammes (une livre) de décoction d'oseille, et l'on tiendra le cheval malade dans une écurie sèche, ni trop chaude, ni trop fraîche.

On ne doit point attribuer ce mal, comme le font quelques maréchaux, à la morsure d'une musaraigne ou musette, petit animal qui imite la souris, mais aux mauvaises qualités de l'air, des alimens et de la boisson, au travail forcé, ou au long séjour dans une écurie malsaine.

Châtaigne. On nomme ainsi de petites parties des jambes du cheval, qui deviennent comme de la corne molle, sans poils, et qui grossissent davantage aux jambes charnues qu'aux jambes sèches. Si le volume devient trop considérable, il faut les couper, et non les arracher, et panser la plaie avec un jaune d'œuf mêlé de térébenthine.

Chute. Lorsqu'un cheval fait une chute considérable en tombant d'un endroit élevé, par exemple, dans un fossé ou dans un précipice ; si le mal qui en résulte n'est pas considérable, on se contentera de lui faire prendre un breuvage vulnéraire, composé de feuilles de pervenche, de véronique, de lierre terrestre, de chaque une poignée, bouillies dans 5 hectogrammes (3 livres) d'eau commune, jusqu'à diminution d'un tiers ; coulez à travers un linge, et ajoutez 6 décagrammes (2 onces) de miel rosat.

Mais si le cheval a de la fièvre, s'il est triste, s'il jette du sang par les nasaux ou par la bouche, il faut le saigner promptement, même plusieurs fois, selon son âge, son tempérament et la gravité du mal; ensuite lui faire prendre le breuvage précédent.

Voy. aussi *Échimose*, *Fracture*, *Meurtrissure*.

Chute du fondement. Après avoir remis l'intestin en place, on bassine d'abord la partie avec du vin chaud; ensuite on fait, avec des linges trempés dans ce même vin, des compresses légères, que l'on placera sur les côtés de la portion qui se trouve près de l'anus, et que l'on soutiendra toujours avec attention, en repoussant doucement l'anus, pour le rétablir dans sa situation naturelle.

Si l'enflure et l'inflammation sont considérables et s'opposent au rétablissement de la partie, il faut saigner le cheval au cou, et faire sur l'anus et ses alentours des fomentations avec une décoction de feuilles de patience et de bouillon blanc, jusqu'à ce que l'intestin soit disposé à rentrer. Aussitôt que la réduction sera faite, on appliquera des linges trempés dans du vin rouge où l'on aura fait bouillir de la sauge, de l'hysope, de l'écorce de grenade, de la noix de galle concassée et de l'alun.

Si l'anus ne reste pas en place malgré ces précautions, on le bassinera toujours avec le même vin composé, et on le saupoudrera avec du bitume et de la noix de galle pulvérisés ensemble; on le fera de nouveau rentrer, et après l'avoir bien étuvé, on le soutiendra en place avec des compresses trempées dans le vin et maintenues par un bandage.

Chute de la verge. Lorsqu'elle provient d'efforts, on la guérit en lavant la partie avec de la décoction de plantes vulnéraires, mêlée d'essence de térébenthine et de salpêtre ; on applique ensuite des compresses trempées dans cette décoction, et l'on soutient le tout par une bande ou un suspensoire.

Clou ou furoncle. C'est une tumeur dure qui s'engendre sous la peau ; elle est accompagnée de chaleur et de douleur : elle n'est d'abord pas plus grosse qu'une noix ; mais elle devient considérable à mesure que la suppuration vent s'établir, et c'est à quoi il faut faire attention. *Voy.*, *pag.* 91, la manière de faire un onguent suppuratif excellent.

Appliquez gros comme une petite noix de cet onguent sur un morceau de peau ou sur un linge en double que vous poserez sur la tumeur, après avoir coupé le poil, et que vous y soutiendrez par une bande ; continuez deux fois par jour cette application jusqu'à ce que la suppuration soit établie : alors vous ouvrirez l'abcès avec un canif, et vous presserez les bords pour en faire sortir le bourbillon ou *germe*.

Après que le pus est bien évacué, on panse l'abcès avec des plumasseaux d'étoupe cardée, jusqu'à ce que les chairs soient revenues, en lavant la plaie, à chaque pansement, avec du vin chaud dans lequel on mêle du sel marin ou ammoniac.

Clou de rue ou d'écurie. C'est un clou qui entre dans le pied du cheval, et qui pénètre dans la sole de corne, dans la sole charnue, ou même quelquefois jusqu'à l'os du pied.

Si le clou n'a percé que la sole ou la fourchette charnue et qu'il ne sorte pas de sang de l'endroit qui a été percé, il n'y a besoin d'aucun remède, le mal se guérissant de lui-même après que le clou en a été tiré ; cependant on peut y appliquer des plumasseaux trempés dans l'essence de térébenthine , et humecter la sole avec des cataplasmes émolliens.

Mais si le clou a atteint l'os du pied , il faut faire une bonne ouverture à la sole de corne, après avoir percé le pied bien profondément , pour donner issue à l'esquille de l'os. L'ouverture faite, on met sur l'os de petits plumasseaux imbibés d'essence de térében-thine. On n'ôte le premier appareil qu'au bout de cinq à six jours, et l'on panse ensuite de deux jours l'un , jusqu'à ce que l'exfoliation soit faite ; ce qui va jusqu'au quarantième jour. Le moyen le plus sûr est de dessoler le pied.

Si le tendon du pied a été percé par le clou , il faut dessoler le cheval , emporter tout qui a été piqué dans la fourchette , débrider le tendon dans sa lon-gueur avec un bistouri guidé dans la rainure d'une sonde cannelée. Alors on garnit la sole, à l'exception de l'endroit de la plaie, avec des plumasseaux trempés dans l'essence de térébenthine ; on remplit le dedans de la plaie avec de pareils plumasseaux , et l'on couvre le tout de même. On ne lève les plumasseaux appliqués sur la sole charnue qu'au bout de cinq à six jours après la dessolure, ayant soin pendant ce temps de les humecter chaque jour avec l'essence.

A chaque pansement l'on doit faire lever doucement le pied du cheval.

Après dix-huit ou vingt jours, s'il n'y a point de soulagement, il faut avoir recours à un bon maréchal, et même en commençant ; car le traitement de cet accident est difficile et demande beaucoup d'adresse et d'expérience, pour ne pas exposer l'animal à rester boiteux toute sa vie.

Cou. Cette partie du cheval comprend l'encolure, le cou et le gosier.

Le cou est exposé à l'enflure et à la fistule. L'enflure peut venir des frottemens du collier, des coups violens, ou de la morsure venimeuse de quelque animal.

Si l'enflure ne fait que commencer, on la frotte avec de l'eau salée ; on y applique ensuite des étoupes imbibées d'eau-de-vie mêlée avec de l'eau commune. On donne pour nourriture au cheval du son mouillé, et pour boisson de l'eau blanchie.

Si l'enflure ne diminuait pas après quelques jours, il faudrait saigner le cheval à la veine du plat de la cuisse, pour prévenir toute espèce d'inflammation au dedans du cou.

Si l'enflure est occasionée par la morsure d'une bête venimeuse, voyez *Morsure.*

La fistule au cou est occasionée par la maladresse du maréchal qui, en saignant avec sa flamme, pique

une

une valvule. On remarque à l'endroit où la saignée a été faite, une élévation comme un cul de poule, d'où il suinte une humeur roussâtre. La veine jugulaire se durcit en cet endroit, et l'on aperçoit un petit point rouge au milieu du cul de poule.

Il faut introduire une sonde cannelée dans le trou de cette élévation, pour sonder la veine dans toute l'étendue de la tumeur, et faire évacuer la matière qui y est contenue et la lymphe qui y séjourne ; prendre garde de ne point pousser la sonde au-delà de la tumeur, pour éviter une hémorragie.

La veine étant ouverte dans sa partie dure et gonflée, on fera sortir les couches de lymphe qui peuvent s'y trouver ; on passera aux bords de la peau deux ou trois cordons, pour maintenir l'appareil ; après quoi l'on introduira dans le haut de la veine de petits plumasseaux chargés de digestif simple (*page* 80), qui seront maintenus par des plumasseaux secs placés par-dessus, serrés et contenus par les cordons passés au bord de la peau. L'escarre étant tombée au bout de quelques jours, il suffit de laver la plaie deux fois par jour, avec du vin chaud.

Le bouton de feu est pernicieux pour cette guérison ; il faut absolument un instrument tranchant pour ouvrir le cul de poule.

Colique ; voyez *Tranchées*.

Constipation. Le cheval est plus sujet à la difficulté de fienter que les autres animaux ; il fait alors de violens efforts, qui quelquefois sont accompagnés d'une quantité plus ou moins considérable de matière muqueuse ; ces efforts durent un moment, reviennent souvent et tourmentent beaucoup l'animal.

Les causes de cette incommodité sont les exercices forcés, les longues marches pendant les grandes chaleurs ; le foin abondant en plantes aromatiques ; le trop grand usage de la luzerne, de l'esparcette, de l'avoine, et le défaut de boisson.

Dès qu'un cheval est attaqué de cette maladie, il faut le mettre à l'eau blanche, lui donner beaucoup de lavemens avec une décoction de guimauve, que l'on donnera aussi en breuvage, auquel on ajoutera 3 décagrammes (une once) de salpêtre raffiné.

Si le cheval est très-échauffé et qu'il ait de la fièvre, on le saignera à la veine jugulaire, et on ne lui donnera pour boisson que de l'eau blanche et pour nourriture que du son mouillé.

Contagion, maladies contagieuses. Ce sont celles qui se communiquent d'un animal malade à un animal en santé. Celles qui sont particulières aux chevaux, sont les fièvres malignes, la dyssenterie, la gale, le farcin, les dartres, la gourme, la morve, le charbon. *Voyez* chacun de ces articles.

Un point essentiel à observer lorsqu'il règne des maladies contagieuses, ce sont les préservatifs pour empêcher la communication du mal. Comme cet article demande beaucoup de détails, je le traiterai séparement, et on le trouvera après celui du chien, ci-après, parce qu'il est applicable à tous les animaux domestiques.

Contusion. C'est l'effet d'un coup ou d'une chute

qui blesse l'animal sans entamer la peau, ce qui
rend la contusion différente de la plaie.

Si la contusion est légère, il suffit d'appliquer
des compresses trempées dans de l'eau où l'on
aura fait fondre du sel ammoniac ; on peut aussi
employer l'eau-de-vie. Si le coup a été violent, on
saignera le cheval à la veine jugulaire, et on le
mettra à un régime humectant et rafraîchissant.

Si l'on a à craindre des accidens violens, on sca-
rifiera les parties et l'on couvrira la plaie avec des
compresses trempées dans une infusion de feuilles
de sauge, d'absinthe, de romarin et de sabine, de
chaque une poignée, dans un kilogramme (2 livres)
de vin rouge bouillant ; ajoutez un verre d'eau-de-
vie camphrée, et renouvelez les compresses d'heure
en heure.

Dans les contusions accompagnées d'une commo-
tion violente, surtout à la tête, on fera prendre en
breuvage à l'animal, de la bétoine, de la véronique
mâle, de la sauge, du romarin, de la racine de
persil, infusés dans de l'eau pendant quelques heures, avec une demi-bouteille de vin rouge. On peut
aussi lui donner, deux ou trois fois par jour, un bol
composé de parties égales de racine de gentiane mise
en poudre, et de camphre, mêlés dans suffisante
quantité de miel. Dans ce cas la saignée est préférable
à tous les remèdes, surtout si le cheval est d'un tempérament sanguin, s'il y a fièvre et battement de
flancs ; dans l'un et l'autre cas, la nourriture sera
du son mouillé et de l'eau blanche seulement.

Corne. Pour faire croître la corne aux chevaux, prenez du vieux oing, suif de bouc, huile d'olives, de la seconde écorce de sureau, de chaque 3 décagrammes (une once); faites un onguent sur un feu doux en incorporant le tout ensemble, et appliquez sur le sabot.

Courbature. C'est une inflammation de poumon, occasionée par un travail forcé ou une fatigue excessive. Le cheval y est fort sujet : alors il est triste, dégoûté ; il porte la tête basse, a la fièvre, bat des flancs ; il respire difficilement, tousse et jette par les naseaux une humeur glaireuse, tantôt jaunâtre, tantôt mêlée de sang.

Il n'y a pas de temps à perdre pour sauver la vie du cheval ; le moyen le plus sûr est de provoquer la résolution. On commencera par faire une saignée à la veine jugulaire, que l'on répétera de quatre en quatre heures, selon la violence du mal : il est essentiel qu'elles soient faites au commencement de l'attaque ; car elles seraient inutiles les 5.ᵉ et 6.ᵉ jours.

Dans l'intervalle des saignées on fera boire à l'animal une décoction de mauve et de guimauve, dans laquelle on ajoutera 6 décagrammes (2 onces) de miel et 3 décagrammes (une once) de salpêtre pour chaque boisson ; on donnera des lavemens émolliens (*page* 84). Après le quatrième jour, si la fièvre et les autres symptômes diminuent, c'est une preuve que la résolution veut se faire ; on la favorisera en donnant au cheval des breuvages d'une forte décoction de graine de genièvre dans de l'eau commune. Si l'animal jette par les naseaux une matière jaunâtre et séreuse, il faut favoriser la suppuration qui est établie, en faisant respirer au cheval la vapeur de mauve, de bouillon blanc, et autres herbes émollientes bouillies dans de l'eau. Ce remède est excellent ; mais il ne faut pas que l'eau soit bouillante, ni la tenir trop près des naseaux du cheval : cela ferait plus de mal que de bien. On fera ces fumigations deux fois par jour, et on n'ôtera la décoction de devant le cheval que quand elle sera entièrement refroidie.

Courbe. C'est un gonflement du bas de la jambe du cheval, qui vient ordinairement à la suite d'un effort dans le jarret ou d'un exercice trop violent.

Dans le commencement, il y a ordinairement chaleur, douleur, inflammation ; il faut appliquer les émolliens en fomentations et en cataplasmes ; mais si, malgré ces remèdes, la tumeur devient dure et squirreuse, il faut y appliquer le feu, après avoir essayé les frictions résolutives avec l'eau-de-vie camphrée et le mercure.

Couronné. Un cheval couronné est celui dont le genou est dépourvu de poil par les chutes fréquentes qu'il a faites. C'est une preuve qu'il a les jambes mauvaises, à moins que ce défaut ne lui vienne de quelque accident, comme lorsqu'il heurte du genou contre l'auge ou la muraille.

Crampe. C'est une roideur, quelquefois très-douloureuse, qui prend au jarret du cheval, surtout lorsqu'il sort le matin de l'écurie. Elle se passe ordinairement lorsqu'il a marché pendant quelques minutes ; mais si cela dure plus long-temps, on lui fera des frictions à rebrousse-poil avec la brosse ronde, ce qui sera suffisant.

Crapaudine ; voyez *Atteinte*.

Crapaudine humorale. C'est une espèce d'ulcère situé sur le devant du paturon, directement au-dessus de la couronne, provenant plutôt de cause intérieure que d'un coup ou d'une atteinte extérieure. Elle se manifeste par une espèce de gale d'environ un pouce de diamètre ; le poil tombe, et la matière qui découle est extrêmement puante ; elle est même quelquefois si corrosive et tellement âcre, qu'elle fait tomber l'ongle ou le sabot.

Il faut d'abord saigner le cheval à la veine du cou; lui donner des lavemens émolliens pendant trois jours, et des lavages de même nature pour le disposer au breuvage purgatif, qu'on lui donnera le quatrième jour de la saignée, le matin à jeun, et dans lequel on mettra de l'*aquila alba* ou *mercure doux*. Si le mal augmente, on réitérera le breuvage, qui sera toujours précédé par des lavemens émolliens et des boissons de même nature. Après une évacuation suffisante, on fera prendre au cheval 3 décagrammes (une once), par jour, de *crocus metallorum* ou *safran des métaux*, donnée dans une jointée de son, dans laquelle on mêlera d'abord 21 décigrammes (40 grains) d'æthiops minéral, qu'on augmentera chaque jour de 5 décigrammes (10 grains) jusqu'à la dose de 15 grammes (100 grains). On continuera ensuite à cette même dose pendant sept à huit jours, plus ou moins, selon l'effet.

Ou bien faites bouillir de salsepareille, squine, sassafras et gayac, 9 décagrammes (3 onces) de chaque, dans environ 4 litres (quatre pintes) ou 4 kilogrammes (8 livres) d'eau commune, jusqu'à réduction de moitié ; passez cette décoction ; ajoutez-y 6 décagrammes (2 onces) de *crocus metallorum* : remuez et agitez le tout. On humecte le son que l'on présente le matin au cheval avec un demi-litre (une chopine ou demi - bouteille) de cette tisane, qui doit être chargée plus ou moins, selon le besoin et l'état de l'animal malade. S'il refuse cet aliment ainsi détrempé, on lui donnera la tisane avec la corne.

Après l'usage des remèdes internes indiqués ci-dessus, l'inflammation se dissipe et la partie se dessèche d'elle-même ; il ne s'agit plus que de laver la plaie avec du vin chaud, et de la tenir nette et propre, sans avoir recours aux emplâtres et aux onguens. S'il se fait un léger écoulement à la plaie, au lieu de vin, on emploiera pour la laver de l'eau-de-vie ou du savon ; et si le flux est toujours considérable, on bassinera la partie avec de l'eau, dans laquelle on aura fait bouillir de la couperose blanche et de l'alun.

On finira la cure par purger l'animal, qui guérira parfaitement, sans employer aucun emplâtre ni onguent.

Crevasses. Gerçures ou fentes qui viennent dans

les plis du paturon, soit du devant, soit du derrière du cheval ; elles ont les mêmes causes que la *crapaudine humorale*, dont je viens de parler. *Voy.* cet article et celui d'*Eaux aux jambes.*

Cuisse. Cette partie est sujette aux efforts et à l'abcès ; voyez *Effort de cuisse.* Quand à l'abcès, il faut le faire suppurer pendant quelques jours avec le digestif simple (*pag.* 80), et y injecter du vin miellé qui pénètre jusqu'au fond.

Dartres. Ce mal consiste dans un assemblage de petites pustules contenant une sérosité qui cause des démangeaisons, soulève la surpeau et s'épanche insensiblement sur les parties voisines. Le cheval qui en est attaqué se gratte avec les dents, quelquefois avec le pied, ou contre quelque corps dur, jusqu'à ce que la douleur succède à la démangeaison.

Les dartres peuvent se communiquer aux autres chevaux et même à la personne qui soigne celui qui est attaqué.

Le travail forcé, les écuries humides, mal-propres ; la mauvaise nourriture et la mauvaise boisson, peuvent occasioner les dartres.

Ce mal cause ordinairement un appétit dévorant et une soif excessive au cheval ; il frappe du pied, il hennit, il cherche dans sa mangeoire ; si quelqu'un entre dans l'écurie, il regarde le râtelier et demande à manger.

Il faut commencer par mettre l'animal au régime en lui faisant boire de l'eau blanchie par le son de froment ; des décoctions de laitue, de chicorée, de bourrache, de buglose, de mauve et de pariétaire. Après huit jours de ce régime, on frottera les parties attaquées avec du vinaigre mêlé d'eau, broyé avec de l'ardoise pilée, en les lavant cinq à six fois par jour, et y appliquant des compresses imbibées de ce mélange, après avoir rasé le poil. Si le régime n'est pas suffisant, on emploiera les purgatifs indiqués à l'article de la *Gale. Voyez* ce mot.

Dégoût. Il est quelquefois assez difficile de connoître la cause du dégoût d'un cheval, et cependant c'est ce qu'il faut savoir pour y remédier. S'il vient du mauvais fourrage ou de la mauvaise boisson, il faut donner de bons alimens ; s'il vient des maladies qui ont leur siége dans la bouche, telles que les aphtes, le chancre, les ulcères, etc., il faut nécessairement les guérir avant de voir revenir le goût. Enfin si le cheval est réellement malade par plénitude d'estomac, s'il a quelque indigestion, etc., il faut le purger, le mettre à l'eau blanche et lui faire prendre un léger exercice.

Dégraisser un cheval, ou autrement, lui décharger la vue. C'est une très-mauvaise, ou du moins une très-inutile opération, que l'on ne doit laisser pratiquer à aucun maréchal.

Démangeaison. Les chevaux y sont assez sujets et en sont quelquefois attaqués sur tout le corps ; ils se grattent continuellement, se mordent même ; le poil tombe, et l'on voit à la place une farine blanche qui couvre la partie.

La saignée, l'eau blanche, le son et la paille, les

lavemens émolliens, doivent être employés, et non les topiques appliqués sur la peau , qui peuvent faire beaucoup plus de mal que de bien , en repoussant l'humeur âcre dans l'intérieur.

Lorsque le mal est occasioné à la queue par de faux crins recoquillés qui se croisent au petit bout du tronçon , il faut tout simplement les chercher et les arracher.

Desséchement du pied. On s'aperçoit de ce mal par la corne qui se rétrécit et fait boiter le cheval en pressant la substance qui est entre la corne et l'os du pied.

Il faut envelopper cette partie avec un cataplasme de feuilles de mauve , de pariétaire , ou autres plantes émollientes bouillies dans de l'eau. On les renouvellera de temps en temps , et on les arrosera avec la décoction , jusqu'à ce que la corne reprenne son ancienne humidité.

On doit aussi donner au cheval du son mouillé , de l'herbe fraîche , et lui faire boire de l'eau blanche. Les graisses et les huiles sont au moins inutiles pour ce mal.

Dessoler. Voyez les préparatifs de cette opération difficile , *page* 79.

Dévoiement , Diarrhée. Ce mal vient d'une eau trop fraîche bue par le cheval lorsqu'il a chaud , ou d'avoir brouté de l'herbe couverte de rosée , ou d'en avoir trop mangé.

Ordinairement cet accident est salutaire et ne dure pas au-delà de quarante-huit heures.

Mais si le cheval a de la fièvre, et qu'il rende comme des raclures de boyaux avec les excrémens ; s'il a des tranchées ; prenez 3 décagrammes (une once) de racine d'*althéa* et 6 décagrammes (2 onces) de graine de lin , que vous ferez bouillir dans 2 kilogrammes (4 livres) d'eau commune , jusqu'à ce que la graine de lin soit crevée. Cette dose servira pour un breuvage, et on lui en fera prendre deux par jour.

On donnera au cheval , pour toute nourriture , du son mouillé et du bon foin ; mais point d'avoine pendant le traitement.

Voyez aussi *Dyssenterie* ci-après.

Durillons. C'est une espèce de cor qui vient sur les côtes du cheval, et qui est occasionée par la foulure de la selle ou du bât.

Quelquefois on les dissipe par une simple friction d'eau-de-vie et de savon ; mais si l'on voit que la suppuration doive avoir lieu , il faut la favoriser en ouvrant l'abcès et pansant la plaie avec le digestif ordinaire (*page* 80). On fait tomber le durillon en le coupant avec le bistouri , après l'avoir bassiné avec de la décoction chaude d'herbes émollientes , indiquée à l'article *Desséchement.*

Dyssenterie. Cette maladie attaque ordinairement les chevaux à la fin de l'été et pendant l'automne.

Aussitôt qu'on s'aperçoit qu'un cheval est affecté d'un flux de ventre glaireux, graisseux, bilieux , on le mettra au régime. La saignée est ordinairement une bonne précaution. On lui fera boire plusieurs fois

par jour de l'eau tiède nitrée ; une décoction de mauves , de graine de lin , de grande consoude , de pimprenelle, de riz, d'orge et de petit-lait. On donnera des
lavemens de pareille décoction , et on mettra sous le
ventre de l'animal une chaudière remplie de ces herbes dans l'eau chaude où elles auront bouilli , en
concentrant la vapeur par des couvertures que l'on
fera pendre autour du cheval jusqu'à terre.

Lorsqu'on aura bien délayé les excrémens dans
les intestins par les breuvages indiqués , on pourra
purger le cheval avec la manne , les tamarins , le
polypode de chêne, l'huile de lin ou la rhubarbe
(choisir l'une de ces drogues) , en y mêlant un peu
de nitre et de camphre.

On terminera la cure par faire avaler au cheval
une décoction ou tisanne de figues , de jujubes , de
navets , de tussilage ou pas-d'âne, et de pavots.

Eaux aux jambes. Ce mal , qui commence par
un léger engorgement de la couronne , du paturon
ou du boulet, cause une douleur assez vive pour
faire lever les jambes très-haut au cheval , et pour
le faire même renverser sur le côté , si l'on touche
la partie attaquée ou qu'elle soit frappée par quelque corps étranger. L'engorgement remonte quelquefois jusqu'au genou et au jarret ; il se forme un écoulement d'humeur âcre et corrosive qui ronge le sabot,
l'amollit , le dessoude quelquefois à la couronne ,
détruit la fourchette, et ruine enfin le pied du cheval.

Il faut bien se garder de chercher à arrêter ce mal
sur-le-champ, en appliquant des astringens et des

corps gras qui, en guérissant le mal, en feraient renaître d'autres encore plus dangereux.

On fera d'abord une saignée suivie de la diète et de quelques jours de repos. On fera boire tous les matins au cheval un seau d'eau blanche, dans lequel on fera fondre 3 décagrammes (une once) de salpêtre. On donnera un lavement fait avec la décoction de son ou de plantes émollientes ; on nettoiera les parties attaquées avec l'eau tiède et le savon noir, ou une légère infusion de fleurs de sureau ; on y appliquera des cataplasmes de mie de pain et de lait. Lorsque le mal diminuera, on le lavera avec l'eau de *Saturne* (de plomb) sans eau-de-vie ; on fera de nouveaux cataplasmes avec cette eau et de la mie de pain. Exercez le cheval modérément ; lorsque vous le ferez sortir de l'écurie, ôtez le cataplasme ; nettoyez, bouchonnez, brossez bien les jambes : faites-en autant quand il rentrera ; appliquez un nouveau cataplasme, que vous renouvellerez à proportion de l'âcreté et de l'abondance de l'écoulement ; cependant il faut le laisser au moins douze heures, mais jamais plus de vingt-quatre. Au bout de huit jours, lorsque l'engorgement et l'écoulement seront diminués et que la peau commencera à se rider, purgez avec de l'aloës et du miel que vous aurez fait infuser dans de l'eau bouillante, et que vous donnerez tiède le matin à jeun. Lavez et faites des cataplasmes avec l'eau de Saturne, plus forts que les premiers, et auxquels vous ajouterez de l'eau-de-vie. Supprimez les cataplasmes, et lavez souvent avec l'eau de Saturne plus forte à mesure que l'écoulement cessera ; la dose sera d'environ 5 décagrammes (une once et demi) d'extrait de Saturne dans un litre (une pinte) d'eau. Si l'écoulement continue, purgez encore, mais au moins quinze jours après la dernière médecine , et enfin lavez de temps en temps la jambe avec de la lie de vin tiède, ou une forte décoction de plantes aromatiques ; et continuez pendant quelque temps après la guérison, pour fortifier la partie.

En général , le traitement pour guérir cette maladie, à laquelle on a donné toute sorte de noms , consiste à faire observer un régime suivi au cheval , en ne lui donnant que peu et de bonne nourriture ; lui faisant boire de l'eau blanche, prendre des lavemens, un exercice modéré ; en lui bouchonnant et brossant bien les jambes ; les lui lavant souvent avec une décoction d'herbes émollientes , mêlée d'un peu de vinaigre , puis avec l'eau ou l'extrait de Saturne; le purgeant de temps en temps, et le tenant dans une exacte propreté.

Ébrouement. C'est, à proprement parler, l'éternument du cheval ; il est un bon signe dans certaines maladies de la tête et de la poitrine.

Écart. C'est un effort du bras, qui tend à le séparer ou écarter du corps du cheval. On l'appelle aussi entre-ouverture, lorsque l'écart est très-violent.

L'écart est occasioné par une chute, une forte glissade des deux jambes, ou par un effort que le cheval a fait en se relevant.

Le gonflement et la douleur à l'épaule et au bras, et la manière de marcher en *fauchant*, sont les signes qui indiquent l'écart.

Si l'on s'aperçoit du mal aussitôt qu'il a lieu, il faut mettre le cheval à l'eau jusqu'au dessus de l'épaule, et l'y laisser au moins une demi-heure (je suppose que l'on ne soit pas en hiver). Saignez-le en sortant de l'eau, à la veine jugulaire; appliquez ensuite sur le mal des topiques de sauge, d'absinthe, de lavande bouillies dans de l'eau, pendant une heure; ajoutez-y un peu d'eau-de-vie camphrée. Renouvelez ces topiques de six en six heures.

Si le mal a été négligé pendant quelque temps, frottez le bras en dehors, de côté et par dessous l'avant-bras, avec l'onguent *basilicum* (*pag.* 86), ou plutôt passez-y un séton pour faire écouler l'humeur qui arrête le mouvement.

Quand la matière sera écoulée, vous appliquerez sur l'épaule et l'avant-bras, un emplâtre de poix résine, poix grasse, poix noire, huile de laurier, de chacun 9 décagrammes (trois onces); mêlez bien le tout ensemble sur un feu doux, et en retirant du feu, ajoutez-y 9 décagrammes (trois onces) de térébenthine ou d'huile d'aspic. Avant d'appliquer cette *charge*, il faut raser le poil.

Pendant le traitement, on mettra le cheval à l'eau blanche, au son mouillé, et on ne lui donnera que du bon foin mêlé avec de la paille.

On pourra terminer la cure par une médecine composée de 6 décagrammes (deux onces) de *séné*, et de 12 décagrammes (quatre onces) de miel commun, sur lesquels vous verserez de l'eau bouillante, laissant infuser pendant une heure ou deux. On donnera de temps en temps, dans la journée, de l'eau blanche avec la corne.

L'application du feu et des boues des eaux minérales chaudes, est un puissant moyen pour guérir les écarts anciens et négligés. La fumée de graine de genièvre brûlée sur un réchaud, dirigée sur la partie affectée, et sur laquelle on tient pendant quelque temps une flanelle ou étoffe de laine que l'on applique ensuite sur l'épaule, produit un excellent effet.

Échauffement. Lorsqu'un cheval est échauffé par excès de travail ou autre cause, ouvrez-lui la veine sous la langue, et faites-lui avaler 15 grammes (une demi-once) de thériaque, et 75 décigrammes (un quart d'once) d'eau d'oseille, mélée dans 5 décilitres (une demi-pinte) d'eau. On lui donnera des lavemens faits avec une décoction de mauve, et on lui fera prendre de l'eau de son dans laquelle on aura fait fondre un peu de salpêtre, pour boisson ordinaire, pendant quelques jours.

Écorchure. Plaie qui n'a point de profondeur.

Mettez sur le mal, après l'avoir bassiné avec du vin chaud, un emplâtre fait avec de la moelle des os de la cuisse de bœuf, de sain-doux, de beurre frais et de graisse de cochon, le tout mêlé ensemble sur un feu doux, par parties égales.

Effort. Celui d'épaule et de bras a été traité à l'article *Écart*, ci-devant, *pag.* 126.

L'effort

L'*effort* des reins se guérit d'abord en employant la saignée, les lavemens et l'eau blanche ; ensuite on frotte les reins avec de l'eau-de-vie camphrée, et l'on empêche le cheval de se coucher, dans la crainte qu'il ne prenne un nouvel effort en se relevant. Si cela ne suffit pas, on appliquera les boutons de feu sur les reins, à l'endroit marqué sur la gravure du cheval, pour l'effort.

Effort de cuisse. On saignera une ou plusieurs fois, selon la violence du mal. On donnera des lavemens émolliens ; on tiendra le cheval au son mouillé et à l'eau blanche ; on appliquera des topiques de sauge, d'absinthe, de romarin et de lavande, bouillis dans du vieux oing ; on en bassinera trois fois par jour la partie attaquée, pendant un bon quart d'heure chaque fois ; ensuite on fera des frictions avec l'eau-de-vie camphrée, à laquelle on ajoutera un peu de sel ammoniac.

Les efforts du grasset et du jarret se guérissent de même.

Effort du boulet; voyez *Entorse.*

Effort du bas-ventre ; voyez *Œdème sous le ventre.*

Enclouure. Pour connoître si c'est un clou mal placé par le maréchal qui fait boiter un cheval, il faut le déferrer ; en parant le pied, on connoîtra quel clou était entré dans la chair.

Si, sans déferrer le pied, on peut distinguer le lieu de l'enclouure, on retire le clou et l'on fait couler dans la plaie un peu de l'onguent suivant :

Tome I. 9

Prenez résine , poix blanche , cire neuve , graisse de bouc et térébenthine , de chaque parties égales ; faites fondre ensemble et mêlez sur un feu doux.

Si c'est un clou recourbé par le milieu en ferrant, qui presse le pied , on le connaît en frappant sur les deux pieds ; celui qui fait feindre le cheval , est le malade. Après avoir retiré le clou , on verse de l'onguent par-dessus le pied , et on graisse le tout deux fois par jour.

Lorsque le pied n'a été que piqué , on fait fondre dans une cuiller un peu d'onguent composé de cire jaune, de térébenthine, d'un peu de gomme élemi et d'huile de mille-pertuis, que l'on fait couler dans le trou de la piqûre ; après quoi l'on serre.

Si l'on ne s'aperçoit de la piqûre que quelques jours après , et que le pus soit formé par le séjour du clou dans la chair , il faut déferrer aussitôt le pied , faire une ouverture profonde entre la sole de corne et la muraille, et panser la plaie avec de petits plumasseaux imbibés d'essence de térébenthine.

Si la matière fuse au-dessus du sabot vers la couronne , il faut favoriser sa sortie de ce côté-là par des cataplasmes émolliens, qui guériront le cheval en huit ou dix jours.

Si l'os a été piqué par le clou , ce que l'on peut connoître par la sonde , il faut dessoler le cheval pour découvrir le foyer du mal et donner issue à l'esquille de l'os, pour la faire exfolier, comme il a été dit à l'article *Carie* ; voyez ce mot.

Entorse. Elle est occasionée par un faux pas ou

par les efforts que le cheval a faits pour retirer son pied engagé dans une ornière ou entre deux pavés, ou dans quelque autre chose qui l'a serré.

Si l'on s'aperçoit du mal sur-le-champ, il faut mener aussitôt le cheval à la rivière, ou lui étuver subitement la partie avec de l'eau froide, pendant un bon quart d'heure; ensuite frictionner avec l'eau-de-vie et le savon, ou l'eau-de-vie camphrée.

Si l'entorse est considérable, ce que l'on reconnaît par le gonflement et la douleur dans le boulet, avec un grand boîtement; on saignera l'animal au plat de la cuisse, si l'entorse a eu lieu aux jambes de devant, et à la veine de l'*ars* qui passe sur le côté intérieur du bas de la jambe, si elle s'est faite au boulet de derrière. Ensuite on applique des cataplasmes émolliens et l'on fait des fomentations avec la décoction des herbes du cataplasme, et quand l'inflammation et le gonflement diminuent, on emploie le vin aromatique ou l'eau-de-vie camphrée.

Éparvin. C'est une maladie de la jambe du cheval, qui attaque l'os nommé *tibia* ou le canon, du côté du dedans, et fait faire au cheval un mouvement convulsif et précipité, jusqu'à ce qu'il ait marché pendant quelque temps.

Faites des cataplasmes émolliens (*page 76*), que vous appliquerez sur la partie, après l'avoir bassinée avec la décoction des herbes qui ont servi à faire les cataplasmes. Vous ferez ensuite des frictions souvent répétées avec le vin aromatique et l'eau-de-vie camphrée.

Épuisement. Ce mal peut venir, 1.º d'un excès de fatigue ; 2.º du besoin de manger ; 3.º de la mauvaise nourriture ; 4.º un étalon peut être épuisé pour avoir sailli trop de fois les jumens.

Dans le premier cas il faut faire prendre au cheval des lavemens émolliens et lui faire observer un régime doux et modéré. Le son humecté, l'eau blanche mêlée d'une décoction de mauve, de guimauve, de pariétaire et de mercuriale, sont excellens. Lorsque l'on voit que l'animal reprend ses forces, on lui donne encore des lavemens, et on lui frotte les flancs avec parties égales de miel rosat et d'onguent d'althéa.

Dans les trois autres cas il est très-facile de remédier à l'épuisement.

Erésipelle, feu sacré. C'est une rougeur vive que l'on aperçoit sur la peau en écartant les poils ; elle est accompagnée de fièvre, de douleur, de chaleur et d'une légère enflure.

La saignée, même répétée plusieurs fois, est bonne dans le commencement, surtout si le mal est à la tête ou au cou. On ne donnera au cheval ni foin ni avoine, ni aucune nourriture échauffante ; mais du son mouillé, des herbes fraîches, et pour boisson de l'eau blanche nitrée.

Si le mal doit se terminer par la suppuration, il faudra bassiner la tumeur avec une décoction de fleurs de sureau mêlée d'un peu d'eau-de-vie, et appliquer des compresses trempées dans cette liqueur entre chaque pansement.

Mais si la chaleur et la douleur sont trop vives, il faudra supprimer l'eau-de-vie et la remplacer par des fleurs de mauve et de guimauve, bouillies avec celles de sureau.

Enfin, lorsque l'inflammation paroît vouloir se résoudre par la suppuration, on applique des plumasseaux trempés dans l'eau-de-vie, où l'on a fait dissoudre du sel de Saturne.

Esquinancie. C'est une inflammation qui s'établit dans les parties du fond de la bouche du cheval, et qui y cause des engorgemens, une difficulté d'avaler et de respirer, accompagnée de fièvre et de symptômes effrayans.

Cette maladie peut être occasionée par un tempérament sanguin, par le changement de saison, par une écurie chaude dans un climat froid; par une course violente, un travail excessif, etc.

La première opération pour guérir cette maladie, est la saignée que l'on fait au plat de la cuisse et à la veine jugulaire, jusqu'à ce que l'animal en paraisse affaibli; on donne des lavemens d'œufs délayés, de lait coupé avec de l'eau, d'une décoction légère de son, de pain, d'orge, de blé, d'avoine, afin de soutenir les forces de l'animal par cette espèce de nourriture, s'il ne peut rien avaler. On seringuera dans le fond de la bouche, de l'eau nitrée, miellée; ensuite de l'eau mêlée de vinaigre. On appliquera d'abord au dehors des cataplasmes de feuilles de mauve, de pariétaire, ensuite de fleurs de sureau.

S'il se forme un abcès, on tâchera de le faire

ouvrir par des cataplasmes émolliens. Voyez *Abcès.*

Quelquefois , si l'esquinancie menace de suffoquer l'animal , il faut en venir à l'ouverture de la trachée-artère, qui se fait à 16 centimètres (6 pouces) environ au-dessous de l'engorgement qui empêche la respiration.

Étonnement du sabot. Ébranlement dans le pied du cheval , occasioné par un coup qu'il s'est donné contre une pierre ou autre corps dur.

Il faut seulement parer le pied , saigner en pince , et mettre autour du sabot et sur la sole de la filasse trempée dans de l'eau salée , dont on l'humecte de temps en temps.

Étranguillons. Voyez *Avives* et *Esquinancie.*

Excroissances. Voyez *Fics , Loupes.*

Exostose. C'est une tumeur osseuse qui s'élève sur la surface de l'os , et qui est occasionée par des coups , une chute , une plaie faite à l'os.

Appliquez l'emplâtre suivant. Prenez cire jaune , poix résine , poix blanche , de chaque 18 décagrammes (6 onces) ; concassez et faites fondre sur un feu doux ; ajoutez 18 décagrammes (6 onces) de gomme ammoniaque dissoute dans le vinaigre , et 2 kilogrammes (4 livres) de suc de ciguë pilée ; faites chauffer le tout à petit feu jusqu'à ce que toute l'humidité soit évaporée ; passez le mélange à travers un linge mouillé , serrez fortement ; laissez refroidir la masse , et quand vous voudrez vous en servir pour en appliquer , vous en ferez fondre dans un pot qui soit propre.

Extension du tendon. Ce mal est occasioné au tendon fléchisseur du pied du cheval, lorsqu'en marchant le pied porte à faux sur un corps élevé. On le connaît par un gonflement qui règne depuis le genou jusques dans le paturon; par la douleur que ressent le cheval, lorsqu'on lui touche la partie, et par un boitement considérable.

Il faut commencer par dessoler le cheval; ensuite appliquer, le long du tendon, des cataplasmes émolliens que l'on renouvellera trois ou quatre fois par jour, et que l'on humectera de temps en temps avec la décoction des herbes du cataplasme.

Farcin. Espèce de gale qui attaque la peau du cheval, et qui consiste en boutons plus ou moins multipliés, dont il sort quelquefois une matière blanche et bourbeuse.

On commencera par saigner l'animal; on le tiendra à un régime doux, au son, à l'eau blanchie; on lui donnera des lavemens émolliens (*page* 85), des breuvages purgatifs dans lesquels on mettra principalement de l'*aquila alba*. Enfin on lui fera prendre trois fois par jour, dans du pain, une pincée de poudre de graine de frêne, dont on aura ôté la petite peau, et de pomme d'églantier, le tout séché et pilé. On donne cette poudre six heures après la première saignée, et l'on en fait prendre pendant huit jours, ce qui fait 24 prises; après quoi l'on saigne une seconde fois.

Fic ou crapaud. Tumeur qui attaque le dessous

du pied du cheval, et qui est mollasse, insensible et sans chaleur.

Ce mal peut venir de la saleté, des ordures, du fumier des écuries, ou de l'âcreté des boues dans lesquelles le cheval est obligé de marcher.

Le plus sûr moyen de guérir le fic, est de commencer par dessoler le cheval, pour chercher les racines de la tumeur et les emporter. On applique sur la plaie des petits plumasseaux trempés dans l'essence de térébenthine, en les pressant surtout à l'endroit de la fourchette. On lève l'appareil au bout de cinq jours pour panser la plaie avec l'onguent *agiptiac*, que l'on trouve chez les apothicaires. On met de la térébenthine sur le reste de la sole jusqu'à parfaite guérison.

Il y a une espèce de fic plus grave, qui attaque non-seulement la fourchette, mais encore la sole charnue, la chair cannelée des talons, celle du quartier ou le derrière du cartilage de l'os du pied.

Il faut mettre le cheval au son et à la paille pour toute nourriture; on lui passe un séton à chaque fesse et un autre au poitrail; deux ou trois jours après on le dessole, on coupe le fic jusqu'aux racines, et on applique les plumasseaux imbibés d'essence de térébenthine, serrés et contenus par une ligature large, qu'on ne lèvera qu'au bout de quatre jours. Si la fièvre survient, on saignera le cheval, on lui donnera de l'eau blanche, du son mouillé et des lavemens émolliens.

Fièvre. Lorsqu'un jeune cheval est attaqué d'une

fièvre violente, que le pouls est plein, que les veines extérieures sont gonflées, les yeux rouges et enflammés, etc., il faut sur-le-champ le saigner. Mais si l'animal est vieux, faible, maigre, fatigué, épuisé, il faut bien se garder d'employer cette opération. D'ailleurs la saignée n'est bonne que dans les premiers jours de la fièvre; elle devient même nuisible dès le quatrième jour. Il faut donc, avant de se déterminer à saigner un cheval pour la fièvre, avoir égard à l'âge, au tempérament de l'animal, à l'état de l'air, à la durée et au nombre de jours de la maladie.

Si la saignée, faite dans les trois premiers jours, ne favorise pas la guérison, on doit s'attendre à une crise, ou par les selles, ou par les urines, ou par la sueur, ou par les naseaux.

Pour espérer une crise heureuse par les urines, il faut qu'elles soient troubles, colorées et de mauvaise odeur; alors il faut en aider l'évacuation par un breuvage d'infusion de feuilles de pariétaire, en ajoutant 3 décagrammes (une once) de sel de nitre pour chaque breuvage; on tiendra le cheval dans une écurie dont l'air soit tempéré.

Si la crise doit se manifester par les sueurs, on le connoîtra par les urines, qui seront en petite quantité, rouges et troubles. Alors il faudra entretenir la sueur par des breuvages tièdes, d'une décoction de racine de guimauve, et par une infusion de plantes légèrement sudorifiques, telles que l'absinthe, la sauge, dans du vin vieux, mêlé d'un peu de thériaque et d'extrait de genièvre.

La crise doit se terminer par les naseaux ; s'il y a difficulté de respirer, battement des flancs, et si l'on voit sortir des naseaux une matière visqueuse, blanche ou jaune, alors on fera avaler 3 décagrammes (une once) de miel commun dans une décoction de racines de mauve, de guimauve, de fleurs de violette.

On fera respirer la vapeur d'eau chaude, dans laquelle on aura fait infuser des plantes émollientes. On donnera en bols une composition de 3 décagrammes (une once) de fleur de soufre, autant d'Iris de Florence, 15 grammes (une demi – once) de camphre, 15 grammes (demi-once de myrrhe), le tout mêlé dans suffisante quantité d'onguent simple.

Enfin, si tous ces remèdes ne déterminent pas la guérison, et que la vie du cheval soit en danger, on emploiera les vésicatoires pour attirer l'humeur en dehors.

Dans toutes les espèces de fièvres, on mettra toujours le cheval au régime et à la diète, en lui donnant de l'eau blanche, et du son mouillé, où l'on ajoute un peu de salpêtre. On lui donne des lavemens émolliens ; mais on se gardera bien d'employer l'*assa-fétida*, le vin et la thériaque, comme le font très-mal-à-propos les maréchaux de campagne.

Fistule lacrymale. C'est une tumeur qui survient au grand angle de l'œil et qui y forme un abcès dont le pus s'écoule le long de cette partie. Quelquefois il n'y a pas de pus, mais une grande abondance de larmes.

Aussitôt qu'on s'aperçoit de la tumeur, on y applique des cataplasmes de feuilles de mauve ou de pariétaire, que l'on change trois ou quatre fois par jour. Mais si le mal est avancé, et qu'il y ait un écoulement de pus, on fait des injections dans le canal lacrymal, avec la liqueur suivante.

Prenez deux poignées d'orge entière, faites bouillir dans 2 litres (pintes) d'eau que vous réduirez à moitié; sur la fin de la cuisson, vous ajouterez une poignée de roses rouges et de fleurs de mille-pertuis; passez le tout et faites fondre dans la colature 18 décagrammes (6 onces) de miel ordinaire.

Fortraiture. C'est une fatigue outrée, accompagnée d'un grand échauffement.

Le flanc du cheval rentre, pour ainsi dire, dans lui-même; il est creux, tendu; le poil est hérissé; la fiente est dure, sèche, noire, et en quelque façon brûlée.

Donnez des lavemens émolliens, du son humecté; faites boire de l'eau blanche, dans laquelle vous mêlerez une décoction de mauve, de guimauve, de pariétaire et de mercuriale. Après quelques jours de repos, on peut saigner le cheval. Lorsqu'il reprend ses forces, donnez-lui encore quelques lavemens, et frottez-lui les flancs avec parties égales de miel rosat et d'onguent d'*althéa*.

Foulure; voyez *Entorse*, *Effort*, *Jarret*.

Fourbure. Elle vient ou d'un travail excessif, ou d'un refroidissement après avoir eu chaud; ou d'avoir bu très-froid, étant en sueur, etc.

Le cheval qui en est attaqué manie ses jambes

avec difficulté , craint de poser ses pieds sur le terrain et évite de s'appuyer sur la pince. En marchant, ses jambes de derrière s'entrecroisent à chaque pas; il a du dégoût, de la tristesse ; il bat des flancs et a de la fièvre.

On fera d'abord une saignée; on mettra le cheval au régime délayant et humectant. On retranchera l'avoine ; on donnera des lavemens avec la décoction de mauve ; on promènera doucement le cheval à la main, plusieurs fois par jour. Après ce traitement , on lui fera prendre depuis 2 jusqu'à 3 grammes (40 jusqu'à 60 grains) d'*æthiops minéral* , dans une poignée de son, que l'on pourra humecter avec une décoction de *squine*, de salsepareille et de sassafras.

Fourchette. Maladie de la fourchette ; voyez *Fic* ou *crapaud*.

Fracture , ou *os brisé*. Il s'agit de remettre l'os dans sa position naturelle et de l'y maintenir, ce qui n'est pas absolument difficile , lorsque la fracture n'a pas lieu aux jambes ; ensuite de mettre sur l'endroit fracturé, avant de le maintenir solidement par l'appareil , un plumasseau imbibé d'eau-de-vie, des compresses trempées dans du vin chaud, dont on couvre bien le lieu de la fracture : on trempe également les bandes de linge dans le vin chaud où l'on aura fait bouillir des plantes aromatiques, telles que la sauge , l'absinthe, la lavande. Mais pour bien faire l'appareil, le lever et le remettre solidement, il faut un bon maréchal ou une personne adroite qui ait l'usage de cette opération.

Dans toutes les fractures, on fera saigner le cheval et on le mettra au régime.

Si la fracture est à une jambe, il faut suspendre le cheval en lui passant sous le ventre et sous la poitrine des sangles que l'on attache à des poutres par des anneaux. Il est alors facile de faire la réduction de l'os brisé et de le maintenir en place par l'appareil, jusqu'à ce que le calus soit formé. Sans cette méthode, quelque solidement que l'on place un appareil, le cheval détruira tout en se couchant et en se levant.

La fracture de l'os de la couronne est incurable; mais on peut guérir celle du pied, parce qu'étant enfermé dans le sabot, les deux parties se réunissent et se ressoudent ensemble par le pansement. Il faut pour cela dessoler le cheval et le laisser pendant six semaines à l'écurie, où on lui donnera de l'eau blanche, du son et de la paille pour toute nourriture.

Gale. Lorsqu'un cheval est attaqué de la gale, il faut le séparer des autres, parce que ce mal est contagieux. On le met d'abord au régime de l'eau blanche, du son mouillé; on mêle son foin de plus de moitié de paille; on le tient très-proprement et dans un air tempéré; on lui fera une ou deux petites saignées, selon sa force.

Après huit jours de préparation, on le frottera avec un onguent composé de vieux oing, de poudre à canon, d'un peu d'alun, de savon blanc râpé et de vert-de-gris en poudre, le tout mêlé et incorporé ensemble sur un feu doux. Il faut empêcher l'animal de se mordre ou de se lécher, en lui couvrant le corps avec un drap ou une couverture légère.

Si la gale est invétérée et qu'elle incommode par des démangeaisons insupportables , qui forceraient le cheval à se gratter, on bouchonnera et l'on étrillera fortement les parties attaquées, plusieurs fois par jour, et l'on fera des lotions et des fomentations émollientes sur ces parties pour calmer les douleurs, avec une décoction de racines d'althéa , coupées par tranches, 12 décagrammes (4 onces) ; graines de lin , une poignée ; fleurs de coquelicots , deux poignées : le tout bouilli dans 3 litres (pintes) d'eau commune. On maintiendra ensuite sur les parties galeuses des compresses imbibées de la même décoction.

On fera prendre en même temps au cheval des breuvages délayans et tempérans , tels que celui-ci : mettez dans un litre (pinte) de décoction de feuilles de mauve, de violette et d'épinards, que vous aurez fait bouillir dans 3 litres (pintes) d'eau commune jusqu'à ce que ces plantes soient cuites, 3 décagrammes (une once) de sel de nitre, 6 décagrammes (2 onces) de tartre de vin, que vous ferez bouillir jusqu'à ce que le tartre soit dissous. On donnera une dose de ce breuvage le matin et une le soir , pendant huit jours.

On donnera des lavemens purgatifs préparés avec 9 décagrammes (trois onces) de séné, jetés dans un kilogramme (deux livres) d'eau bouillante ; on laisse infuser deux heures, et après avoir passé par un linge , on y ajoute 6 décagrammes (2 onces) de sel commun, que l'on laisse fondre avant de donner le lavement.

La gale se guérit plus facilement en été qu'en hiver ; mais une observation essentielle, c'est qu'il ne faut jamais employer aucuns remèdes à l'extérieur avant d'avoir préparé l'animal comme il a été dit ci-dessus.

Ganglion. Tumeur dure qui arrive aux tendons des extrémités du cheval et qui le fait boiter. On dissipe le ganglion dans son commencement, en appliquant des cataplasmes émolliens de feuilles de mauve et de pariétaire bouillis ensemble pendant une heure dans un ou 2 litres (une ou 2 pintes) d'eau commune. On fait ensuite des frictions avec l'eau-de-vie camphrée. Si cela ne réussit pas, on applique le feu ou le cautère actuel (*pag.* 76).

Si la tumeur est ancienne, et qu'elle ait un volume considérable, on la coupera avec le bistouri pour en faire sortir l'humeur ; mais il faudra bien prendre garde de blesser le tendon.

Gangrène. Ce mal est quelquefois la suite des contusions, des blessures, des inflammations, de la brûlure, des morsures de bêtes venimeuses, et de la pourriture.

Je ne parlerai point ici des ravages que cause et que peut occasioner la gangrène, il faudrait vingt pages pour les décrire. Il s'agit d'abord de diminuer l'engorgement qu'elle occasionne, 1.° par la diète, les boissons résolutives et les saignées réitérées ;

2.° par des incisions plus ou moins profondes sur le siège du mal ; 3.° on emportera les chairs corrompues qu'il est impossible de faire revivre, pour empêcher la communication aux parties voisines, ou on les cautérisera avec l'esprit de nitre. Ensuite on fera des fomentations avec le vin de quinquina, et enfin avec l'eau-de-vie camphrée, jusqu'à parfaite guérison.

Gourme. Les chevaux y sont sujets depuis l'âge de deux jusqu'à quatre et même cinq ans. Elle se fait jour, ou par un écoulement visqueux et blanchâtre par les naseaux, ou par l'engorgement des glandes sous la ganache, ou enfin par des dépôts qui se fixent sur différentes parties du corps.

La première est facile à guérir, lorsqu'elle n'est pas accompagnée de fièvre, de dégoût, de battemens de flancs et de toux pénible.

On commence par séparer le cheval des autres, cette maladie étant contagieuse ; on le met ensuite à l'eau blanche et à la paille pour toute nourriture ; on le couvre et on lui enveloppe la ganache avec une peau d'agneau dont on tourne la laine en dedans, après avoir frotté les parties à l'endroit des glandes avec l'onguent d'*althéa*.

Si au milieu de la glande engorgée on sent une pelote dure, et que la douleur soit vive, on applique dessus le cataplasme suivant.

Prenez quatre oignons blancs, que vous ferez cuire sous la cendre chaude ; pilez avec quatre poignées de feuilles d'oseille ; faites cuire le tout avec du saindoux jusqu'à un épaississement convenable pour un

cataplasme

cataplasme que vous renouvellerez deux fois par jour, jusqu'à ce que la suppuration soit établie.

Quand la gourme est accompagnée de fièvre, etc., il faut employer la saignée, faire respirer à l'animal la vapeur d'une décoction chaude de plantes émollientes ; lui appliquer sur les glandes de la ganache des cataplasmes de mie de pain et de lait, et le faire boire tiède.

Si l'écoulement se fait bien par les naseaux, on y injectera avec une petite seringue, deux fois par jour, de la décoction suivante :

Prenez une poignée d'orge, une de feuilles d'aigremoine ou de ronce; faites bouillir dans un litre (pinte) d'eau commune et dans la colature, vous ferez fondre deux drachmes de sel ammoniac.

Lorsque l'écoulement par les naseaux n'est pas assez abondant, comme le reste de la matière pourrait se fixer sur le poumon, on passe un cautère ou un séton sur le poitrail, ce qui produit un excellent effet.

Goutte sereine. C'est une privation de la vue sans cause apparente. Cette maladie est incurable, et les topiques que les maréchaux emploient sont absolument inutiles.

Grappe. Excroissances molles, de couleur ordinairement rouge, qui surviennent au paturon ou autour du boulet du cheval ; elles ressemblent assez à une grappe de raisin.

On commence par couper le poil près de la peau ; on couvre la plaie avec des étoupes imbibées de bon

Tome I.   10

vinaigre : le lendemain on mêle du vert-de-gris au vinaigre : on panse deux fois par jour et l'on continue jusqu'à parfaite guérison.

Mais il faut, avant que d'employer ce remède, préparer le cheval par un régime convenable, dont j'ai parlé à l'article des *Eaux aux jambes*, pag. 124.

Gras fondu. Ce nom a été donné improprement à une maladie qui se connaît principalement par des glaires que le cheval rend par le fondement, et qui, comme une espèce de toile, enveloppent les excrémens ; c'est ce qui a fait croire à certains maréchaux que le cheval rendait de la graisse fondue.

On connaît aussi cette maladie par le dégoût du cheval, par son agitation, son inquiétude ; il se couche, il se lève, il regarde son flanc sans cesse.

On fera des saignées plus ou moins multipliées, selon la violence du mal ; on donnera des breuvages et des lavemens émolliens et rafraîchissans (*page* 84) et l'on se gardera bien d'employer aucuns remèdes cordiaux et purgatifs.

Hanches. Maladie des hanches. Voyez *Effort.*

Hémoptisie. Sortie du sang du poumon par les naseaux.

Le sang qui sort par cette partie est, pour l'ordinaire, rouge, clair et écumeux ; le cheval tousse avec plus ou moins de force ; la difficulté de respirer est considérable, et les flancs sont agités.

La saignée à la veine jugulaire est le remède le plus prompt et le plus sûr ; mais il ne faut pas la pousser trop loin. Après cela l'on fera usage de l'eau blanchie avec la farine de riz ; de la décoction de grande consoude avec 8 décigrammes (2 drachmes) d'alun dans 3 kilogrammes (6 livres) d'eau, de celle de plantain, de pimprenelle, de lierre terrestre et de pervenche.

On tiendra l'animal dans une écurie propre, sèche et bien aérée ; on ne lui donnera ni foin ni avoine jusqu'à ce que la sortie du sang soit terminée, et l'on ne le fera travailler que quinze jours après la guérison.

Hémorragie. Perte de sang qui arrive après une opération mal faite, ou par la rupture de quelque veine.

Appliquez sur la plaie ou sur la veine rompue ou coupée, le cautère actuel (*page 78*), que vous recouvrirez avec de la poudre de vesse de loup, ou *hycoperdon* ; c'est une espéce de champignon qui se trouve dans les bois, aux endroits un peu humides. L'agaric de chêne, l'amadou déchiré et appliqué sur le mal, sont aussi très-bons.

Si l'hémorragie vient de coups violens donnés sur la tête ou sur les naseaux de l'animal, quelquefois par la brutalité du conducteur, on le saignera à la veine du plat de la cuisse ; on lui donnera de l'eau blanche pour boisson ; on lui fera prendre quelques lavemens de graine de lin ou de fleurs de coquelicots. On lui enveloppera la tête et le cou de linges imbibés d'eau froide, que l'on renouvellera de quatre en quatre minutes, et, si le sang continue à sortir, on injectera dans les naseaux de la décoction de racine de grande consoude et de noix de galle ; on continuera ce remède trois jours après la guérison.

Hernie ou *Descente*. Aussitôt qu'on s'apercevra de ce mal, on renversera le cheval sur le dos, et l'on fera rentrer les intestins déplacés, en les repoussant doucement avec les doigts, et on les contiendra par un bandage assez fort, sous lequel on mettra une pelote garnie de crin. Cette application, suivie pendant quelques mois, suffit ordinairement pour guérir la descente, pourvu qu'on ne la néglige pas.

Hydrocèle. Tumeur ronde, indolente, qui contient un amas d'eau dans la tunique du testicule.

Faites bouillir dans du vin ou de l'eau-de-vie des feuilles de rue et de sauge ; bassinez-en les bourses et appliquez des compresses trempées dans la liqueur, que vous soutiendrez par un suspensoir ou bandage, et que vous renouvellerez de quatre en quatre heures. Si la tumeur résiste à ce remède, faites avec un bistouri une incision au bas de la tumeur, et injectez par l'ouverture du vin miellé, jusqu'à parfaite guérison.

Si l'hydrocèle est occasionée par le farcin ou la morve, on sent qu'il faut détruire ces causes avant de la guérir.

Hydropisie. Tumeur produite par un amas d'eau ou autre liquide ; on distingue l'hydropisie de poitrine et l'hydropisie du bas-ventre.

Celle de poitrine se manifeste par une difficulté de respirer ; les côtes se lèvent avec force ; le cheval regarde de temps en temps sa poitrine, se couche

tantôt d'un côté, tantôt de l'autre ; reste quelquefois sur ses quatre jambes sans prendre d'autre pos-
ture , et jette par les naseaux une sérosité jaunâtre.

Le plus court moyen est de tenter l'évacuation des
eaux contenues dans la poitrine : pour cet effet on
y enfonce un trocar à la partie inférieure de la huitième côte , à l'endroit où elle se joint au cartilage ;
on vide à peu près la moitié de l'eau, et, sans retirer
la canule, on injecte la même quantité d'une décoction
de sommités de mille-pertuis dans 1 litre 5 décilitres
(3 chopines) d'eau, qu'on laisse réduire à un litre (une
pinte), et à laquelle on ajoute du miel. Deux heures après on tire les deux tiers de l'eau restante , et
on injecte encore un tiers de la décoction ; après
deux heures on fera sortir le reste de l'eau et on injectera encore environ 2 litres (pintes) de la liqueur.

Lorsque vous tirerez la décoction injectée , s'il n'en
sort pas la même quantité que vous avez introduite,
vous pouvez compter sur la guérison.

L'hydropisie du bas-ventre se connaît par l'enflure
du ventre, par la difficulté de respirer et par la
fluctuation des eaux en pressant avec la main l'un des
côtés du ventre. Ces signes sont encore accompagnés
du défaut d'appétit, de la maigreur , de l'enflure
des jambes et de la petite quantité des urines.

On donnera très-peu à boire au cheval ; on le
tiendra dans une écurie sèche ; on lui fera prendre
15 à 18 décagrammes (5 à 6 onces), par jour, de
suc de pariétaire, ou une décoction de racines de
chardon-roland, d'asperges et de fraisiers, dans

laquelle on ajoutera 15 grammes (une demi-once) de sel de nitre par pinte d'eau.

Cinq ou six jours après ces remèdes, on donnera un purgatif composé de 38 décigrammes (un gros) de jalap, autant de *diagréde*, 15 grammes (demi-once) d'aloès et 15 grammes (demi-once) de sel de nitre mêlé dans suffisante quantité de miel.

Si ces remèdes ne suffisent pas, on fera la ponction par une ouverture pratiquée au bas-ventre, ayant soin de ne faire évacuer les eaux que médiocrement à chaque fois. On applique sur la plaie, dans l'intervalle de chaque opération, de l'étoupe cardée sèche, assujettie avec un emplâtre de poix.

Inflammation. Elle peut être occasionée par des causes extérieures, ou elle vient d'un vice dans le sang. La première espèce est plus facile à guérir.

On fera une ou plusieurs saignées ; on emploiera les émolliens, les résolutifs, les suppuratifs (*page* 86), selon les dégrés de violence de l'inflammation.

Si le mal est intérieur, il est précédé d'un état neutre qui dure quelques jours sans que la maladie soit décidée : le cheval remue avec peine sa tête et ses extrémités ; il éprouve un mal-être général ; si on lui donne à manger ce qu'il aimait le mieux, et qu'il l'accepte, il le tient dans sa bouche sans l'avaler. Ensuite la fièvre se déclare après un froid et un tremblement plus ou moins vifs.

La saignée peut être très-avantageuse au commencement de la maladie ; mais les délayans et les lavages sont souvent préférables. On mettra donc l'a-

nimal au régime en le privant de foin et d'avoine, ne
lui donnant que du son humecté et de l'eau blanchie,
et lui faisant prendre plusieurs fois par jour des lavemens d'une décoction de mauve avec un peu de
salpêtre, et continuant jusqu'à parfaite guérison.

Javart. C'est un petit bourbillon ou une portion
de peau qui tombe en gangrène, et qui se détache en
produisant une légère sérosité.

On distingue le javart simple, le javart nerveux et
le javart encorné.

Le premier n'est accompagné d'aucun danger, et
attaque seulement la peau et une partie du tissu cel-
lulaire du paturon, plutôt aux pieds de derrière qu'à
ceux de devant. Il faut couper le poil et appliquer
sur la tumeur un cataplasme de mie de pain et de
lait; on peut le faire avec du levain, des gousses
d'ail et du vinaigre. On continue jusqu'à ce que le
bourbillon soit sorti; ensuite on panse la plaie avec
l'onguent *basilicum*, et on la termine avec l'onguent
égyptiac.

Il faut faire l'ouverture de l'abcès assez grande
pour faire bien pénétrer les remèdes dans le fond
de l'ulcère, faire sortir le bourbillon plus facilement,
et établir plus promptement la cicatrisation.

Le javart nerveux attaque la gaine du tendon, et est
situé dans le paturon.

La cause de celui-ci vient de la matière du javart
simple, qui a pénétré jusqu'à la gaine du tendon.

Il faut faire une incision en long, et introduire dans
le fond de l'ulcère des plumasseaux mollets, chargés

du digestif simple (*pag.* 80). Si le tendon est affecté, on imbibera les plumasseaux d'onguent digestif, animé avec de l'eau de vie et la teinture d'aloès. On pansera ensuite avec le simple digestif, et l'on terminera la cure avec des plumasseaux secs.

Le javart encorné s'établit sur la couronne ou au commencement du sabot. Il vient d'une atteinte négligée, ou d'un coup que le cheval se sera donné, ou qu'il aura reçu dans cette partie.

Si la contusion est nouvellement reçue, on appliquera simplement de la térébenthine de Venise. Si la suppuration est établie, on la favorisera par l'application de l'onguent *basilicum* (*pag.* 86). On fera marcher un peu le cheval pour faciliter la sortie de la matière et faire sortir le bourbillon; après quoi on pansera comme un ulcère simple, jusqu'à parfaite guérison.

Si, après la sortie du bourbillon, la plaie fournit une matière liquide et qu'on y découvre un fond au moyen de la sonde, c'est que la matière a attaqué le cartilage placé au-dessus et en-dedans de l'os du pied; c'est alors une espèce de javart dont la cure est très-difficile et qui demande un habile vétérinaire.

Voici encore une recette excellente pour le javart :

Prenez le blanc de cinq à six poireaux, 12 décagrammes (4 onces) de vieux oing; cire neuve, huile d'olive, 6 décagrammes (2 onces); un décilitre (un demi septier) de vinaigre. Faites bouillir dans un pot de terre neuf jusqu'à ce que le vinaigre soit évaporé; remuez et faites-en un emplâtre, qui peut servir quatre fois.

Jaunisse. Dès que l'on reconnoît cette maladie par la perte de l'appétit, la couleur jaune de l'œil, des urines et des excrémens, etc., il faut saigner le cheval à la veine jugulaire, et réitérer selon l'âge de l'animal et la plénitude des vaisseaux.

Donnez quelques lavemens de décoction d'orge et de sel de nitre; faites boire du petit lait et une infusion de feuilles d'aigremoine, mêlée d'un peu de nitre et de vinaigre. Placez le cheval dans une écurie sèche et bien aérée, et donnez-lui pour nourriture du son humecté avec de l'eau nitrée.

Après cinq ou six jours de ce traitement, si les symptômes ne diminuent pas, faites prendre au cheval du suc de feuilles de chélidoine ou éclaire, incorporé avec parties égales de miel, du savon incorporé avec quantité suffisante d'extrait de genièvre, de ciguë, 2 grammes (une demi-drachme), le tout délayé dans une décoction de pariétaire ou d'asperges. Continuez pendant neuf à dix jours, et donnez en même temps les lavemens indiqués dans la jaunisse précédente.

Kiste. Tumeur insensible, dans laquelle se trouve quelquefois une matière huileuse et jaunâtre. Le kiste diffère du squirre en ce qu'il est mou dans son milieu, au lieu que le squirre est dur. Si l'on soupçonne qu'il contienne de la matière, il faut l'ouvrir comme l'abcès, faire sortir le pus, et terminer la cure avec le *digestif animé* (pag. 80.)

Lampas. C'est un alongement extraordinaire des

gencives de la mâchoire antérieure du cheval ; on le nomme aussi *fève*. Cet accident n'arrive guère qu'aux jeunes chevaux et aux poulains.

Il faut laver souvent la gencive avec des aulx pilés, du sel et du vinaigre.

Larmoyement. C'est une humeur qui découle involontairement des yeux du cheval, lorsqu'il a reçu un coup à cette partie, ou pour quelque autre cause.

Prenez du vitriol blanc, 13 décigrammes (un scrupule) ; 19 décigrammes (demi-gros) de sucre candi ; 12 décagrammes (quatre onces) d'eau de rivière. Faites dissoudre le vitriol et le sucre dans l'eau et injectez – en dans l'œil. Vous en imbiberez ensuite une compresse, que vous appliquerez et que vous contiendrez sur l'œil.

Loupe. Le moyen le plus sûr et le plus court de détruire les loupes, est de les couper avec le bistouri. On panse ensuite la plaie avec des étoupes cardées, que l'on contient par des cordons passés dans les bords de la peau. Le lendemain de l'opération, on panse la plaie avec le digestif animé (*pag.* 80), et on la cicatrise avec un emplâtre de térébenthine mêlée avec un jaune d'œuf frais.

Louvet ou *lovat.* On appelle ainsi, en Suisse, une maladie inflammatoire et contagieuse qui fait périr le bétail en quatre ou cinq jours, et qui attaque particulièrement les chevaux et les bœufs. Lorsque l'animal en est atteint, il perd ses forces, il tremble il se tient couché, ou ne se lève que pour chercher à se rafraîchir ; il porte la tête basse et les oreilles pen-

dantes ; il est triste , ses yeux sont rouges et larmoyans ; sa peau est chaude et sèche ; sa respiration
est lente et difficile. Il paraît sous le gosier une glande
comme une petite noix, et des tumeurs au bas-ventre.

On donnera, en breuvage ou en lavement, de l'eau
pure, plutôt fraîche que tiède ; du petit-lait, du suc
de laitue, de blette ; une décoction d'orge, de semence de courge ou de concombre, dans laquelle
on ajoutera un peu de nitre ou de cristal minéral.

Mais un excellent breuvage ou lavement sera composé de 12 décagrammes (quatre onces) de vinaigre,
mêlé avec autant de miel, et étendu dans une décoction de mauve ou de pariétaire.

S'il y a un dévoiement considérable et que la dyssenterie commence à paroître, on diminuera le vinaigre et on ajoutera au petit-lait 6 décagrammes
(deux onces) de quinquina , ou 12 décagrammes (4
onces) d'écorce de frêne en poudre.

On passera un séton au poitrail ou au bas-ventre,
où les tumeurs se forment ordinairement.

On parfumera les écuries et les animaux avec le
vinaigre et la fumée de genièvre.

A l'égard des tumeurs qui se forment, on les ou-
vira avec le bistouri ou un rasoir ; on fera des incisions à l'entour ; on appliquera ensuite sur toute l'é-
tendue un cataplasme de feuilles de rhue, de menthe,
d'absinthe, de centaurée et de ciguë , pilées ensemble;
on y ajoutera 3 décagrammes (une once) d'écorce de
quinquina et de frêne mise en poudre, un peu de sel
ammoniac et du vin.

Aussitôt que cet emplâtre commence à sécher, on le change ; enfin on pansera l'ulcère avec l'onguent *égyptiac* jusqu'à parfaite guérison.

On peut aussi faire avaler au cheval, comme un bon remède, un décilitre (demi-septier) d'huile d'olives, 1 décilitre (demi-septier) de bon vin, une tête d'ail et un peu de poivre pilés ensemble.

Si l'animal est replet et sanguin, on commencera la cure par une saignée.

Lunatique. Lorsqu'un maréchal ne connoît pas l'espèce de maladie qui attaque les yeux d'un cheval, il dit qu'il est lunatique ; c'est une erreur grossière.

La plupart des maladies de l'œil peuvent être regardées comme une inflammation de cette partie, accompagnée de rougeur, de chaleur, de douleur, avec ou sans écoulement de larmes ; dans ce dernier cas on nomme le mal *ophtalmie sèche.*

Si le mal est violent, on saignera le cheval près de la partie malade ; on recommencera même plusieurs fois, selon la force de l'inflammation. On lui donnera un breuvage et des lavemens avec la décoction de mauve et de pariétaire ; on le mettra à l'eau blanchie avec le son de froment, ou à l'eau d'orge, ou au petit-lait ; on lui fera prendre des bains tièdes en lui plaçant les jambes de devant jusqu'aux genoux dans l'eau. On lui brossera la tête de manière à lui en enlever toute la crasse et la poussière.

Si le mal ne cède pas à ces soins, on appliquera

les vésicatoires aux tempes, ou derrière les oreilles, et l'on entretiendra l'écoulement par l'onguent vésicatoire adouci avec l'onguent *basilicum* (*page 86*) pendant quelques semaines.

Un séton fait au cou, du haut en bas, peut produire un bon effet.

Si l'inflammation est très-considérable, on appliquera sur les yeux un cataplasme de mie de pain et de lait adouci avec un peu de beurre frais ou de bonne huile.

Lorsque l'inflammation est dissipée, on étuve les yeux avec 3 décagrammes (une once) de vinaigre mêlé dans 24 décagrammes (une demi – livre) d'eau.

Luxation. C'est le déplacement d'un os, sans qu'il soit fracturé.

Les coups, les chutes, les efforts violens, peuvent occasioner les luxations.

Lorsque l'os est remis à sa place, on fomente la partie avec du vin dans lequel on a fait bouillir du romarin, de l'hysope et de la lavande; on applique des compresses trempées dans ce vin, et on laisse reposer le cheval pendant un temps suffisant.

Mal de cerf. Le cheval a les mâchoires si serrées qu'il n'est presque pas possible de les lui ouvrir; il lève le nez vers le râtelier, ses oreilles sont droites, sa queue est rétroussée, l'encolure est si roide qu'à peine peut-on la mouvoir; la peau est collée sur toutes les parties du corps; à voir ses yeux on croirait qu'il est mort; cependant il ronfle et éternue souvent : en un mot ce mal est si violent que le cheval peut mourir en quelques jours.

Deux causes principales peuvent produire le mal de cerf : 1.º l'âcreté de quelques humeurs qui irritent vivement le genre nerveux ; 2.º la blessure de quelques tendons, dont l'ébranlement et l'irritation se communiquent à tout le corps.

On emploiera d'abord les bains et les fomentations émollientes. On fera avaler de l'huile d'olives ou de lin, et des boissons émollientes faites avec la décoction de mauve, de pariétaire et de mercuriale. On emploiera la saignée.

Si la maladie vient d'une transpiration supprimée, on emploiera les sudorifiques ; on étrillera, on brossera, on bouchonnera fortement l'animal par tout le corps.

Si on a lieu de soupçonner que quelque humeur âcre irrite l'estomac, on donnera des purgatifs et des lavemens.

Si ce mal vient d'un tendon blessé, on emploie l'huile de térébenthine, l'huile bouillante ou le cautère actuel, pour détruire la sensibilité dans l'endroit blessé.

Mal de taupe. Tumeur qui se manifeste sur le haut de l'encolure du cheval, ou même sur sa tête ; elle est un peu molle et de figure irrégulière ; elle contient un pus blanc et épais comme de la bouillie.

Lorsque ce mal se trouve placé sur les sutures du crâne, et qu'il est adhérent, il peut devenir dangereux par l'inflammation et la corruption qu'il peut communiquer à la dure-mère.

On donnera peu à manger au cheval, surtout le soir. On choisira du bon foin de prairie sèche, un peu d'avoine, de l'eau de rivière ; on le tiendra très-proprement dans une écurie sèche ; on le pansera plus soigneusement qu'à l'ordinaire, et il continuera à travailler modérément.

On lui donnera une tisane de salsepareille, de squine, de sassafras et de graine de genièvre ; ou bien celle de racines et de feuilles de chicorée sauvage, de pimprenelle, de laitue et de cerfeuil. On le purgera ensuite avec le jalap, l'*œthiops minéral* et l'*aloës succotrin.*

A l'égard de la tumeur il faut, après avoir rasé le poil, appliquer l'emplâtre de *vigo cum mercurio ;* l'onguent de styrax mêlé avec la fleur de soufre ou l'*œthiops minéral,* pour la résoudre. Mais si elle est disposée à suppurer, on facilitera la suppuration par le cataplasme de vieux oing et d'oseille, cuits ensemble sous la cendre chaude, dans des feuilles de carde poirée ou *blette ;* ou par l'onguent *basilicum (page* 80).

Quand la suppuration est déclarée, on ouvre l'abcès, on fait sortir le pus, on nettoie l'ulcère, et l'on consumera les chairs superflues avec l'onguent *égyptiac,* l'alun brûlé, ou la pierre infernale. Il faudra avoir soin de détruire un bouton rouge qui se trouve ordinairement dans le fond, sans quoi la tumeur se renouvellerait.

Mal de tête de contagion. Ce mal se communique, et détruit beaucoup de chevaux.

La tête du cheval devient très-grosse ; les yeux sont enflammés, larmoyans et très-saillans ; il coule des naseaux une matière jaune et corrompue. S'il survient un gonflement et une suppuration aux glandes de la ganache, le cheval est presque toujours sauvé. On hâte en conséquence la suppuration avec des oignons de lys cuits sous la cendre, que l'on pile et que l'on applique chaudement ; si au bout de sept à huit jours la tumeur n'a pas percé, on l'ouvre avec le bistouri, et on la traite comme une plaie ordinaire.

Voyez, à la fin de l'article du chien, les précautions qu'il faut prendre pour empêcher la communication de cette maladie, au chapitre de la *Contagion*.

Malandre. Crevasse qui vient au pli du genou d'un cheval, et d'où il sort une humeur âcre qui ronge la peau.

Il faut tondre la partie, la frotter jusqu'au sang avec une brosse rude, et y appliquer un petit plumasseau d'onguent égyptiac, par-dessus lequel on met une bande en 8 *de chiffre*, unie et serrée ; on continue pendant cinq ou six jours.

Si la *malandre* est peu de chose, on la bassinera seulement avec la composition suivante : prenez vitriol blanc, 6 décagrammes (2 onces) ; vitriol de Chypre, 3 décagrammes (une once) ; safran, 8 grammes (2 drachmes), autant de camphre ; faites fondre le camphre dans un peu d'esprit-de-vin et mettez le

tout

tout dans environ 4 litres (pintes) d'eau, que vous conserverez pour le besoin. Voyez *Solandre*.

Molette. C'est une tumeur molle pleine de sérosité, qui se forme au-dessus du boulet. Lorsqu'elle paraît de chaque côté des tendons, on l'appelle *molette soufflée*; si elle est sur le tendon même, c'est la *molette simple* ou *molette nerveuse*.

On donnera des tisannes faites avec les racines de patience, d'aunée, de fenouil, d'asperge, de petit-houx, de persil, de cerfeuil et d'orge. On en fera avaler au cheval, pendant quinze jours, 5 hectogrammes ou 1 kilogramme (une livre ou deux) avant ses repas. On le purgera avec le jalap, le mercure doux, la semence d'yèble, le sel *de duobus* pulvérisé, la gomme-gutte et le sirop de nerprun, et cela au commencement ou à la fin de l'usage des tisannes.

Pendant ce traitement on fomentera la *molette* avec une lessive de cendres de sarment, dans laquelle on aura fait bouillir du soufre; ou avec une décoction de romarin, de sauge, d'absinthe et de camomille. Ensuite on appliquera un cataplasme de farine de fèves cuites dans de l'oxymel, en y ajoutant des roses rouges et de l'alun.

Si la molette résiste, on ouvrira la peau et quelques-unes des cellules qui contiennent la sérosité, pour lui donner l'écoulement. On appliquera sur les incisions des compresses trempées dans l'eau vulnéraire ou l'eau-de-vie camphrée.

Morfondure. C'est une espèce de rhume avec toux

et écoulement de mucosité par les naseaux, comme dans la gourme. Cet écoulement est d'abord clair et abondant, puis épais ; le cheval est triste et perd l'appétit ; si cette maladie est négligée ou mal traitée, elle dégénère en morve.

La morfondure peut être occasionée par le froid ou la pluie auxquels le cheval a été exposé après avoir eu chaud, ou par une boisson trop froide après un travail échauffant.

Aussitôt que la morfondure se déclare, il faut exposer la tête du cheval aux fumigations émollientes ; lui donner de l'eau blanche avec du nitre et du miel. La nourriture sera du son mouillé et de la paille, pendant les trois ou quatre premiers jours de la maladie ; on le tiendra couvert dans une écurie chaude, propre et dont l'air soit bien pur. Tous les remèdes échauffans sont pernicieux dans cette maladie.

Morsure de vipère. L'*alkali volatil fluor* est le meilleur remède, mais il faut l'employer promptement. On en fera prendre 19 décigrammes (un demi-gros) dans de l'eau commune, et l'on appliquera des compresses qui en seront imbibées, sur la morsure, en les imbibant de temps en temps. Quant aux autres morsures, voyez *Rage.*

Morve. C'est un écoulement de matière visqueuse par le nez, avec inflammation ou ulcération de la membrane pituitaire qui tapisse les parties de l'intérieur du nez, depuis l'entrée des naseaux jusqu'au voile du palais, dans l'intérieur de la bouche.

Cet écoulement est tantôt comme du blanc d'œuf, tantôt jaunâtre, tantôt verdâtre, etc., mais toujours accompagné du gonflement de l'une ou des deux glandes de dessous la ganache. Si l'écoulement ne se fait que par un naseau, c'est qu'il n'y a que la glande de ce côté qui soit engorgée ; s'il se fait par les deux naseaux, c'est que les deux glandes sont engorgées en même temps.

Il y a bien des espèces de morve qu'il serait trop long de détailler ; celle qui est invétérée est regardée comme incurable. Lorsqu'elle ne fait que de commencer, voici le traitement à suivre pour la guérir, après avoir séparé des autres le cheval attaqué, en le mettant absolument hors de leur portée, et empêchant toute communication.

On commence par saigner le cheval, et l'on réitère la saignée selon le besoin. On lui injecte dans le nez de la décoction de mauve, de guimauve, de bouillon blanc, de mercuriale, de pariétaire ; ou de camomille, de mélilot et de sureau. On lui fait aussi respirer la vapeur de cette décoction, et surtout la vapeur d'eau tiède où l'on aura fait bouillir du son ou de la farine de seigle ou d'orge. Pour cela on attache à la tête du cheval un sac où l'on met le son ou les plantes tièdes. On lui donnera en même temps des lavemens rafraîchissans (*page* 84). On lui retranchera le foin pour ne lui faire manger que du son tiède mis dans un sac, comme il vient d'être dit ; la vapeur de ce son adoucit beaucoup l'inflammation. Par ces moyens on arrête souvent la morve commençante.

Dans la morve confirmée , mais qui n'est pas trop invétérée, on injecte dans le nez la décoction d'aristoloche , de gentiane et de centaurée ; si ces injections rendent l'écoulement blanc et épais , c'est un bon signe : on injecte alors de l'eau d'orge dans laquelle on a fait fondre un peu de miel rosat ; ensuite, pour faire cicatriser les ulcères, on injecte de l'eau seconde de chaux , pour terminer la guérison.

Maintenant tâchons de faire distinguer les morves commençante , confirmée et invétérée , afin de ne pas donner inutilement des remèdes , si elle est trop avancée ; ou de ne pas tuer mal-à-propos un cheval , si l'on peut espérer de le guérir.

1.° Dans la morve commençante l'écoulement est de couleur naturelle , transparent comme le blanc d'œuf , parce qu'il n'y a qu'une simple inflammation sans ulcère. Mais cet écoulement est plus abondant que dans l'état de santé ; parce que l'inflammation sépare une plus grande quantité de mucosité , et que le sang abondant , dans la partie enflammée , fournit plus de matière aux sécrétions.

2.° Dans la morve confirmée l'écoulement est mêlé de pus , parce que l'ulcère est formé , et que le pus qui en découle se mêle avec la morve.

3.° Dans la morve invétérée l'écoulement est noirâtre et mêlé de sang, parce que , le pus ayant rompu quelques vaisseaux sanguins, le sang s'extravase et se mêle avec le pus.

Il faut aussi distinguer la morve de morfondure, qui est un simple écoulement de mucosité par les naseaux, accompagné de toux, de tristesse et de dégoût ; mais cet état dure peu de temps. Voyez *Morfondure*.

J'ai dit qu'il fallait soigneusement séparer des autres un cheval reconnu morveux ; mais s'il meurt de cette maladie, ou qu'il en ait été bien réellement attaqué, il faut brûler ou enterrer tout ce qui lui a servi, et parfumer l'écurie où il a séjourné, en y brûlant de la graine de genièvre, et lavant tous les murs avec de l'eau de chaux vive.

Nerf-férure, signifie un coup quelconque donné sur le tendon fléchisseur du pied de devant. Le cheval boite ; il vient au canon un engorgement qui diminue ensuite insensiblement ; il survient quelquefois sous la peau une espèce de *ganglion*.

On commence par dissiper l'inflammation par des fomentations émollientes et des cataplasmes trempés dans la décoction qui a servi à ces fomentations. On fait ensuite des frictions aromatiques avec une décoction de sauge, de thim, de romarin et d'hysope.

S'il y a un ganglion, et que les remèdes ne le dissipent point, *voyez*, au mot *Ganglion*, la manière de le guérir.

Noyé. Si l'on a retiré de l'eau un cheval qui ne s'y est noyé que depuis peu de temps, on fera sur le champ chauffer dans des chaudières une grande quantité de cendres, dont on fera un lit de quatre doigts d'épaisseur, sur lequel on étendra l'animal ; ensuite on le couvrira entièrement, même sur la tête , et l'on ajoutera des couvertures par-dessus les cendres.

Si cette opération le rappelle à la vie , on lui fera avaler un demi-litre (une demi-pinte) de vin rouge tiède.

OEdème. Tumeur formée entre cuir et chair , par un amas de sérosité.

On commencera par purger le cheval avec 3o ou 45 grammes (une once ou une once et demi) d'aloès mêlé avec 24 décagrammes (une demi-livre) de miel délayé dans une décoction de racine de chardon-roland. Deux jours après on lui fera prendre deux noix muscades avec un peu de canelle , écrasés dans un mortier et mêlés dans une bouteille de bon vin.

On fera ensuite des fomentations sur la tumeur , avec une décoction de romarin , de lavande et de sauge ; puis des frictions avec l'eau-de-vie camphrée.

On fera prendre au cheval un exercice modéré ; on lui fera des fumigations avec la graine de genièvre brûlée sur un peu de braise , dans une chaudière que l'on placera sous le ventre du cheval. Mais le meilleur remède est le feu appliqué par pointes ou par raies sur la partie (*voyez pag.* 76).

OEil. Pour connoître si un cheval à l'œil bon , placez-le à la porte de l'écurie , comme s'il voulait en sortir , ou de manière qu'il n'y ait point de jour derrière lui. Si, en le faisant reculer, la prunelle s'élargit , et si, en le ramenant au jour pas à pas, elle se resserre, c'est une preuve qu'il a la vue saine.

Ophtalmie. Inflammation du globe de l'œil. Elle

vient d'un coup reçu sur l'œil, ou de s'être froissé contre un corps dur. Elle peut aussi venir d'une cause intérieure.

En saignant une ou deux fois le cheval, et bassinant souvent l'œil avec de l'eau vulnéraire ou avec une infusion de rose et de plantain, on dissipera l'inflammation.

Oreille. Il survient quelquefois une tumeur à l'oreille d'un cheval, après un coup ou une morsure ; elle est remplie d'eau rousse, jaunâtre.

On ouvre cette tumeur pour en faire sortir l'eau, et l'on panse la plaie avec des étoupes sèches.

Pansement. Voyez cet article avant le détail des maladies du cheval (*pag.* 75 et suivantes).

Paralysie. Cessation du mouvement dans une ou plusieurs parties du corps.

Elle peut être occasionée par un coup, une chute, la mauvaise nourriture, la vieillesse, etc.

Si elle vient d'un coup ou d'une chute, il faut appliquer sur la partie des étoupes imbibées d'eau-de-vie, et des cataplasmes de feuilles de rue avec du vin. S'il y a inflammation, on saignera le cheval.

On donnera deux fois par jour, en breuvage, une demi-bouteille de bon vin, et pour toute nourriture de l'eau blanchie avec de la farine de froment, avec un peu de sel marin. On donnera des lavemens avec une infusion de feuilles de sauge. Si tout cela ne produit aucun effet, on appliquera le feu sur la partie.

Si la paralysie vient de la mauvaise nourriture, il faut en substituer de bonne et employer les remèdes ci-dessus.

Paupières. 1.º Enflure des paupières. Si elle provient d'inflammation, appliquez dessus des cataplasmes de feuilles de mauve, de pariétaire et de bouillon blanc, cuits ensemble dans de l'eau. Si elle dégénère en abcès, *voyez* ce mot.

2.º Jonction des paupières. Si, à la suite de quelque coup, ou par l'abondance des larmes produites par l'épaississement de la chassie qui coule du grand angle de l'œil, les paupières se joignent entièrement, on les bassinera seulement avec de l'eau tiède.

3.º *Relâchement des paupières.* Appliquez dessus des compresses trempées dans de l'esprit-de-vin camphré.

Peste. Voyez le chapitre de la contagion et des épizooties des animaux, après l'article du *chien*, à la fin de cette troisième partie.

Phlegmon. Tumeur inflammatoire, dure, élevée, accompagnée de pulsation et de fièvre, qui attaque le plus souvent les parties charnues de l'animal.

Ce mal est produit par un engorgement du sang dans les vaisseaux sanguins de la peau, et même dans ceux des chairs ; lorsqu'il vient aux articulations, il est plus dangereux.

Il se termine quelquefois par la résolution, lorsque le sang reprend sa circulation ; c'est la voie la plus salutaire : ou par la suppuration, lorsque le sang se change en pus : ou enfin par endurcissement, lorsqu'il reste une tumeur dure et sensible.

Dans le commencement du mal, on fera une ou plusieurs saignées, selon la force de l'inflammation ;

on fomentera la partie avec une décoction de mauve et de pariétaire, et l'on appliquera un cataplasme de mie de pain et de lait.

Si la résolution commence à se faire par la diminution de l'inflammation, on appliquera des compresses trempées dans une décoction de camomille, de fleurs de sureau, avec quelques gouttes d'eau-de-vie camphrée. Mais si la douleur et l'inflammation subsistent après le huitième ou le neuvième jour, il faudra favoriser la suppuration, comme pour l'abcès. Voyez *Abcès*.

Le phlegmon, qui vient de la piqûre des frelons ou autres insectes qui déposent quelquefois leurs œufs sur la peau des animaux, se guérit en ouvrant la tumeur pour en tirer les œufs ou le ver, et en pansant la plaie avec un mélange de crème de lait et de goudron, ou plutôt avec de la térébenthine mêlée avec un jaune d'œuf.

Phthisie, pulmonie. C'est une ulcération du poumon, avec un écoulement de pus par les naseaux.

Le cheval tousse; est triste, languissant, mange peu; il rend par les naseaux une matière pleine de pus; son poil est terne, et tombe facilement; son haleine est puante; il maigrit de jour en jour.

On distingue, 1.º la pulmonie simple, qui est produite par des fatigues outrées, par le passage subit d'une grande chaleur à un froid vif, etc.; 2.º la pulmonie de morve, causée par le virus morveux; 3.º la pulmonie de farcin; 4.º la pulmonie de gourme. Les trois dernières sont incurables, et ce serait faire des dépenses inutiles que d'employer des remèdes.

Quant à la pulmonie simple, on en essaiera la guérison en employant des breuvages de décoction de réglisse, de guimauve, de chicorée, de bourrache.

Ensuite on fera une légère décoction avec deux poignées d'hysope ou de lierre terrestre, dans environ deux bouteilles d'eau, que l'on fera boire au cheval tous les matins, à jeun.

Sur la fin du traitement, on donnera tous les jours, le matin à jeun, trois bouteilles de la décoction suivante :

Prenez racine de grande consoude, 6 décagrammes (deux onces); racine de guimauve, 3 décagrammes (une once); feuilles de buglose et de lierre terrestre, de chacune demi-poignée : faites bouillir dans cinq bouteilles de décoction d'orge, que vous réduirez à trois; passez, et ajoutez à la colature 15 grammes (une demi-once) de baume de *copahu*, ou 15 grammes (une demi-once) de soufre térébenthiné. Continuez ce breuvage pendant quinze jours.

Pied altéré, se dit de la sole de corne qui se dessèche et qui, en comprimant la sole charnue, fait boiter le cheval.

Il faut appliquer sur la sole de corne des cataplasmes de feuilles de mauve, de guimauve et de violette, bouillies dans de l'eau pour l'adoucir et la rétablir dans son état ordinaire.

Pied desséché et resserré. Humectez le pied avec de la terre glaise mouillée.

Pied. Rupture du tendon fléchisseur du pied. On juge que ce tendon est rompu , 1.º lorsque le cheval, en portant le pied en avant , ne le ramène pas ; 2.º il ne peut mouvoir l'articulation ; 3.º le tendon est lâche lorsqu'on le touche , et le cheval ressent de la douleur au paturon ; 4.º il survient un engorgement au-dessus de la fourchette peu de jours après , et encore plus lorsque le pied est dessolé.

On guérit ce mal en dessolant le cheval et en faisant une ouverture à la sole charnue , pour donner issue à la partie du tendon qui doit tomber en pourriture. L'ouverture faite, employez l'onguent digestif (*page* 80) pour premier appareil ; et lorsque la partie du tendon est détachée , servez-vous de la térébenthine de Venise et de son essence, et appliquez autour de la couronne des cataplasmes émolliens pendant quinze jours.

Malgré la guérison, le cheval reste toujours boiteux , parce que le tendon fléchisseur ne peut plus faire ses fonctions.

Pierre , ou calcul. Si la pierre est dans la vessie (ce qui se reconnoît par les douleurs que le cheval éprouve en urinant ; par le peu d'urine qu'il rend à la fois et qui se trouve mêlée de sang , surtout si le cheval a marché ; enfin par le défaut de guérison), après avoir employé les remèdes indiqués à l'article *Rétention d'urine* , il n'y a pas d'autre parti à pren-

dre que l'opération de la taille, qui demande un ar-
tiste habile.

On y disposera l'animal en lui retranchant le foin
et l'avoine, pour le mettre à l'eau blanche et à la
paille pendant quelques jours ; on le saignera deux
fois et on le purgera le second jour après la seconde
saignée. Trois jours après la purgation, l'on procédera à l'opération, qui doit être très-prompte, afin de
profiter de la présence de l'urine dans la vessie pour
faciliter l'extraction de la pierre.

Aussitôt l'opération finie, on injectera dans la vessie une légère décoction de graine de lin, et l'on fera
rentrer le cheval dans l'écurie, sans mettre aucun
appareil sur la plaie ; on le saignera deux fois le
même jour ; on ne lui donnera pour nourriture qu'un
peu de son mouillé, et pour boisson que de l'eau
blanchie. Dans les trois premiers jours on lui donnera
beaucoup de lavemens émolliens.

Le quatrième jour, on lui donnera deux jointées de
son mouillé, avec deux livres de paille le matin et
autant le soir. Le lendemain et les jours suivans on
augmentera le son et la paille par degrés. Pendant
ce temps, la suppuration s'établit dans la plaie, que
l'on aura soin de tenir propre en la lavant avec une
décoction de feuilles de verge dorée, de bugle et de
véronique. Si les chairs prennent trop d'accroissement, on bassinera la plaie avec la teinture d'aloès:
il faut environ un mois pour la cicatriser.

Piqûre de clou. Voyez *Enclouure*, page 129.

Piqûres d'insecte. L'eau fraîche, l'urine chaude,

l'huile, le vinaigre suffisent pour les dissiper. Mais si ce sont des animaux venimeux, voyez *Morsure*.

Pissement de sang. S'il provient d'une pierre dans la vessie, voyez *Pierre*, *Calcul*. S'il vient d'un ulcère dans les reins ou dans la vessie, il faut mettre le cheval à une diète rafraîchissante : on lui fera avaler une décoction de 18 décagrammes (6 onces) de racines de guimauve, 15 grammes (demi - once) de réglisse, bouillies dans 5 litres (5 pintes) d'eau, que l'on fera réduire à moitié ; on passera par un linge, et l'on fera fondre dans cette décoction 12 décagrammes (4 onces) de gomme arabique, 3 décagrammes (une once) de nitre purifié ; on en donnera une demi-bouteille quatre à cinq fois par jour. On appliquera sur les reins des linges trempés dans l'eau commune froide.

Lorsqu'un cheval est sujet au pissement de sang, il faut le tenir à un régime et à un travail modérés, et le faire saigner de temps en temps.

Plaies. Si c'est une simple coupure, il suffit de rapprocher les bords de la plaie et de la panser avec de la térébenthine mêlée avec un jaune d'œuf.

Si la plaie est considérable, il faut 1.º connoître sa nature, et prévenir ou calmer les accidens en faisant observer un régime au cheval ;

2.º En enlever tout corps étranger, procurer et entretenir la suppuration ;

3.º La consolider et la faire cicatriser.

Pour rapprocher les bords, on se sert de bandages, et même de points de suture.

On tient la plaie propre en la pansant à sec avec de la charpie ou des étoupes sèches, que l'on renouvellera deux fois par jour ; on aura soin de la tenir toujours couverte, de manière que l'air extérieur n'y entre pas.

S'il y a inflammation, on mettra le cheval à la diète ; on lui fera une saignée, et l'on étuvera la plaie avec une décoction de mille-pertuis et de lierre terrestre. S'il survient des chairs baveuses, on appliquera le cautère actuel ou la pierre infernale.

Tous les onguens sont plus pernicieux que profitables aux plaies ; ainsi c'est faire une dépense inutile que de les employer.

Pléthore. C'est une augmentation de sang dans les veines du cheval.

Cet état se fait connoître par les veines extérieures qui sont gonflées ; celles des yeux, des lèvres et de la bouche sont apparentes, etc.

Les causes de la pléthore sont les grandes chaleurs de l'été, le trop ou trop peu d'exercice, l'excès dans le manger, ou le tempérament naturel de l'animal.

On fera une saignée au cheval ; on le mettra au régime ; on lui donnera des lavemens ; on lui fera prendre des bains ; il boira de l'eau blanche, et on le laissera reposer dans une écurie propre et bien aérée pendant quelques jours.

Pleurésie, ou inflammation de poitrine. On la distingue en vraie et en fausse.

Les signes de la *pleurésie vraie* sont un frisson et

un tremblement, suivis de chaleur, de soif et d'insomnie. On connaît si le mal est du côté droit ou du côté gauche, en passant la main à rebrousse-poil sur les côtes ; la sensibilité de l'animal indiquera le siége de la maladie, par la douleur qu'il manifestera.

Les urines sont rougeâtres ; le pouls est vite et dur ; le sang que l'on tire se couvre d'une croûte dure ; l'écoulement qui se fait par les naseaux, s'épaissit et se teint de sang.

On mettra le cheval au régime suivant.

On lui donnera pour boisson la décoction de 24 décagrammes (une demi-livre) d'orge bouillie dans six bouteilles d'eau réduite à quatre, en ajoutant 6 décagrammes (deux onces) de miel. On lui donnera peu à la fois de cette boisson, mais on la réitérera très-souvent. Il boira et mangera un peu chaud tout ce qu'on lui fera prendre.

On le tiendra dans un air tempéré, le plus à son aise possible, et on le couvrira, sur le dos, d'une légère couverture ; on lui fera bonne litière et on le tiendra proprement.

On lui fera prendre plusieurs lavemens par jour avec une décoction de graine de lin ou de racine de mauve et de guimauve, à laquelle on ajoutera 38 décigrammes (un gros) de salpêtre. Les bains de pieds sont très-salutaires.

On fera d'abord une copieuse saignée de 10 à 15 hectogrammes (deux ou trois livres) ; mais elle ne vaudrait plus rien, passé le troisième jour : ensuite on fera des fomentations sur la partie malade avec des fleurs de sureau, de camomille et de mauve, de chaque deux poignées bouillies dans de l'eau; on les mettra dans un sac de toile et on les appliquera chaudement sur le côté. A mesure que ce topique se refroidira, on l'humectera avec de la décoction des mêmes plantes, aussi chaude que l'on pourra. On prendra garde que l'animal n'ait froid.

On pourra aussi frotter souvent dans la journée le côté malade, avec un mélange de 12 décagrammes (quatre onces) d'huile d'amandes douces, et 6 décagrammes (deux onces) d'esprit de corne de cerf, secoués ensemble dans une bouteille pour les bien incorporer. On en verse quelques gouttes sur le côté malade; on l'étend avec la main chauffée, et l'on frotte fortement jusqu'à ce qu'il ait pénétré. On en emploie ainsi de suite la valeur d'une tasse à café, et l'on recommence trois à quatre fois par jour.

La teinture de cantharides produit le même effet et plus promptement.

Si la douleur du côté ne se passe pas après les saignées répétées et le traitement indiqué, il faut appliquer un vésicatoire sur la partie affectée et l'y laisser pendant deux jours; on fera boire en même temps au cheval le remède suivant.

Prenez 12 décagrammes (quatre onces) d'amandes douces; mettez-les dans l'eau chaude pour les peler; pilez-les dans un mortier avec une pareille quantité de sucre: ayez quatre bouteilles de décoction d'eau d'orge chaude, dans laquelle vous aurez fait

fondre

fondre 3 décagrammes (une once) de gomme arabique ou de prunier; remuez bien; laissez refroidir et versez cette liqueur peu à peu sur les amandes, en remuant continuellement, jusqu'à ce que la liqueur devienne également blanche et laiteuse; passez par un linge en pressant, et faites-en boire un litre (une pinte) de deux en deux heures à l'animal malade.

Si le cheval ne peut fienter, on lui donnera chaque jour deux lavemens composés d'une décoction de mauve ou de graine de lin, en ajoutant 8 grammes (deux gros) de sel de nitre à chaque lavement.

Au surplus, les lavemens font un merveilleux effet dans les maladies fiévreuses, et soulagent beaucoup plus que si l'on faisait boire quatre ou cinq fois la même quantité de liquide; mais passé le cinquième jour il faut les supprimer.

Si l'animal tousse, on lui fera prendre la décoction suivante :

Prenez 12 décagrammes (quatre onces) d'orge mondé et lavé; faites bouillir dans 5 litres (pintes) d'eau, jusqu'à ce qu'il soit crevé et que l'eau soit réduite à 4 litres (pintes). Retirez du feu, et ajoutez aussitôt : de réglisse ratissée et coupée menu, 15 grammes (demi-once); autant de racine de guimauve dont vous aurez ôté le milieu, plus dur que le dehors, et coupée menu; autant de feuilles de capillaire de Canada et de fleurs de coquelicot; 3 décagrammes (une once) de fleurs de tussilage, ou pas-d'âne; ajoutez-y 6 décagrammes (une once) d'oxymel ou de vinaigre scillitique : laissez infuser le tout pendant quatre heures;

Tome I.

passez et faites-en boire à l'animal 3 décilitres (environ un demi-septier) toutes les deux heures.

Si l'animal ne transpire point, que l'on sente à la peau une chaleur brûlante, et s'il urine très-peu, on lui donnera la boisson suivante :

Prenez 3 décagrammes (une once) de nître purifié, environ 9 décigrammes (dix-sept à dix-huit grains) de camphre : pilez-les ensemble dans un mortier ; mêlez parfaitement et partagez en six prises, que vous infuserez dans une tasse de la tisane précédente, pour faire prendre toutes les cinq à six heures.

Lorsque les douleurs de la fièvre auront disparu, et que l'animal aura repris un peu ses forces, on lui donnera quelques purgatifs doux, tels que les polipodes de chêne, les tamarins, le sel d'Epsom, de Sedlitz, etc.

Enfin le cheval étant en convalescence, on lui fera observer une diète légère, et l'on ne donnera qu'une nourriture de facile digestion.

Fausse pleurésie. Celle-ci n'est pas inflammatoire ; mais elle peut le devenir, si elle est mal traitée, en se jetant sur le poumon et même sur le foie. On la distingue par une toux sèche, un pouls vif et une difficulté de se coucher sur le côté malade. Elle attaque surtout les animaux qui font peu d'exercice, et elle se dissipe ordinairement en peu de temps et sans remèdes ; il suffit de tenir chaudement les animaux qui en sont attaqués, et de leur appliquer les topiques dont j'ai parlé ci-devant pour la pleurésie vraie. On leur fera prendre une infusion de fleurs de sureau,

et, si le mal augmentait par la douleur et la force de
la fièvre, on emploierait la saignée et les purgatifs ;
on donnerait aussi des lavemens et des boissons nitrées
et rafraîchissanses.

Poireaux ou *porreaux*. Ce sont de petites tumeurs
sans poils, couvertes d'une petite peau grisâtre, qui
viennent au canon, au paturon, au boulet et à la
fourchette. On les coupe tout près de la peau, et
l'on couvre d'abord la plaie avec des étoupes trempées dans le vinaigre ; le lendemain, on mêle du
vert-de-gris avec le vinaigre : on pansera deux fois
par jour ; on promènera le cheval, et l'on continuera
jusqu'à guérison.

Polype. C'est une tumeur qui se forme dans les
naseaux du cheval, et qui se présente comme une
chair morte, dans laquelle on aperçoit cependant des
vaisseaux sanguins. Les maréchaux ignorans l'appel-
lent *souris*.

Quelquefois le polype a son siége dans la gorge,
et peut empêcher le cheval d'avaler, et même rendre
sa respiration difficile.

Ce mal peut venir des secousses ou de quelques
fractures des os du nez, d'avoir respiré un air échauffé,
d'un flux long et copieux d'humeurs par les naseaux,
d'une morfondure, d'une blessure à la membrane pituitaire, etc.

La méthode la plus sûre et la plus expéditive
pour détruire le polype, est de le couper, lorsqu'on
peut l'atteindre avec un instrument tranchant ou des
pinces, que l'on pousse le plus avant qu'il est pos-

sible, jusqu'à la racine de la tumeur, que l'on saisit et que l'on tire peu à peu en faisant des demi-tours à droite et à gauche. Si l'on parvient à l'arracher en entier, il surviendra une hémorragie, que l'on arrêtera en portant sur la plaie un bourdonnet lié et imbibé d'eau de Rebel. L'opération finie, on fera des fumigations avec la vapeur de plantes émollientes; ensuite des injections avec du vin tiède. On terminera la cure avec des eaux vulnéraires.

Pou. Chaque espèce d'animal est attaqué par une espèce particulière de poux; mais tous se détruisent par des frictions d'onguent mercuriel, autrement appelé *onguent-gris*. Avant de l'employer, il faut séparer les chevaux attaqués et les mettre dans une écurie propre; leur donner de la paille et du son avec 6 décagrammes (2 onces) de fleurs de soufre pour chaque cheval. On parfumera l'écurie deux fois par jour avec quatre parties d'encens et une de cinabre; on lavera les parties du corps où les poux se sont assemblés, avec une forte infusion de feuilles de tabac et de staphisaigre : ces précautions peuvent même suffire sans employer l'onguent-gris.

Pousse. Dans cette maladie le cheval respire difficilement; ses flancs sont tendus et battent avec plus ou moins de force et de vitesse; tantôt l'animal tousse, tantôt il ne tousse point; il jette quelquefois par les naseaux une matière par flocons; c'est en montant ou en courant que sa respiration éprouve le plus de difficulté.

La pousse est presque incurable; mais on peut

l'adoucir en faisant prendre au cheval du petit-lait, de la décoction de mauve, de guimauve, de bouillon blanc, de bourrache, de fleurs de *pas-d'âne* et de lierre-terrestre. On lui donnera des lavemens émolliens ; on lui fera des sétons au poitrail : s'il jette par les naseaux, on lui placera de larges vésicatoires sur les côtes de la poitrine. On lui retranchera l'avoine et le son ; on donnera de la paille modérément à des heures réglées. La boisson se donnera à petites doses ; on peut y mettre un peu de miel ou de l'infusion de réglisse.

On fera promener tous les jours le cheval pendant une heure, matin et soir ; on ne lui fera point tirer de charges considérables, et on évitera de le faire monter des montagnes rapides, quoiqu'il ne soit pas chargé.

Il ne faut ni saignées, ni purgatifs, ni remèdes échauffans.

Pustule maligne. Voy. *Chancre*, pag. 105.

Rage. Elle se manifeste d'abord par l'abattement, la tristesse, le dégoût des alimens : des accès de fureur, de délire ; l'envie de mordre, l'horreur de l'eau, une salive gluante et écumeuse, caractérisent le second degré. Tous ces signes peuvent annoncer la rage, surtout si l'on est assuré que le cheval a été mordu par une bête enragée.

Si la morsure a été faite à l'oreille ou à la queue, on coupera sur-le-champ cette partie, qui est de peu d'importance pour la vie de l'animal, et l'on passera un fer rougi sur la plaie saignante, pour étancher le sang ; on pansera ensuite la plaie avec un digestif mêlé de térébenthine (*page* 80).

Mais si la morsure a eu lieu sur d'autres parties du corps, on coupera le poil ; on lavera fortement la partie ; on agrandira la plaie, et on y appliquera un fer rouge dans toute l'étendue de la blessure ; ou pansera ensuite avec un onguent digestif, auquel on mêlera de temps en temps des cantharides ou la pierre à cautère : après quelques semaines on laissera fermer la plaie.

Pendant le traitement il faut séparer des autres le cheval mordu, et celui qui le soignera doit se laver les mains avec du vinaigre après chaque pansement.

Remède de M. Solleysel contre la rage.

« Si quelque personne ou autre animal a été mordu par une bête enragée, et qu'il y ait plaie entamée, il faut, avant toute chose, bien nettoyer les plaies, en les raclant avec quelque ferrement, sans rien couper néanmoins, si ce n'est qu'il y eût quelque partie déchirée qui aurait peine de se rejoindre aux autres ; puis il faut bien laver et étuver les mêmes plaies avec de l'eau ou du vin un peu tiède, dans quoi on a mis une pincée de sel, autant qu'on en peut prendre avec les trois doigts dans une salière.

» Les plaies étant nettoyées de cette sorte, il faut avoir de la rue, de la sauge et des marguerites sauvages qui viennent dans les champs et dans les prés, feuilles et fleurs, s'il y en a, une pincée de chacune, ou davantage à proportion, s'il y avait beaucoup de plaies ou plusieurs personnes à panser ; mais pour une personne et une plaie, une pincée de chacune suffit. Prenez encore quelques racines d'églantier ou rosier sauvage, des plus tendres et de la racine de scorsonère. Hachez ces racines, particulièrement celle d'églantier, bien menu ; ajoutez à cela cinq ou six gousses d'ail, chacune de la grosseur d'une noisette ; pilez premièrement les racines d'églantier et la sauge dans un mortier, et lorsqu'elles seront assez pilées, mettez et pilez encore dans le même mortier tout le reste, la rue, les marguerites, les aux, la racine de scorsonère, avec une pincée de gros sel, ou un peu davantage de sel blanc, mêlant bien le tout ensemble et faisant un marc de tout cela.

» Prenez de ce marc et mettez-en sur la plaie en forme de cataplasme, et, si la plaie était profonde, il serait à propos d'y injecter du jus de ce même marc ; puis l'ayant mis sur la plaie, il la faudra bien bander et la laisser ainsi jusqu'au lendemain.

» Cela fait, sur le reste du marc, qui sera de la grosseur d'un bon œuf de poule, vous jetterez un décilitre (poisson) de vin blanc, si vous pouvez en avoir, ou autant d'un autre vin, faute de celui-là, et ayant un peu mêlé le tout avec un pilon dans un mortier, il faudra le presser dans un linge, bien exprimer tout le jus et le faire boire au malade à jeun ; lui faire laver ensuite la bouche avec du vin ou de l'eau, pour lui ôter tout le mauvais goût de cette potion, laquelle est nécessaire pour empêcher que le venin ne se sai-

sisse du cœur, ou pour l'en chasser, s'il y était déjà
arrivé. Il ne faut ni boire ni manger autre chose,
que trois heures ou environ après cette potion.

» Il n'est pas besoin, les jours suivans, de racler
ou laver les plaies comme le premier jour ; mais
il faut, au moins neuf jours durant, y mettre du
marc chaque matin, et prendre, tous les mêmes
jours à jeun, une semblable potion comme au premier jour, sans manquer à cela, pour le danger
qu'il y a de la discontinuer avant les neuf jours ac-
complis.

» Si dans les neuf jours les plaies ne sont pas entièrement guéries, comme il arrive ordinairement, on
peut les panser comme on ferait une plaie simple, et
au bout des neuf jours, on peut converser avec le
monde sans danger, ce qu'il ne faudrait pas faire
avant cette époque, surtout si la personne a été
mordue depuis long-temps.

» Pour les bêtes qui ont été mordues de quelque
autre bête enragée, il faut entièrement user du même
remède, sinon qu'on peut mettre du lait au lieu de
vin, parce que les chiens le prendront plus facilement ».

N. B. Ce remède passe pour infaillible et a la
plus grande réputation, pourvu cependant que la
rage ne soit pas entièrement déclarée.

Lorsqu'un cheval ou autre animal meurt de la rage,
il ne faut point l'écorcher pour employer sa peau ;
mais l'enterrer en entier très-profondément, et re-

couvrir la terre de la fosse avec de grosses pierres, afin que les loups ou autres animaux ne puissent le déterrer.

Reins. Voyez *Effort des reins.*

Rétention d'urine. Voyez *Urine.*

Rhumatisme. Ce mal vient presque toujours du froid ou de l'humidité.

L'animal ne peut se tenir sur les jambes affectées, et lorsqu'on touche les muscles attaqués de cette maladie, il témoigne une vive douleur, par le mouvement de ses oreilles et de sa tête. Le rhumatisme est toujours accompagné de fièvre, et quelquefois d'un léger gonflement.

On fera une bonne saignée à la veine jugulaire, dans les deux premiers jours de la maladie ; on fera prendre une infusion de feuilles de sauge, dans laquelle on fera macérer de la racine d'angélique. On tiendra le cheval toujours couvert dans une écurie, à l'abri de tout courant d'air. On parfumera les parties attaquées avec de la fumée de graine de genièvre, et on les couvrira avec une étoffe de laine que l'on aura tenue sur la même fumée assez long-temps pour l'en bien imprégner, et après avoir bien frictionné les parties.

On pratiquera des sétons au poitrail ou au ventre et on entretiendra leur écoulement pendant une quinzaine de jours.

Roux-vieux. C'est une gale qui, dans le cheval, occupe les plis de la peau au-dessus de l'encolure, sous la crinière.

Le traitement est à peu près le même que celui de la gale ; il faut de plus pincer chaque pli de la peau avec une paire de tenettes et presser assez fortement pour faire sortir le pus ; on brosse et l'on nettoie à fond, en les lavant, toutes les parties de la crinière, plusieurs fois le jour.

Voyez *Gale*.

Sarcocèle. Tumeur charnue, indolente, dure et inégale, qui a son siége dans les testicules ou dans les vaisseaux de la semence.

Ce mal est occasioné par des coups, une chute, ou un vice dans les humeurs.

Dès que l'on s'en aperçoit, il faut tâcher de le résoudre en le frottant avec le liniment suivant :

Prenez 12 décagrammes (4 onces) de savon blanc, 6 décagrammes (2 onces) d'huile de tartre par défaillance ; mêlez et appliquez sur la tumeur.

Mais si le sarcocèle est bien déclaré et invétéré, le seul moyen de le détruire est la castration, que l'on opère par la ligature ou ficelle passée dans la substance du cordon spermatique.

Seime. Fente, séparation du sabot, qui arrive à la muraille, du haut en bas, tant aux pieds de devant qu'à ceux de derrière.

Si la seime ne fait que de commencer, rafraîchissez seulement les bords de la partie supérieure de cette fente ; allez jusqu'au vif, et mettez-y des plumasseaux chargés de térébenthine. Lorsque la réunion est faite, enveloppez le sabot avec l'onguent de pied suivant :

Prenez poix blanche, cire jaune, térébenthine, de chaque 6 décagrammes (2 onces); huile d'olives, sain-doux, de chacun 12 décagrammes (4 onces): faites d'abord fondre la poix, la cire et le sain-doux; passez ce mélange, et ajoutez-y l'huile et la térébenthine.

Solandre. Crevasse qui vient au pli du jarret. Voy. *Malandre*, où je donne la manière de guérir celle qui vient au pli du genou.

Sole échauffée. Ce mal arrive lorsque le maréchal laisse long-temps sur le pied un fer trop chaud. Humectez cette partie avec un cataplasme de feuilles de mauve et de guimauve bouillies dans de l'eau.

Sole battue. Ce mal arrive lorsque le pied a été trop paré par le maréchal, et que la sole de corne pose à terre.

Mettez un vieux fer léger, attachez-le avec de petits clous dont les lames soient minces; appliquez par-dessus l'onguent de pied dont j'ai donné la composition à l'article *Seime*.

Sole foulée. Ce mal arrive lorsqu'une pierre, un caillou, etc., s'est logé entre le fer et la sole de corne; ou il vient d'un amas de sable ou de terre qui auront formé un mastic sous le pied.

Otez le fer, enlevez ce qui comprime la sole charnue; tenez le pied bien humecté avec un cataplasme émollient, et ne le parez point.

Souffle au poil. Voyez *Enclouure*.

Squirre. Tumeur dure, insensible, sans chaleur, qui survient principalement aux parties glanduleuses.

On essaiera d'appliquer sur le squirre les emplâtres de diachylon gommé, ou celui de ciguë ; si
ces remèdes sont sans effet, le plus sûr sera d'extirper le squirre, surtout s'il est placé aux mamelles,
au cou et au poitrail : on incisera d'abord la peau
dans le milieu de la tumeur et dans toute sa longueur ;
on détachera ensuite le squirre et on l'enlèvera ; on
traitera ensuite la plaie avec le digestif simple, indiqué *page* 80.

Suppression d'urine. Le cheval souffre de vives
douleurs ; il s'agite, se tourmente, plie les reins,
les regarde, et a une grande fièvre.

La suppression d'urine vient ou de l'inflammation
des reins ou de leur obstruction, ou de de la pierre
dans la vessie.

Si le mal vient de l'inflammation des reins, faites
une ou plusieurs saignées, selon le besoin ; donnez
beaucoup de lavemens émolliens et rafraîchissans avec
une décoction légère de pariétaire ou de mauve, ou
de graine de lin. Faites avaler des breuvages adoucissans et diurétiques d'infusion de guimauve, d'o-
seille, de pimprenelle, dans laquelle vous ajouterez
un peu de salpêtre.

Si ce mal vient de calculs ou pierres dans la vessie, voyez *Pierre*. Si leur siége est dans les reins,
le mal est presque incurable.

Suppuration. Les chairs meurtries ou déchirées,
dont les parties sont désunies par quelque cause extraordinaire, tombent en suppuration, c'est-à-dire,
se changent en pus. Une inflammation, une tumeur,

qui ne peuvent se résoudre, se terminent par la suppuration. Il faut donc la favoriser par les remèdes qui y sont propres, et que j'ai soin d'indiquer à chaque article qui en a besoin; car il faut que les suppuratifs soient convenables aux circonstances, et l'on ne doit pas employer ceux de même nature pour toute sorte de maux, comme le font la plupart des vétérinaires de campagne.

Taie aux yeux. C'est une tache blanche située sur la cornée transparente; elle est la suite d'une inflammation.

L'eau froide dont on étuve l'œil peut suffire : mais si le mal subsiste, prenez quelques coquilles d'œufs de poule que vous faites parfaitement sécher sur une pelle à feu; reduisez-la ensuite en poudre très-fine dans un mortier; passez-la encore à travers un tamis de soie ou un morceau de mousseline; soufflez-en un petite pincée dans l'œil du cheval, eu la mettant dans un tuyau de plume et ouvrant bien les deux paupières; mettez une compresse de linge fin sur l'œil et assujettissez-la avec une bande à saigner ou autre. Répétez cette opération pendant quelques jours, matin et soir. On ajoutera un peu de sucre candi broyé à la poudre de coque d'œufs.

Taons, piqûre de taons. Frottez l'endroit de la piqûre avec du blanc de céruse détrempé dans de l'eau.

Pour préserver les chevaux des taons, frottez-leur le corps avec une décoction de baies ou graines de laurier.

Toux. Il faut distinguer les différentes espèces de toux pour les guérir.

Pour la toux de poitrine, on mettra le cheval à la diète en lui retranchant considérablement de son fourrage ordinaire. On réglera ses repas en trois parties pour le matin, à midi et le soir. A chaque portion qu'on lui donnera, on lui fera boire de l'eau d'orge adoucie avec du miel, à proportion de sa soif. Une heure avant chaque repas, on lui fera avaler une infusion de menthe mêlée d'une décoction de feuilles et de fruits d'épine-vinette. A souper on lui fera cuire un picotin d'orge dans 4 litres (4 pintes) d'eau réduites à 2; on lui donnera l'eau et l'orge à la fois.

On tiendra l'animal chaudement; on l'étrillera, on le bouchonnera deux fois par jour; on lui mettra une bonne couverture sur le dos; on lui fera bonne litière, et on tiendra toutes les parties de l'écurie toujours propres.

Un excellent remède est de faire respirer la vapeur de l'eau chaude mêlée de vinaigre, ou celle d'infusion de sureau, de feuilles d'hysope et de lierre terrestre; à cet effet on met un linge en double sur la tête de l'animal, et l'on place la chaudière sous le linge, de manière que la vapeur se porte aux naseaux.

Cette maladie se guérit très-promptement si, dès les commencemens, on laisse reposer le cheval, on le tient chaudement et on le met à la diète.

Pour la toux d'estomac. Celle-ci est ordinairement la suite de mauvaises digestions ; elle a un son plus clair, plus aigre et plus court que la toux de poitrine.

Il faut mettre le cheval au régime ; lui faire prendre une infusion de feuilles et de racines de chicorée sauvage ; lui donner des lavemens avec une décoction de feuilles de mauve et de pariétaire, et lui faire une saignée.

Après ces préparatifs, on lui donnera un purgatif composé de tamarin, de sel d'Epsom et de Sedlitz, dont la quantité se règle sur l'âge et la force de l'animal. Ensuite on lui fera prendre de temps en temps une infusion de fleurs de camomille, de véronique ou de chicorée sauvage. Ou bien on lui donnera pendant huit jours, soir et matin, 6 décagrammes (2 onces) du remède appelé *teinture sacrée*, qui se prépare ainsi :

Prenez 6 décagrammes (2 onces) d'aloës succotrin réduit en poudre ; 8 grammes (2 gros) de racine de serpentaire de Virginie, et autant de gingembre. Mettez infuser pendant huit jours dans un litre (une pinte) de vin blanc ; remuez souvent la bouteille ; passez et conservez pour le besoin.

Tranchées, ou coliques. Douleur aiguë qui se fait sentir dans le bas-ventre du cheval. Il y a différentes espèces de tranchées qu'il faut traiter différemment.

Tranchées venteuses.

Le ventre du cheval est tendu, la respiration est difficile ; l'animal bat des flancs, s'agite, rend des vents par le fondement ; le ventre résonne quand on le frappe.

Il n'y a pas de temps à perdre pour sauver l'animal : il faut frotter la main d'huile d'olives, et en l'introduisant dans le fondement, retirer les matières contenues dans le gros intestin ; donner ensuite des lavemens d'infusion de fleurs de camomille romaine et faire avaler environ 5 décilitres (une chopine) de bon vin blanc, mêlé avec 6 décagrammes (2 onces) d'extrait de genièvre.

S'il y a inflammation, il faut saigner le cheval et lui faire prendre une décoction de racines de guimauve, dans laquelle on fera fondre 3 décagrammes (une once) de crême de tartre.

Tranchées d'indigestion.

Elles ont lieu lorsque le cheval, après avoir mangé beaucoup de grain, de foin ou autres alimens, frappe du pied, s'agite, est appesanti, allonge de temps en temps la tête et respire difficilement.

On doit bien se garder de saigner le cheval ; mais on lui donnera 3 décagrammes (une once) de thériaque délayée dans 3 décilitres (un demi-septier) de bon vin : faites-lui avaler ensuite beaucoup de décoction de guimauve et de pariétaire, dont vous lui donnerez aussi des lavemens ; vous terminerez la cure par un lavement purgatif de 12 décagrammes (4 onces) de pulpe de casse fondue dans la décoction susdite.

Un

Un remède souverain contre les tranchées et les coliques de plusieurs espèces, est l'*éther vitriolique*, administré de la manière suivante :

Attachez fort court le cheval au râtelier ; remplissez une corne d'eau pure ; mettez dans une cuiller de bois à long manche, du sucre en poudre sur lequel vous verserez promptement environ cinquante gouttes d'*éther* ; on le fait entrer aussitôt le plus avant que l'on peut, dans la bouche du cheval, et en même temps on laisse tomber l'eau contenue dans la corne, ce qui le force à avaler le sucre et l'*éther*.

Après quelques minutes, on détache le cheval et on le fait promener ; il rendra des vents ou des excrémens et sera promptement guéri. Il ne faut donner à boire ni à manger au cheval, qu'après trois ou quatre heures depuis la prise du remède.

Ce remède est éprouvé et a produit les plus heureux effets.

Tranchées d'eau froide.

Cette maladie arrive lorsque le cheval, à jeun ou en sueur, a bu une grande quantité d'eau froide.

On guérit celles-ci en tenant chaudement le cheval et en le faisant promener. Cependant, si le mal devient sérieux, voyez *Tranchées rouges*, ci-après.

Tranchées vermineuses.

Voyez *Vers des animaux*.

Tome I.

Tranchées rouges.

Celles-ci sont causées par l'inflammation de l'estomac ou des intestins. Le cheval se tient presque toujours couché, la tête souvent tournée vers son ventre; il agite les jambes de devant, surtout lorsqu'il est levé, comme s'il voulait creuser la terre. S'il se couche, il étend aussitôt les jambes de derrière et les agite; il pousse de longs soupirs; la langue est sèche et échauffée; il est triste et abattu dès le commencement de la maladie; il refuse tous les alimens; le pouls est fréquent et dur.

Si les remèdes n'opèrent pas, le cheval meurt en vingt-quatre heures.

Cette maladie peut être occasionée par l'avoine ou la luzerne mangées en trop grande quantité; par des breuvages spiritueux, de violens purgatifs, les boissons trop froides dans les chaleurs de l'été, etc.

On commencera par saigner le cheval à la veine jugulaire, et on recommencera quatre ou cinq fois en vingt-quatre heures, selon l'âge, le tempérament et la saison. Après la saignée on donnera des lavemens d'infusion de feuilles de laitue dans laquelle on fera fondre 6 décagrammes (2 onces) de salpêtre par chaque lavement, que l'on réitérera cinq à six fois dans la journée.

On ne donnera aucun aliment au cheval; mais seulement un peu d'eau blanchie avec un peu de farine de froment, dans laquelle on mettra 3 décagrammes (une once) de nitre sur 3 kilogrammes (six livres) d'eau. Si cette eau blanche irrite l'estomac, vous donnerez à petites doses, et tiède, une infusion de racines de guimauve.

Tranchées provenant de plantes vénéneuses avalées.

Faites boire promptement de l'eau blanche, de l'eau miellée, de la décoction de racines de guimauve, du lait, ou de l'huile d'olives.

Ces remèdes sont bons aussi pour détruire l'effet de l'arsenic ou autres poisons provenans des minéraux.

Transpiration arrêtée. Le cheval a les poils plus ou moins hérissés, l'air triste; il est dégoûté ; les urines sont claires et abondantes ; l'animal tremble, surtout vers les cuisses, les flancs et les épaules.

Mettez le cheval dans une écurie sèche, propre et d'une chaleur tempérée ; bouchonnez-le et enveloppez-le d'une bonne couverture de laine : donnez-lui de l'eau blanche tiède à boire ; quelques lavemens de décoction ou infusion de sauge, de romarin, d'hysope : après cinq ou six heures, si ces remèdes n'ont produit aucun effet sur le cheval, bouchonnez-le de nouveau, couvrez-le plus exactement, et faites-lui boire une forte infusion de plantes aromatiques mêlées d'un peu de miel.

Tumeurs. Élévation ou gonflement contre nature, qui survient à quelque partie du corps du cheval.

Voyez *Phlegmon*, *Erésipèle*, *OEdème*, *Squirre*, *Loupe*.

Remèdes pour les tumeurs inflammatoires.

Prenez mauve, guimauve, bouillon blanc, graine de lin, violette, de l'un ou de l'autre environ une brassée ; faites bouillir dans six litres (pintes) d'eau et bassinez-en la partie affectée. On hache aussi les herbes, et on en applique sur les tumeurs.

Ulcère. Lorsqu'un abcès a été ouvert naturellement ou par l'art, après que la matière a été évacuée, il prend le nom d'ulcère.

On nettoie les ulcères avec la décoction de feuilles d'absinthe, d'aigremoine, de bardane, de bétoine, d'iris, de mille-feuille, etc., ou bien on lave, on injecte, on fomente la partie attaquée avec cette décoction.

On dessèche les ulcères avec la charpie sèche, l'aloès, la litharge, la colophane, etc., mis en poudre.

On fait tomber les chairs mortes ou pourries des ulcères avec l'alun de roche, le vert-de-gris, l'antimoine, le camphre, etc.

L'essentiel, dans l'administration de ces remèdes est de ne rien prématurer, mais de suivre la marche de l'ulcère, pour la suppuration, le nettoiement et la recrue des chairs : autrement on causerait des reflux funestes qui auraient des suites plus fâcheuses que l'ulcère même.

Urine-diabète. C'est un flux immodéré d'urine.

Cette maladie arrive rarement au cheval ; cependant les pâturages échauffans, l'excès du sel, le travail trop fort, les eaux de mauvaise qualité, etc., peuvent y donner lieu.

Si le cheval n'est pas échauffé, on lui donnera seulement de l'eau blanchie avec la farine d'orge et de riz ; des lavemens d'une décoction de pariétaire ou de mauve. On lui mettra de l'eau chaude sous le ventre pour lui en faire recevoir la vapeur, et, pendant ce temps-là, on lui bouchonnera bien tout le corps.

Mais si le cheval est échauffé et que les urines soient puantes et rouges, on le saignera à la veine jugulaire ; on lui donnera de l'eau blanche, du son mouillé et de la paille pour toute nourriture. Si l'on est en été ou dans une saison douce, on le fera baigner à la rivière. Si après ces précautions, prises pendant quelques jours, le mal ne cesse pas, on répétera la saignée et les remèdes indiqués.

Si le flux d'urine vient d'une transpiration arrêtée, on couvrira le cheval et on lui donnera des breuvages composés de suie de cheminée ou de racines d'angélique infusées dans de l'eau, pour favoriser la transpiration et la sueur.

Vents ; voyez *Tranchées*.

Vers. Il serait trop long de détailler les espèces de vers qui peuvent exister dans le corps du cheval : les plus funestes sont les *œstrées*, qui sont déposés sur les bords de l'anus par une mouche grosse comme un bourdon ; ils gagnent peu à peu l'estomac et y font les plus grands ravages. C'est ce dont on s'est assuré en ouvrant des chevaux morts sans cause apparente, mais dont presque toutes les parties intérieures étaient criblées, creusées, déchirées par ces insectes, dont le nombre était si considérable qu'il s'en est trouvé jusqu'à 2 kilogrammes 5 hectogrammes (4 livres et demie).

Lorsqu'on soupçonne qu'un cheval est attaqué de vers, de quelque espèce qu'ils soient, on le met à la diète pour laisser vider son estomac et ses intestins, et pour faciliter l'effet des remèdes. On l'abreuvera souvent ; on lui donnera peu de foin et d'avoine, point de son. On lui fera prendre quelques lavemens d'eau chaude, et deux ou trois heures après ce régime, on lui fera avaler 15 grammes (4 gros ou demi-once) d'*huile empyreumatique*, si c'est un petit cheval ; 3 décagrammes (une once) pour un cheval de moyenne taille, et 45 grammes (une once et demie) pour un grand cheval.

Il faut lui donner ce remède le matin à jeun et sans qu'il ait soupé la veille. On étend cette huile dans une corne remplie d'infusion de sariette, ou, à son défaut, de thym, d'hysope, de serpolet, ou autres plantes aromatiques. On agitera fortement ensemble ces deux liqueurs pour les mélanger exactement : le mélange étant avalé, on fera prendre au cheval deux ou trois cornées de l'infusion seule pour lui rincer la bouche. On ne lui donnera à manger que quatre à

cinq heures après, et on ne lui donnera sa ration
d'avoine, ou de foin ou de paille, qu'après qu'il aura
rendu un lavement d'eau miellée, qu'on lui donnera
trois heures après l'*huile empyreumatique*. Si ce lavement restait sans effet, il faudrait recommencer une
seconde et même une troisième fois.

On répétera ce traitement avec les mêmes précautions pendant neuf à dix jours de suite ; après quoi
on remettra le cheval à la nourriture et au travail ordinaires.

Pendant l'usage des remèdes, il est bon de laisser reposer le cheval ; mais si son travail était absolument nécessaire, on pourrait l'employer, en obser-
vant une diète moins sévère et continuant plus long-
temps l'usage du remède.

Lorsque le cheval refuse absolument de prendre
l'*huile empyreumatique* en breuvage, et qu'il se
tourmente cruellement pour l'éviter, on peut la lui
donner en *opiat*, en incorporant l'huile avec des
poudres de plantes amères, telles que celle d'aunée;
on se sert pour cela d'une spatule de bois sur laquelle
on place les morceaux de l'opiat pour les introduire
au fond de la bouche.

L'huile empyreumatique se prépare avec des morceaux d'ongles de cheval, de corne de cerf ou de
bœuf, que l'on fait distiller dans un alambic de grès
ou de fer, dans un fourneau de réverbère ; on mêle
l'huile que l'on obtient avec trois fois autant d'essence de térébenthine, et l'on conserve ce mélange
dans des bocaux à bouchons de cristal. Mais il faut

être au fait de la distillation pour bien réussir , et il vaut mieux l'acheter.

CHAPITRE III.

Du Mulet.

ON nomme mulet l'animal qui est produit par un âne et une jument ; et bardeau , celui qui vient d'un étalon et d'une ânesse : chacune de ces deux espèces tient plus de la mère que du père , car le bardeau est beaucoup plus petit que le mulet. Il en est de même pour la forme du corps , qui est plus belle dans le mulet.

Pour avoir de beaux et de bons mulets , on fait sauter des jumens espagnoles par les plus gros et les plus forts ânes que l'on peut trouver. Les jumens flamandes ainsi accouplées donnent encore de plus beaux mulets , qui sont aussi forts que les plus gros chevaux de carrosse.

Le mulet peut servir pour la monture , la char-rette , la charrue , et pour porter des fardeaux. Son trot est doux et son pas est sûr. Si l'on veut se pro-curer des mulets pour la monture , il faut choisir des jumens alongées et légères ; et pour les travaux on prend des jumens plus fortes pour les faire saillir.

Une mule bonne pour le travail doit avoir le cor-sage gros et rond , les pieds petits , les jambes menues et sèches, la croupe pleine et large, la poitrine ample, le cou long et voûté, la tête sèche et petite.

Le mulet, au contraire, doit avoir les jambes un peu grosses et rondes, le corps étroit, la croupe pendante vers la queue. Il est plus fort, plus agile, et vit plus long-temps que la mule.

Tous les climats conviennent au mulet; mais ceux qui sont nés dans les pays froids sont les meilleurs, et ils vivent plus long-temps que ceux des pays chauds. La durée de la vie du mulet est comme celle du cheval, de 15 à 25 et même 30 ans. Cela dépend des soins qu'on lui donne et du travail qu'on lui fait faire. On ne doit les faire travailler qu'à cinq ans.

La nourriture, le pansement et le traitement dans les maladies, sont les mêmes que pour le cheval; ainsi on peut consulter, à cet égard, le chapitre *du Cheval*, pag. 61 et suiv.

CHAPITRE IV.

De l'Ane.

L'ANE est d'une utilité si grande et d'un entretien si économique, qu'il devrait être généralement employé par la classe pauvre des cultivateurs de toute espèce, pour lesquels il semble être destiné. Un petit laboureur, un vigneron, un jardinier trouvent dans un ou plusieurs ânes toutes les ressources que procurent aux classes plus aisées, les chevaux, les mulets et les bœufs. Mais sans entrer dans le détail de ses bonnes ou mauvaises qualités, je me hâte d'en venir à son éducation et à son entretien ; quant à ses maladies, comme elles sont en partie les mêmes que celles du cheval, j'en donnerai seulement une note pour y avoir recours.

Pour se procurer des ânes d'une belle espèce, il faut que l'étalon soit bien fait, de belle taille, gros, bien carré : qu'il ait les yeux pleins, vifs et bien fendus ; de grandes narines, le cou long, le poitrail large, la croupe plate, la queue courte, le poil lisse, un peu luisant et d'un gris foncé : qu'il soit bien membré pour la génération, et de l'âge de trois jusqu'à dix ans.

Il faut prendre garde que l'étalon n'ait des défauts particuliers aux différentes parties du corps, notamment aux jambes et aux pieds ; qu'il ne soit ombrageux, rétif ou méchant.

L'ânesse doit avoir le corsage large et une taille avantageuse : on peut la faire porter à trois ans ; mais elle donne de plus beaux ânons depuis sept jusqu'à dix. L'accouplement a lieu depuis le commencement de mai jusqu'à la fin de juin.

Lorsque l'ânesse est en chaleur, on la déferre des pieds de derrière ; un homme la tient par le licol, deux autres conduisent l'étalon ; on détourne la queue pour aider l'accouplement, et lorsqu'il est consommé, on ramène sur le champ l'étalon à l'écurie sans lui permettre de recommencer, et l'on fouette aussitôt l'ânesse pour la faire courir.

Pendant que l'ânesse est pleine, on la nourrit avec du foin, de la luzerne, du son, de l'orge concassé, des herbes fraîches, le tout de bonne qualité. On évitera de lui donner des coups, surtout sous le ventre; on ne la mettra au pâturage le matin qu'après que le soleil aura séché la rosée.

Le lait paroît dans les mamelles au dixième mois; dans le douzième l'ânesse met bas : son petit présente la tête la première; s'il se présente autrement, et que l'accouchement soit laborieux, on la mettra en situation. Si l'ânon est mort, on le tirera avec une corde, après avoir frotté l'intérieur de la matrice avec de l'huile.

Il ne faut jamais employer les remèdes échauffans dans les accouchemens laborieux; mais on saignera, et l'on donnera à boire de l'eau blanche et une décoction de mauve et de pariétaire.

Après l'accouchement vous donnerez à l'ânesse, pendant quelques jours, de l'eau tiède dans laquelle vous mettrez plein les deux mains de farine de froment, du bon foin, et vous la conduirez dans un bon pâturage; vous aurez soin de ne pas la faire travailler trop tôt.

La dent de l'ânon marque son âge, comme celle du cheval. On doit le sevrer à six mois, surtout si la mère est pleine. A cette époque un kilogramme (2 livres) de foin lui suffiront par jour. Le son, l'orge, l'herbe fraîche sont pour lui une bonne nourriture. On le garantira du froid et de la pluie pendant le premier hiver. On ne le mènera au pâturage qu'après que la rosée ou la gelée blanche seront dissipées.

A deux ans et demi on peut châtrer les jeunes ânes (voyez *Castration*, à l'article du cheval). C'est aussi à cet âge que l'on dresse les ânes, soit pour la monture, soit pour le travail. On lui met une selle sur le dos avec un bridon à la bouche, et on le promène sur un terrain uni, en le caressant de temps en temps. Lorsqu'il vient de lui-même vers celui qui le promène, on peut le monter et descendre à la même place. On répètera cet exercice jusqu'à l'âge de trois ans ; et alors on pourra le monter comme un cheval. On suivra la même méthode pour lui apprendre à porter des fardeaux.

A trois ans et demi ou quatre ans on le ferrera pour lui faire faire tous les travaux de la campagne ; ses fers doivent être légers et accommodés à son pied, qui est comme celui du mulet.

C'est à cet âge que l'on peut donner à l'âne toute sorte de nourriture. Les herbes de toute espèce, les chardons, la paille, le bois même de la vigne, tout est bon pour lui. Cependant, si ses forces sont épuisées, le son, l'avoine et le bon foin les réparent.

Quant à l'accouplement de l'âne avec la jument et de l'ânesse avec l'étalon, *voyez* l'article *Mulet*, ci-vant, *page* 200.

L'âne pourrait vivre jusqu'à trente ans ; mais l'excès des fatigues, les mauvais traitemens et la mauvaise nourriture, le font périr ordinairement à 15 ou 20 ans. Il est des pays où les soins que l'on donne à l'âne en font un animal grand, fort et vigoureux ;

mais il en est d'autres où il est avili et abâtardi à un
point qui le rend méconnoissable.

Pour les maladies de l'âne, *voyez au chapitre du
Cheval*, les articles : *Abcès, Avant-cœur, Cataracte, Chancre, Courbature, Clou de rue, Diarrhée,
Effort des hanches et des reins, Eaux aux jambes, Entorse, Fluxion aux yeux, Gale, Gourme,
Grappe, Mal de garrot, Hernie, Loupe, Malandre, Morfondure, Morve, OEdème, Poireaux,
Pousse, Fic, Javart, Seime, Lampas, Toux*, et
autres maladies, dont les remèdes sont les mêmes
que pour celles du cheval.

CHAPITRE V.

Du Taureau, du Bœuf et de la Vache.

Pour se procurer des bêtes à corne bien conditionnées, en les faisant multiplier sous ses yeux, il
faut faire choix d'un bon taureau et de bonnes vaches.

Le taureau doit être gros, bien fait et en bonne
chair : il doit avoir la tête courte, les cornes grosses,
courtes et noires; les oreilles longues et velues, le
muffle grand, le nez court et droit, le cou charnu
et gros, les épaules et le poitrail larges, les reins
forts, les jambes grosses et charnues, le fanon pendant jusque sur les genoux, l'allure ferme et sûre,

le poil rouge. Son bon âge est depuis trois ans jusqu'à neuf.

Une vache dont on destine les veaux à être nourris, doit avoir la tête ramassée, les yeux vifs, les cornes courtes et fortes, le poitrail et les épaules charnus, les jambes fortes, la corne bonne, les os du bassin évasés, et l'espace compris entre les os du bassin et les fausses côtes, alongé. Quelques-uns préfèrent la couleur noire, mais le poil rouge est plus généralement préféré. Le bon âge pour porter est depuis quatre ans jusqu'à neuf. Une vache élevée sur les montagnes, dans de bons pâturages, est de beaucoup à préférer à celle qui a été nourrie dans des prairies humides ; par cette raison les vaches de Suisse sont excellentes, mais elles perdent beaucoup en changeant de climat.

Le taureau destiné à couvrir les vaches, doit être nourri avec un mélange de paille et de foin, et travailler quelques heures seulement chaque jour, lorsque les vaches ne sont pas en chaleur ; mais alors on le laissera promener librement dans un lieu clos de murs ou autrement.

Les vaches sont ordinairement en chaleur depuis le mois d'avril jusqu'en juillet : cet état est facile à connoître, parce qu'elles mugissent alors plus fort et plus souvent ; elles sautent sur les autres vaches ou sur les bœufs, et les parties naturelles sont gonflées.

Il est souvent nécessaire d'aider le taureau lorsqu'il monte la vache ; tous les gens de campagne connoissent la manière de s'y prendre. Comme les vaches retiennent facilement, un seul taureau peut en couvrir trente pendant les quatre mois de la durée du rut, sans risquer d'être épuisé, en supposant qu'il ne couvre que de deux jours l'un.

On aura soin de tenir note du jour où chaque vache aura été couverte, afin d'être sur ses gardes pour le moment où elle mettra bas, c'est-à-dire, au bout de neuf mois.

Si l'on veut avoir de beaux bœufs et de bons élèves, il est nécessaire de croiser les races en se procurant des taureaux d'un autre pays que celui que l'on habite, et de ne les faire servir que pour ses propres vaches ; autrement l'espèce dégénérera, parce qu'ordinairement le taureau commun est foible et épuisé.

Les pâturages servent aussi beaucoup à entretenir la beauté des races, lorsqu'ils sont sur les terrains légers, fertiles et arrosés par une rivière ou une eau courante.

Lorsqu'une vache est pleine, on doit la nourrir plus abondamment qu'à l'ordinaire, et lui donner de bon foin, du son mêlé de marc ou pain de chenevis ou de navette; quelques jointées d'orge, d'avoine ou autres grains. Si l'on en a plusieurs pleines en même temps, on prendra garde qu'elles ne se battent, car un coup de corne peut les faire avorter. On évitera aussi de les faire pâturer dans des prairies coupées de fossés, qu'elles ne sauteraient qu'au préjudice de leur état.

La vache est prête à mettre bas au commencement

du dixième mois; alors elle mugit souvent, son pis
se gonfle, elle s'agite, ses flancs et sa croupe se baissent; il faut alors la surveiller exactement, afin d'être
présent au moment où elle fera son veau, soit pour
l'aider, si elle en a besoin, soit pour l'empêcher de
manger son *délivre*, qu'on nomme *nettoyure* dans
les campagnes; c'est l'arrière-faix, qui la ferait dé-
périr et peut-être mourir de consomption.

Comme les vaches mettent bas étant debout, il est
nécessaire de leur faire une bonne litière à cette époque, pour éviter que le veau ne se fasse du mal en
tombant. Si l'accouchement est difficile, on leur donnera une rôtie au vin ou au cidre; on la fait avec
deux ou trois litres (pintes) de vin, autant d'eau, et
l'on y mêle 10 ou 15 hectogrammes (2 ou 3 livres)
de pain grillé et émietté.

Quelques heures après que le veau est né, on
donne à la vache un demi-seau d'eau tiède blanchie
avec de la farine d'orge ou d'avoine grossièrement
moulue, ou avec celle de froment. L'avoine bouillie
avec de l'eau est également bonne, en la laissant à
moitié refroidir. On continuera la boisson d'eau tiède
blanchie, pendant quelques jours, et si l'on s'aperçoit que la vache est foible, on continuera la rôtie au
vin ou au cidre. On ne la remettra à la nourriture
ordinaire que par degrés, et l'on choisira le meilleur
fourrage, en ne le donnant qu'en petite quantité à la
fois.

Une très-mauvaise méthode, qui est cependant
suivie par les trois quarts des cultivateurs, c'est de

traire

traire les vaches qui ont fait veau, dès la seconde semaine après qu'elles ont mis bas. J'ai vu en Suisse
des laboureurs manger du lait de leur vache accou-
chée depuis deux jours. On doit laisser entièrement
le lait des vaches aux veaux que l'on nourrit, pendant deux mois, attendu qu'il n'est de bonne qualité
qu'après cette époque.

Lorsqu'on destine un veau pour la boucherie, on
doit le laisser teter pendant quatre semaines au moins,
et pour l'engraisser promptement, on lui donne des
œufs crus, mêlés avec de la mie de pain et du lait
bouilli.

Ceux que l'on veut élever pour la charrue ou autre
travail, doivent teter au moins pendant trois ou
quatre mois. On ne les sèvrera que par degrés, en
commençant à leur donner un peu de foin choisi ou
de la bonne herbe, pour les accoutumer peu à peu à
cette nourriture. Alors on les sépare de la mère, et on
ne les laisse plus teter.

Dans le premier hiver, comme ils sont très-délicats,
on les tiendra chaudement dans l'étable, ne les laissant sortir que vers les dix heures du matin, et les
faisant rentrer dès les trois heures du soir. Pendant
les jours frais du printemps, on ne les fera aller au
pâturage qu'une heure le matin, après que la rosée
est passée, et autant le soir.

Aussitôt que les veaux sont sevrés, il est bon de
les apprivoiser et de les rendre dociles, en les caressant souvent, leur donnant à la main un peu de pain

Tome I.

14

ou autre bonne nourriture ; on leur manie les cornes
en les grattant un peu à l'entour. Dans les pays où
l'on est dans l'usage de faire ferrer les bœufs, il faut
aussi leur manier souvent les pieds : mais il ne faut
jamais les contrarier ni les maltraiter ; ce serait le
moyen de les rendre vicieux et méchans.

Les veaux mâles dont on veut faire des bœufs, se
châtrent à l'âge de deux ans et demi ; cette opération
doit se faire par un temps doux, au printemps ou en
automne, et surtout par un bon opérateur.

Dans les pays des montagnes ou très-pierreux, où
l'on ferre les bœufs, c'est à l'âge de trois ans qu'il
faut les y disposer par beaucoup de caresses, sans
leur donner de coups, comme le font très mal à propos quelques laboureurs, qui par ce moyen rendent
les bœufs furieux et indomptables.

C'est au même âge que l'on doit accoutumer au
joug les jeunes bœufs destinés à la charrue, en employant également la douceur, les caresses et la patience : on leur donnera de l'orge bouillie, des fèves
concassées et d'autres alimens dont ils sont fort avides,
en y mêlant un peu de sel. On les attellera à la charrue avec un bœuf docile et déjà dressé, qui soit de
la même taille. Il faut aussi qu'ils soient accoutumés
à vivre ensemble au pâturage et à l'étable. Gardez-
vous, dans ces premiers essais, de donner un seul
coup d'aiguillon ; vous perdriez peut-être tout le
fruit de vos premiers soins, en rendant l'animal in-
traitable. Il faut ménager les forces du jeune bœuf
dans les premiers labours que vous lui ferez faire,

et qui doivent augmenter par degrés sans fatiguer l'animal ni le rebuter.

Si malgré votre attention et vos ménagemens, le bœuf est impétueux et récalcitrant, au lieu de lui donner des coups qui ne feraient que l'aigrir, vous l'attacherez court et ferme à l'étable, et vous le laisserez jeûner pendant quelque temps : s'il est furieux, vous l'attacherez à une charrette bien chargée, entre deux bœufs un peu lents, auxquels vous donnerez souvent de l'aiguillon.

On connaît l'âge du bœuf par les dents incisives et par les cornes.

Les premières dents tombent à dix mois ; celles qui les remplacent sont moins blanches et plus larges ; à 18 mois les dents voisines de celles du milieu, tombent pour faire place à d'autres. Toutes les dents de lait sont renouvelées à trois ans ; elles sont alors égales, longues et blanches ; mais avec l'âge elles deviennent inégales et noires.

Après la troisième année, il paraît aux cornes une espèce de bourrelet près de la tête ; l'année suivante, ce bourrelet s'éloigne de la tête, étant poussé par un cercle de corne, qui se termine aussi par un autre bourrelet, et ainsi de suite. C'est donc par le nombre de ces anneaux que l'on peut compter l'âge du taureau, du bœuf et de la vache ; car plus il y en aura aux cornes, plus les animaux seront vieux.

Un bon bœuf de charrue ne doit être ni trop gras ni trop maigre : il doit avoir une tête courte et ramassée, des oreilles grandes et velues ; des cornes fortes, luisantes, de moyenne grandeur ; le front large ; les yeux grands et noirs, le mufle gros et camus, les naseaux bien ouverts, les dents blanches et égales ; le cou charnu, les épaules grosses et pesantes, la poitrine large ; la peau du devant du cou, ou le fanon, étoffé et pendant jusque sur les genoux ; les reins larges, le ventre spacieux et tombant, les flancs grands, les hanches longues, la croupe épaisse, les jambes et les cuisses nerveuses, le dos droit et plein ; la queue pendante jusqu'à terre, et garnie de poils touffus et fins ; les pieds fermes ; le cuir épais, mais souple ; l'ongle court et large : telles sont les dispositions que doivent avoir les différens membres du bœuf, pour en faire un excellent *laboureur*.

Il est inutile de dire qu'il doit être sensible à l'aiguillon, docile à la voix et bien dressé, ainsi que je l'ai dit ci-devant.

On doit donner au bœuf pour nourriture, en hiver, du foin, de la paille, un peu d'avoine et du son. En été, on donnera à celui qui travaille, de l'herbe fraîche venant d'un bon pâturage, de la vesce ou de la luzerne ; mais il faut donner cette dernière herbe avec ménagement, car en trop grande quantité elle ferait enfler et peut-être périr l'animal, qui en est avide. Les feuilles d'orme, de frêne et de chêne, ne valent rien, et donnent le pissement de sang.

Il ne faut laisser aller les bœufs dans les pâturages, que depuis la mi-mai jusqu'au mois d'octobre, et les accoutumer à passer du sec au vert et du vert au sec.

Au printemps et en automne, le bœuf peut travailler pendant tout le jour ; mais en été on le fera commencer depuis la pointe du jour jusqu'à neuf heures, et le soir depuis deux heures jusqu'au coucher du soleil.

A onze ou douze ans, le bœuf n'étant plus propre à la charrue ni aux grands travaux, on l'engraisse pour le vendre. L'été est la saison que l'on doit préférer pour cela, tant pour la bonté de la graisse, que pour l'économie. En commençant au mois de mai à le mettre au pâturage, il sera suffisamment gras au mois d'octobre suivant. Pendant ce temps, on ne lui fera faire aucun travail ; on le fera boire plus souvent ; on le laissera dormir et ruminer à son aise ; on lui donnera de bonne nourriture, surtout à lécher du son, de l'avoine et de l'orge avec un peu de sel.

En hiver, on le tiendra chaudement à l'étable, sans cependant laisser corrompre l'air : on lui donnera de bon foin et du pain de navette ou de chenevis, concassé et mêlé avec du son, lorsqu'on voudra le faire boire ; on y mêlera de temps en temps un peu de sel.

Les pommes de terre, cuites et mêlées avec du son et un peu de sel, engraissent promptement les bœufs ; mais il faut n'en donner à chacun, matin et soir, qu'une médiocre quantité.

Quoique je conseille de tenir chaudement à l'étable, pendant l'hiver, les bœufs que l'on veut engraisser, je recommande cependant de leur faire prendre

chaque jour un peu d'exercice, en les faisant promener une heure ou deux dans le milieu de la journée.
Si l'appétit leur manque par trop de repos, on leur
lavera la langue avec du fort vinaigre et du sel, et
on leur fera manger une croûte de pain frottée d'ail
avec un peu de sel.

Des Vaches, de la manière de les nourrir et d'employer leur lait.

En général on est persuadé qu'en donnant copieusement à manger aux vaches, n'importe quelle nourriture, elles se porteront bien et donneront plus de
lait ; c'est un abus qui en fait beaucoup périr, et qui
ne remplit point les vues qu'on se propose. Une nourriture choisie, donnée régulièrement et modérément, est beaucoup plus profitable, et n'entraîne point
l'inconvénient des maladies.

Si l'on nourrit les vaches à l'étable pendant l'été,
on mélangera du foin ou de la paille avec les
herbes qu'on leur apportera du dehors ; cette méthode est préférable à celle de ne leur donner que
du vert seul, qui peut leur occasioner différentes maladies par sa fermentation dans l'estomac.

En conséquence on mêlera environ un quart de paille
d'orge, d'avoine, de seigle, de blé, avec la luzerne, le trèfle, le sain-foin ou esparcette, la pimprenelle, la chicorée sauvage, les vesces, les cosses de pois, et autres plantes qui servent à faire du
foin.

Ce mélange se fait avec la fourche, après avoir fait plusieurs lits, alternativement l'un sur l'autre, de ces différens fourrages, en ayant soin qu'il ne s'y trouve aucune mal-propreté, et surtout que l'herbe verte ne soit pas échauffée ; on doit en conséquence l'éparpiller, aussitôt qu'elle est apportée des champs.

Si les vaches vont prendre leur nourriture à la campagne, on ne les fera sortir que quand la rosée sera dissipée. Si on les met dans un pâturage un peu sec, on peut les y laisser manger en liberté ; mais dans une luzerne, un trèfle, un sain-foin, ou autre prairie abondante, il est nécessaire de les attacher par une corde à un piquet, autour duquel elles mangeront modérément, et on ne les changera de place qu'après qu'elles auront ruminé et digéré l'herbe qu'elles auront consommée à chaque place.

On ne laissera point paître les vaches pendant la grande chaleur, qui les fatigue extrêmement, ainsi que les mouches.

En hiver, pendant le commencement du printemps et à la fin de l'automne, on nourrit les vaches avec le foin et les pailles dont je viens de parler : mais on a une infinité d'autres ressources, telles que les menues pailles qui viennent des grains battus et vannés ; les racines de carottes, de navets, de raves ; les choux, les pommes de terre ; les marcs de chenevis, de navette, de colza. On hache toutes ces substances, on les fait cuire à moitié et on les mêle avec du son, en y ajoutant un peu de sel.

Souvenez-vous toujours de donner peu à la fois

de ces différentes nourritures, et de les varier à chaque fois. Par exemple, le matin on donnera du fourrage sec avant de faire boire ; une heure après on donnera des racines cuites, et ainsi du reste.

On abreuve les vaches deux fois par jour, surtout lorsqu'on les nourrit au sec ; si l'on manque à cette précaution, elles seront attaquées de quelques maladies inflammatoires auxquelles elles sont fort sujettes.

La meilleure eau est celle de rivière ou autre qui soit courante ; rien de plus funeste aux vaches que les eaux boueuses et croupissantes des mares ; et malheureusement la plupart des cultivateurs sont persuadés du contraire. Si l'on n'a que de l'eau de puits à leur donner, il faut avoir la précaution de la battre ou de la blanchir avec un peu de son de froment ou de farine d'orge, avant de la faire boire. Dans les chaleurs de l'été, on mêlera un verre de vinaigre par seau d'eau, si elle est de mauvaise qualité ou si les chaleurs sont excessives.

Une des plus grandes causes des maladies des bêtes à cornes, c'est la saleté dans laquelle on les laisse, et le défaut absolu du pansement de la main. Il faut donc étriller, bouchonner, laver une vache ou un bœuf aussi bien qu'un cheval, et entretenir par ce moyen la transpiration absolument nécessaire à leur santé. On doit, par cette raison, leur donner une litière abondante et souvent renouvelée, et laver leur *pis* de temps en temps, surtout avant de les traire.

J'ai dit, au commencement de ce volume, que les étables devaient être propres, bien aérées, et que les vaches ou bœufs devaient y être à leur aise. Chaque vache doit avoir une place de 3 pieds de largeur. J'ai vu avec peine, dans les étables d'un grand nombre de cultivateurs, les bêtes à corne presque l'une sur l'autre, sur une litière horriblement sale et pourrie ; il était presque impossible de marcher dans l'écurie sans enfoncer dans l'urine par-dessus les souliers. Les cuisses, le ventre et les jambes des bœufs et des vaches étaient garnis de bouse desséchée, au point qu'on ne voyait plus le poil. A peine y avait-il d'autre ouverture que la porte ; tout était si bien fermé, luté, mastiqué, que la vapeur chaude du bétail et de ses ordures laissait à peine la faculté de respirer. Je ne parlerai point du désordre des râteliers et des mangeoires, ni de la saleté des alimens, donnés d'ailleurs par profusion ; en un mot, quand ces laboureurs auraient cherché à perdre tout leur bétail, ils n'auraient pu mieux s'y prendre. Aussi est-ce chez de pareilles gens que les vétérinaires intéressés trouvent parfaitement leur compte.

Du Beurre et des meilleures espèces de Fromages de lait de vache.

Dans tous les pays où l'on élève des vaches, on fait du beurre, et presque partout il est mauvais. Deux raisons en sont la cause. La première est que l'on

garde trop long-temps la crême pour la battre ; la
seconde est la mal-propreté qui règne dans les lai-
teries, ou l'inégalité du degré de chaleur. Je vais
donner une excellente manière de faire le beurre ;
c'est celle du pays de Bray en Normandie : elle est
tirée de M. l'abbé Rosier.

Pour déposer le lait, on doit avoir une cave dont
la température de l'air soit presque toujours égale,
telle qu'il la faut pour conserver les vins. La propreté la plus scrupuleuse y doit être observée, ainsi
que dans les ustensiles dont on se sert. La cave doit
être pavée ou carrelée, et l'on en lave souvent le pavé.
La personne qui soigne la laiterie, dépose sa chaus-
sure à la porte pour prendre des sabots qu'elle quitte
en ressortant ; on ne doit, en un mot, sentir d'autre
odeur dans la laiterie que celle du lait, et l'on ne
doit pas y apercevoir la moindre ordure.

Les vases dont on se sert pour déposer le lait nouvellement trait, sont des terrines proprement échau-
dées à l'eau bouillante, pour en détacher le lait ancien, dont la moindre parcelle ferait aigrir le lait nouveau : ces terrines sont larges de 4 décimètres (quinze
pouces) par le haut, n'ont que 16 centimètres (six
pouces) par le bas et que 16 centimètres (six pouces)
de hauteur. Chaque terrine contient au plus quatre
pots de lait. On pose ces terrines sur le carreau de
la cave qu'on a bien nettoyé, et l'on coule dedans le
lait, que l'on a tiré dans des vaisseaux de bois ou des
vases de terre (mais jamais dans du cuivre), après
l'avoir laissé reposer pendant environ une heure, pour

que la mousse soit tombée et que la chaleur soit passée. La fraîcheur de la cave sert principalement à empêcher le lait de se cailler avant qu'on en ait tiré la crème; mais cette précaution, bonne en été, serait pernicieuse en hiver, si la gelée se faisait sentir dans la cave : c'est à quoi l'on doit apporter une grande attention, en fermant alors les soupiraux et prenant les précautions nécessaires.

Après avoir laissé reposer les terrines pleines de lait pendant environ vingt-quatre heures au plus, on les écrème ainsi.

La servante lève doucement chaque terrine, en pose le goulot sur une cruche contenant huit à dix pots ; du bout de son doigt elle ouvre la crème à l'endroit du goulot de la terrine, de sorte que le lait qui est dessous coule dans la grande cruche, et la crème reste seule dans la terrine. Toutes les terrines, qui ont été remplies de lait à la même heure la veille, sont ainsi vidées en même temps, et toutes les crèmes sont rassemblées dans des cruches particulières, pour en faire le beurre dans un autre moment. Si la saison exige que l'on tire les vaches trois fois par jour, on vide également les terrines trois fois par jour, le lendemain qu'elles ont été remplies.

En été, si le temps est orageux et surtout s'il menace de tonnerre, il faut prévenir l'influence qu'il pourrait avoir sur le lait, en bouchant promptement les soupiraux de la cave et en versant de l'eau sur le carreau pour le rafraîchir. On écrème toutes les terrines dont la crème paroît un peu faite ; car dans les temps chauds et orageux, la crème monte en moins de douze heures.

On sort de la cave tous les laits écrémés, parce qu'ils pourraient porter préjudice à ceux qui ne le sont pas ; mais on y conserve les crèmes pendant quatre à cinq jours avant d'en faire du beurre ; moins elles sont vieilles, plus le beurre est parfait.

La forme de la baratte ou batterie à beurre est assez indifférente, pourvu qu'elle mette bien la crème en mouvement et qu'elle soit tenue de la plus grande propreté. Cependant si l'on a une grande quantité de crème, on peut faire jusqu'à 5 myriagrammes (cent livres) de beurre à la fois, en se servant d'une barrique à chaque fond de laquelle il y a une manivelle attachée ; ces deux manivelles se posent sur un chevalet d'une hauteur convenable pour que deux femmes puissent les tourner. La barrique a sur le côté un trou carré de 16 centimètres (six pouces) d'ouverture, qui se ferme avec une planchette garnie de linge et retenue par une cheville de fer qui passe dans deux tourillons placés de chaque côté de l'ouverture.

A côté de ce trou carré, on en fait un autre rond, de 27 millimètres (un pouce) de diamètre, que l'on bouche avec un bondon. Celui-ci sert à tirer le petit-lait ou *battue*, lorsque le beurre est fait, et le trou carré sert à tirer le beurre.

Le dedans de la barrique est garni de deux planchettes échancrées, attachées aux douves, et qui seryent à donner plus de mouvement à la crème; elles ont un décimètre (quatre pouces) de hauteur, et leur longueur est égale à celle du dedans de la barrique. Les manivelles doivent être assez longues pour pouvoir placer deux ou trois personnes à chacune, lorsqu'il y a beaucoup de crème.

Le beurre étant fait, ce qui se connoît lorsqu'il tombe par masse, on ouvre le petit bondon pour faire sortir tout le lait ou battue, et avec un entonnoir on fait entrer par ce même trou un seau d'eau fraîche, qui sert à laver et à rafraîchir le beurre, en tournant de nouveau les manivelles. On répète trois fois cette opération, et à la dernière fois on laisse reposer environ une heure le beurre dans l'eau fraîche; puis on le tire à la main par l'ouverture carrée, et on le forme en pains de différente grosseur que l'on enjolive avec de petits instrumens de bois, ce qui ne lui donne aucune qualité, sinon celle d'être présenté plus agréablement.

J'ai abrégé de beaucoup les détails dans lesquels est entré M. l'abbé Rosier pour donner la méthode du pays de Bray, laquelle se réduit réellement aux attentions suivantes pour faire du bon beurre.

1.º Avoir une laiterie très-propre et où l'air soit toujours frais sans être trop froid; 2.º couler le lait, quand il est refroidi, dans des terrines peu profondes et beaucoup plus larges en haut qu'en bas; 3.º n'y laisser le lait que vingt-quatre heures au plus, avant de l'écrémer; 4.º battre les crèmes ramassées le plus tôt que l'on peut, parce que, si la crème est vieille, le beurre est fort ; 4.º le beurre étant battu, le bien laver dans plusieurs eaux fraîches, et le presser entre les mains pour en faire sortir toute la battue avant de le mettre en pain.

On sait que le lait écrémé, lorsqu'il est caillé, sert à faire des fromages communs pour les domestiques, et que le petit-lait qui sort de ces fromages est excellent pour mêler dans la nourriture des cochons, ou pour faire des remèdes au bétail.

Lorsqu'on veut saler du beurre pour le conserver, il faut le prendre le plus frais possible, le laver dans plusieurs eaux, l'étendre sur une table propre, et y répandre 3 décagrammes (une once) de sel gris sec et broyé, par 5 hectogrammes (une livre) de beurre ; bien pétrir le tout jusqu'à ce que le sel soit incorporé. On le met ensuite dans des pots de grès bien échaudés, en le pressant à mesure que le pot s'emplit. Après sept à huit jours, comme le beurre a diminué de volume et qu'il s'est détaché du pot, on coule dans l'intervalle une saumure faite avec du sel et de l'eau ; il faut qu'elle soit assez forte en sel pour qu'un œuf y surnage ; on la laisse reposer, on la tire au clair, et on la verse peu à peu sur le beurre salé, de manière qu'elle remplisse bien l'intervalle qui est entre le pot et le beurre, et qu'elle le couvre d'un pouce. Ensuite on bouche bien le pot.

Manière de faire les meilleurs fromages avec le lait de vache.

Indépendamment de la méthode à suivre pour

faire des fromages de telle ou telle espèce, il faut
encore deux choses essentielles pour les rendre excellens, savoir, les pâturages, et l'emploi de lait
fait à propos et non écrémé. A Gruyère même et
dans les différentes vacheries de la Suisse, il y a une
différence étonnante dans la qualité des fromages qui
s'y fabriquent; et, en général, les meilleurs se vendent à l'étranger.

Du fromage de Gruyère.

Les fromages de Gruyère, dans le canton de
Fribourg en Suisse, se fabriquent sur les hautes
montagnes, dans des pâturages où l'on rassemble
chaque année, depuis la fin de mai jusqu'en septembre, une quantité considérable de vaches à lait;
qui n'ont d'autre nourriture que l'herbe qu'elles mangent sur pied dans les environs d'un bâtiment composé d'un logement pour les merkaires ou vachers,
d'une laiterie pour la fabrication du fromage, et
d'une écurie pour les vaches; avec des greniers à
foin sur le tout, pour conserver des fourrages, et
une cave dessous pour les fromages qui ont pris le sel.

La laiterie proprement dite est une espèce de
grande cuisine, où l'on fait cuire les fromages dans
une grande chaudière de cuivre suspendue à une potence de bois mobile, que l'on fait tourner facilement
pour éloigner ou rapprocher du feu la chaudière
dans un instant, selon le besoin; et dans une pièce
particulière, garnie de grandes tablettes sur lesquelles

on range les fromages, à mesure qu'ils se fabriquent. Dans quelques chalets cette pièce n'est point séparée de la cuisine.

Les outils dont on se sert sont, une grande chaudière proportionnée au nombre de vaches que l'on nourrit ; un barril où l'on conserve du petit-lait aigri, que l'on tient toujours médiocrement chaud ; un couloir, qui est une espèce d'entonnoir long, de sapin, percé d'un trou dans le fond, que l'on bouche avec un tampon ; des baquets, les uns plus larges que profonds, les autres plus profonds que larges ; des moules ou formes, qui sont de grands cercles minces de sapin ou de foyard, larges de 14 à 16 centimètres (5 à 6 pouces), et qui peuvent s'élargir ou se rétrécir au moyen d'une ficelle que l'on serre ou que l'on lâche ; deux écuelles, l'une plate et l'autre plus creuse avec un manche; trois moussoirs, pour diviser le lait caillé : l'un de la forme d'un sabre ; le second garni de deux rangs, chacun de quatre demi-cercles fixés à l'entour d'un bâton ; et le troisième formé d'une branche de sapin dont on a coupé les rameaux à 8 centimètres ou un décimètre (3 ou 4 pouces) de la tige, en laissant un manche uni au gros bout. Le premier moussoir ou sabre de bois ne sert qu'à couper le lait par carrés, dans la chaudière ; les deux autres le réduisent en une espèce de bouillie avant de le mettre dans les formes.

Il faut une table pour placer les fromages lorsqu'on les met dans la forme; la place où l'on pose cette forme,

est

est entourée d'une rigole pour écouler le petit-lait hors de la table.

Tous ces meubles, ainsi que la laiterie, doivent être tenus dans la plus grande propreté, en les lavant avec du petit-lait chaud et les passant ensuite à l'eau froide, de manière qu'il n'y reste aucun vestige de petit-lait.

Il faut aussi avoir une provision de présure pour faire cailler le lait. Elle se fait avec la caillette ou dernier estomac des veaux ou des agneaux qui tettent encore. Cette caillette renferme du lait qui s'aigrit et qui se caille ; la présure devient toujours meilleure à mesure qu'on la garde. Il faut bien nettoyer et laver en plusieurs eaux les grumeaux caillés ; les mettre dans un linge pour les ressuyer, et ensuite les saler et les renfermer dans la peau de l'estomac pour les garder en les faisant sécher.

On règle la quantité de caillettes que l'on doit garder, sur celles des fromages que l'on veut faire. Quant à la dose de présure, il est assez difficile de la prescrire ; il faut pour cela de l'usage et de l'habitude.

Aussitôt que les vaches sont tirées, on coule le lait dans la grande chaudière, que l'on met sur le feu au moyen de la potence mobile dont j'ai parlé plus haut, et au bout du bras de laquelle elle est soutenue par une chaîne et un crochet de fer.

Lorsque le lait est médiocrement chaud, on frotte de présure le dedans de l'écuelle plate, que l'on plonge dans le lait, en la tournant dans tous les sens pour en détacher la présure. Aussitôt que l'on s'aperçoit que la présure commence à faire son effet sur le lait qui s'épaissit, on le retire du feu en faisant tourner la potence, et on le laisse tranquille jusqu'à ce qu'il soit caillé. Alors on prend le morceau de bois fait en sabre, et on divise le lait caillé en le coupant en tout sens par tranches de 27 millimètres (un pouce) d'épaisseur; en un mot, on désunit toute la masse de lait pris, tant avec le sabre qu'en le soulevant avec l'écuelle plate et le laissant tomber entre les doigts: on le laisse ensuite reposer et on le divise à différentes reprises, en le faisant chauffer de temps en temps. Ces différentes manipulations servent à séparer le petit-lait de celui qui est caillé, et à le faire surnager pour le puiser avec l'écuelle creuse et le vider dans les baquets plats.

On ne laisse de petit-lait que ce qu'il en faut pour cuire la pâte du caillé, divisée en petits morceaux, que l'on agite continuellement avec l'écuelle plate, le moussoir en sabre, ou avec les mains, ou enfin avec l'un des deux autres moussoirs.

Lorsqu'on est parvenu à diviser le plus qu'il est possible la pâte de lait caillé, pour en présenter les petits morceaux à l'action du feu en avançant et en reculant la chaudière, et que ces petits morceaux ont pris de la consistance et un œil jaune; c'est le moment de retirer la chaudière entièrement de dessus le feu. Le fabricant agite toujours et rapproche en différentes masses les grumeaux, ayant attention d'en exprimer le plus qu'il peut le petit-lait; enfin il forme une masse totale des masses particulières, et la retire de la chaudière pour la mettre en dépôt dans un baquet plat.

Le moule étant posé sur la table à égoutter, au milieu de la rigole, on étend par dessus une toile claire beaucoup plus grande que le moule ; on remplit le dedans avec le caillé déposé dans le baquet ; ensuite on replie les bouts de la toile par-dessus le fromage, on presse bien avec les mains en serrant la toile, et l'on met dessus une planche que l'on charge de grosses pierres. Par ce moyen le petit-lait s'égoutte, et la pâte s'affermit, en la laissant ainsi pressée pendant une journée et serrant de temps en temps la ficelle pour rétrécir le moule. Enfin on retourne le fromage, et on lui donne une forme moins large que la première, dans laquelle on le laisse pendant trois semaines ou un mois. On le sale tous les jours en frottant de sel le dessus, le dessous et une partie du tour. Chaque fois qu'on le sale on resserre le moule, et on ne cesse de saler que quand on voit qu'il reste une humidité sur les surfaces du fromage, ce qui annonce que le sel ne pénètre plus dans l'intérieur ; on retire alors le fromage du moule et on le porte en dépôt à la cave.

On verse dans la chaudière tout le petit – lait qui avait d'abord été tiré avant de mettre le fromage dans la forme, et qui avait été mis en dépôt dans des baquets ; on met la chaudière sur le feu, et quand le petit-lait bout, on y verse un peu de bon lait froid à plusieurs reprises. Ce mélange produit une écume blanche, lorsque le petit-lait a suffisamment bouilli : dès qu'on la voit paroître, on verse dedans du petit-lait aigri, que l'on garde, comme je l'ai dit plus haut, dans un barril. Aussitôt on voit s'élever au-dessus du petit-lait de petits morceaux blancs, que l'on enlève avec une écumoire : c'est un fort bon manger, qui sert pour les gens de la laiterie, et que l'on offre aux étrangers comme un régal ; cela s'appelle *de la brocotte.*

Du fromage de Brie.

Les fromages de Brie se font avec du lait de vache qui n'est point cuit. Pour les rendre excellens, outre la façon dont je vais parler, il faut une grande propreté dans le lait et les ustensiles dont on se sert, et avoir de la présure fraîche et sans mauvaise odeur; mais un point essentiel, c'est de ne jamais ôter de la crême qui est montée sur le lait avant de dresser les fromages, car c'est détruire leur délicatesse et leur bonne qualité.

On prend telle quantité que l'on veut de lait de vache tiré tant de la veille au soir que du lendemain matin, et l'on y met une quantité de présure proportionnée. Lorsqu'il est pris et caillé suffisamment, on le met égoutter dans des éclisses, et après que le petit-lait est écoulé entièrement, on renverse le fromage sur une petite natte de jonc ou de paille que l'on a posée sur un plateau rond composé de quelques bouts de lattes entrelassés d'osier blanc

d'environ 32 ou 49 centimètres (un pied ou 15 pouces) de diamètre. On pose ces plateaux, chargés de
leurs fromages, sur des banquettes adossées aux murs
de la laiterie, qui doit être sans humidité et où l'on
doit pouvoir donner de l'air au besoin. On y laisse ressuyer les fromages pendant quelques jours, dans l'intervalle desquels il se forme autour des fromages
une espèce de mousse grasse qui est le reste de l'humidité ; alors on sale les fromages, non sur cette
humidité, ce qui les ferait sentir mauvais, mais
après l'avoir entièrement enlevée avec un couteau,
dessus, dessous et tout à l'entour des fromages, sans
en laisser la moindre apparence. Après avoir bien
égrugé le sel, on en répand dessus et autour des
fromages, et au bout de quelques jours on les retourne sur d'autres clayons et on les sale de l'autre
côté. Le sel étant fondu, il suffit de retourner les
fromages de temps en temps, en les changeant toujours de clayons à chaque fois, pour achever de les
sécher, jusqu'à ce qu'il se soit formé une croûte
bleuâtre parsemée de taches rouges comme des ca-
chets ; c'est à quoi l'on reconnoît les bons fromages.
La bonne saison de les faire est le mois de septembre ;
ils se gardent et sont bons à manger jusqu'en mars,
en les faisant *affuer* ou passer à mesure qu'on en a
besoin, et voici la manière d'y parvenir. On fait
bouillir dans un chaudron de la paille d'avoine, dont
on les enveloppe ; elle les fait passer en quelques
jours en les rendant mollets. Lorsqu'il s'y met des
vers, on les frotte avec du vinaigre et du sel.

Des fromages à la crème.

Voici une excellente manière de faire les fromages à la crème, pour les manger frais.

Prenez une certaine quantité de lait tiré le soir, et mettez-le de côté dans des terrines étroites par le bas et larges par le haut. Le lendemain matin mettez à part une autre quantité de lait frais ; écrémez vos terrines de la veille et mettez la crème à part dans une autre terrine. Faites cailler séparément cette jeune crème et ce lait frais, en ne mettant dans l'un et dans l'autre que ce qu'il faut de présure. Lorsque la crème et le lait sont pris, mettez-les dans des formes de terre ou de faïence, percées de trous à l'entour et au fond, ou dans des boîtes rondes garnies de mousseline ou de toile fine et claire, en prenant l'un et l'autre avec une petite écumoire, et faisant attentivement un lit de lait pris et un lit de crème caillée, jusqu'à ce que le fromage soit à la hauteur que vous désirez. Laissez égoutter pendant vingt-quatre heures au plus, ou jusqu'à ce qu'il ne tombe plus de petit-lait. Lorsqu'ils sont égouttés suffisamment, on les renverse sur une assiette pour les manger le jour même ou le lendemain.

Si l'on veut garder ces fromages, il faut les saler ; on suit pour cela le procédé que j'ai indiqué pour les fromages de Brie. Le lait du soir, qui aura été écrémé le lendemain matin, peut servir à faire des fromages de médiocre qualité, en le faisant cailler avec la présure.

Pour la manière de faire les fromages de Sassenage et du Mont-d'Or en Dauphiné, *voyez* au chapitre de la *Chèvre*.

Pour celui de Roquefort, *voyez* le chapitre de la *Brebis*.

Des Maladies des bêtes à cornes.

Abattement. Cet état vient ou de l'excès du travail, ou de la mauvaise nourriture, ou du dégoût, ou d'une disposition à quelque maladie.

On laissera reposer l'animal quelques jours, si l'on présume que le travail l'a affaissé ; on lui donnera du pain trempé dans du vin et un peu d'eau, ou une frottée d'ail sur du pain avec un peu de sel, s'il paroît dégoûté ; enfin l'on cherchera à connoître quelle est la maladie à laquelle il paroît disposé, si les deux causes précédentes n'ont pas lieu, et l'on consultera ci-dessus l'article où il est traité de ladite maladie.

Aphtes. Ce sont de petits ulcères superficiels qui paroissent quelquefois dans la bouche des animaux, au palais, à la langue et au gosier.

S'ils ne sont que superficiels, on les frottera avec de la rue, de l'ail ou du vinaigre, ce qui suffit pour les guérir.

Mais si ces ulcères creusent et s'agrandissent, qu'ils deviennent noirs ou livides, alors c'est ce qu'on appelle *Chancre*, *Charbon*, *Pustule maligne* ; voyez ces articles ci-après.

Il est très-important de visiter souvent et d'examiner la bouche des bêtes à cornes, qui sont sujettes à être attaquées et même à périr quelquefois sans autre cause que ces chancres, à moins qu'ils ne soient promptement secourus.

Apoplexie ou *assoupissement*. Les bœufs et les vaches sont quelquefois attaqués d'une espèce d'apoplexie que l'on nomme *assoupissement*. Cet état peut venir de la fatigue, de la chaleur ou de la disposition du temps. L'animal porte la tête basse, il paraît comme endormi et mange lentement.

Dans ce cas il suffit de donner quelques breuvages d'eau blanchie avec le son, en y mêlant un peu de nitre ; des lavemens de décoction de mauve et de pariétaire, et de laisser reposer l'animal.

Si ce mal vient d'un excès de travail, de la longue exposition à l'ardeur du soleil, de la trop grande quantité ou de la mauvaise qualité des alimens, toutes causes qui peuvent produire l'épaississement du sang ; alors l'animal a les yeux enflammés, la bouche chaude, le pouls plein et fort ; il ne se remue qu'avec peine, ne peut se lever lorsqu'il est couché, et refuse toute nourriture. Le bœuf est sujet à ce mal ; il passe tout à coup de la plus grande vigueur au plus grand dépérissement, et meurt quelquefois sur la place même où il vient de travailler.

Il faut saigner sur-le-champ le bœuf ou la vache à la cuisse ou à la veine du cou ; lui donner les lavemens indiqués ci-dessus, et essayer de lui faire avaler de l'eau mêlée d'un peu de nitre et de vinaigre.

On le mettra au régime pendant quelques jours.

Appétit. Lorsque les bêtes à corne ont perdu l'appétit par un simple dégoût, ou autre cause qui ne vient point d'une maladie déclarée, on le leur fait revenir en leur lavant la bouche avec du sel et du vinaigre, ou en frottant un morceau de pain avec de l'ail saupoudré de sel, qu'on leur fait manger le matin à jeun.

Avant-cœur. C'est une tumeur, de quelque nature qu'elle soit, située au milieu du poitrail. Ce mal arrive plus communément aux chevaux qui tirent avec un collier; mais comme on en met aussi aux bœufs dans certains pays, et que conséquemment ils peuvent aussi le contracter, *voyez* cet article ci-devant *pag.* 96.

N. B. Il ne faut pas confondre l'avant-cœur avec l'*encueur*, qui attaque les vaches; *voyez* ci-après, *Encueur.*

Bleime. C'est une inflammation causée par un sang extravasé entre les ongles des bœufs et des vaches, et qui vient d'un coup ou d'une contusion. On la guérit en bassinant les ongles avec moitié d'eau-de-vie et moitié de vinaigre mêlés ensemble.

Brûlure. Si elle a de l'étendue et que les parties brûlées soient menacées d'une inflammation violente, on saignera promptement l'animal à la veine du cou, et l'on fomentera sans cesse la partie attaquée, avec une décoction de feuilles de mauve ou autres plantes émollientes; ensuite on appliquera par-dessus un onguent de miel rosat et d'huile mêlés ensemble.

Lorsque l'escarre est tombée et que la suppuration est établie, on dessèche la plaie avec un emplâtre de miel et de céruse.

Chancre volant. Cette maladie se manifeste par une espèce de pustule ou vessie qui survient au-dessus ou au-dessous de la langue, ou plus bas vers le gosier, où il se fait une pourriture qui peut faire tomber la langue en vingt-quatre heures, si l'on n'y rémédie promptement.

1.º Il faut racler la plaie avec une cuiller ou une pièce d'argent, jusqu'à ce qu'elle saigne bien ; prendre garde que la bête n'avale ce qui se détache en raclant.

2.º Laver ensuite la plaie avec de l'eau fraîche.

3.º Prenez un morceau d'écarlate, trempez-lo dans du vinaigre et du sel ; frottez-en la plaie plusieurs fois, en trempant l'étoffe à chaque fois. On brûlera cette pièce d'étoffe, qui ne peut servir que pour une seule bête malade.

4.º Prenez de l'ail, de la sauge, des artichauts sauvages ou *joubarbe*, du plantain, de la racine d'impératoire ; pilez le tout ensemble, mélez avec du sel et du vinaigre, frottez-en la plaie et la gorge assez long-temps.

5.º Celui qui soignera le bétail malade, se lavera bien les mains avec de l'eau-de-vie ou du vinaigre, pour éviter la communication du mal.

Pendant que la maladie durera, on donnera à manger, tant au bétail sain qu'à celui qui est attaqué, du pain avec de bonnes herbes hachées et saupoudrées de sel.

Charbon. C'est un abcès qui vient à la langue des bêtes à corne.

Prenez de l'ail, du poivre et du sel, pilez-les ensemble et mêlez avec du vin ou du vinaigre avec lequel vous laverez la plaie plusieurs fois par jour, après l'avoir ratissée, comme il est dit ci-devant, à l'article *Chancre.*

Quelquefois les bords de la plaie deviennent durs et calleux ; prenez alors le bout d'un morceau de fer trempé dans l'esprit de vitriol, pour l'appliquer sur le mal. Vous ferez tomber l'escarre en lavant souvent la plaie avec du vin dans lequel vous aurez mis du miel, du sel et de l'ail pilé, et un peu d'eau-de-vie.

Pendant le traitement, purgez l'animal deux ou trois fois avec un demi-quart de pot de vin, une tête d'ail pilée, 8 grammes (2 gros) de fleur de soufre, 3 décagrammes (une demi-once) d'assa-fétida.

Chénon, ou *fanon endurci.* Ce mal vient d'un travail trop fort.

Laissez reposer la bête pendant quelques jours ; ensuite frottez la place endurcie avec du beurre, de l'huile, du lard et de la cire neuve, le tout fondu ensemble en égale qualité.

Chénon, ou *fanon enflé.* Prenez racine d'aune bien pilée et cuite avec de la graisse de cochon, de mouton et de bouc, miel, enceus et cire neuve ;

faites un onguent et frottez le fanon trois fois par jour.

Chénon, ou *fanon pelé*. Faites un onguent avec du bon miel et 12 décagrammes (4 onces) de mastic bouillis ensemble, dont vous frotterez les endroits pelés.

Cou enflé. Si l'enflure est nouvelle, frottez-la seulement avec de l'eau salée. Si le mal augmente, saignez l'animal à la veine de la cuisse, et appliquez sur l'enflure des étoupes imbibées d'eau-de-vie mêlée avec de l'eau commune. Donnez pour nourriture du son humecté, et pour boisson de l'eau blanche.

Colique. Voyez *Tranchées*.

Colique des veaux. Cette maladie attaque les veaux peu de temps après leur naissance ; elle peut être occasionée par le froid et l'humidité, ou par la mauvaise qualité du lait, si la mère est mal nourrie.

On leur fera prendre des lavemens avec du miel, du son et un peu de salpêtre, délayés dans l'eau chaude. Si cela ne les guérit pas promptement, on leur donnera plein une cuiller à thé de *laudanum* ; ensuite environ 16 décigrammes (30 grains) de soufre en poudre, et autant de salpêtre, délayés dans du lait. Six heures après, on redonnera le salpêtre ou le soufre, et la même chose le jour suivant, si la colique continue.

Clou, ou *piqûre de clou ou d'épine*. Taillez la corne du pied le plus près du mal que vous pourrez ; distillez dans la piqûre de la térébenthine et de l'huile chaudes ; mettez ensuite sur le pied un em-

plâtre de térébenthine et de sain-doux fondus ensemble.

Constipation. Difficulté de fienter. Aussitôt que le
bœuf ou la vache est attaqué, tenez-le à l'eau blanche, et donnez-lui des lavemens avec une décoction
de guimauve, dont vous lui ferez boire ensuite, en y
ajoutant 3 décagrammes (une once) de salpêtre. Si
l'animal est échauffé et qu'il ait de la fièvre, saignez-
le, et ne lui donnez pour boisson que de l'eau blanche, et pour nourriture que du son mouillé.

S'il est constipé par excès de travail, il faut le
laisser reposer. Si c'est par la mauvaise nourriture,
on la changera.

Contagion. Cet article sera traité plus au long à la
fin du chapitre 8.

Voyez aussi *Charbon*, *Chancre*, et *Pustule maligne.*

Je dois cependant donner ici des observations essentielles à exécuter, lorsque la contagion se manifeste par une fièvre maligne pestilentielle, qui pourrait détruire en peu de temps toutes les bêtes à cornes d'un pays, si l'on n'apportait les précautions les
plus actives et les plus scrupuleuses.

1.° L'on tiendra toutes les bêtes saines enfermées
et même séparées, s'il est possible, parce qu'un
bœuf ou une vache peuvent être malades sans qu'on
s'en aperçoive, et communiquer la maladie aux autres.

2.° On empêchera ceux qui soignent les bêtes malades, d'approcher de celles qui n'ont point de mal ; cette observation est si essentielle, que des maréchaux qui avaient soigné des bêtes attaquées, ont porté la maladie dans leur propre étable, à 23 kilomètres (6 lieues) de l'endroit où elle existait. Les miasmes putrides s'attachent surtout aux habits de laine.

3.º On fera des sétons aux fanons des bœufs et des vaches ; c'est un remède et un préservatif très-importans : les cautères ont aussi beaucoup de vertu.

4.º On donnera au bétail des herbes fraîches mêlées aux fourrages secs ; la laitue, l'oseille, la poirée, le laiteron, la mauve, etc., sont excellens.

5.º On diminuera sa nourriture d'un tiers, et on lui donnera de l'eau blanche mêlée d'un peu de salpêtre, c'est-à-dire, 3 ou 6 décagrammes (une once ou deux) par dix litres (10 pintes) d'eau.

6.º On étrillera, bouchonnera et frottera les animaux deux fois par jour, avec des bouchons de paille trempés dans du vinaigre où l'on aura fait infuser quelques gousses d'ail ; on leur donnera des lavemens avec la décoction des plantes vertes ci-dessus indiquées pour leur nourriture, et on les tiendra d'une propreté scrupuleuse.

Une méthode très-prudente est de transporter le bétail hors du village ou de la métairie, dans des loges de bois ou des enclos pratiqués sur une montagne ou dans des lieux écartés des habitations et des chemins publics.

Quant aux remèdes, voyez ci-après le chapitre X, *des Épizooties* ou *Maladies contagieuses.*

Cornes (fracture des). Voyez *Fracture*.

Côtes (fracture des). Voyez *Fracture*.

Courbature. C'est chez les bêtes à cornes un affaissement, une perte de forces, qui leur vient d'un excès de travail ou de la mauvaise nourriture.

Faites-les reposer pendant quelques jours ; donnez-leur une rôtie au vin deux fois par jour ; faites-leur boire de l'eau blanchie avec de la farine d'orge ; donnez-leur des lavemens avec une décoction de pariétaire, et faites-leur une ample litière.

S'il y a inflammation, il faudra les saigner et leur faire boire une décoction de graine de genièvre bouillie dans de l'eau commune.

On leur fera des fumigations sous les naseaux et sous la poitrine, avec la vapeur de l'eau dans laquelle on aura fait bouillir des feuilles de mauve.

Dartres. C'est une maladie de la peau, occasionée par un travail forcé, par la mauvaise nourriture, par un trop long séjour, pendant l'hiver, dans une écurie où l'air n'est point renouvelé, ou par une acrimonie dans le sang.

Dans toutes les espèces de dartres, on commencera par mettre l'animal au régime adoucissant, en lui donnant du son mouillé, de l'eau blanchie avec la décoction de feuilles de mauve, de guimauve et de pariétaire.

Après plusieurs jours de ce traitement, on lavera les dartres avec de l'eau mêlée de vinaigre et la poudre d'ardoise pilée. *Voyez* aussi l'article *Gale*.

Dévoiement ou *diarrhée*. Si le bœuf en est attaqué pour avoir mangé du foin moisi, ou de la mauvaise paille, etc., on lui donnera du son mouillé avec un peu de vin ; on lui fera des breuvages avec une décoction d'orge grillée, moulue et arrosée avec du vin rouge ; ou le purgera avec 6 décagrammes (2 onces) de séné, sur lesquelles on jettera environ un kilogramme (deux livres) d'eau bouillante et 3 décagrammes (une once) de sel végétal. On ne lui donnera qu'une nourriture choisie, pendant ce traitement.

Dyssenterie. C'est un flux de ventre fréquent, mêlé de sang et accompagné de coliques, de frissons, de fièvre et de soif.

Aussitôt qu'on s'apercevra qu'un bœuf ou une vache seront attaqués d'un flux de ventre glaireux, graisseux ou bilieux, on les mettra au régime en retranchant leur nourriture, leur donnant du son mouillé, de l'eau blanchie, des lavemens délayans, faits avec la décoction de mauve, de guimauve et de graine de lin. On leur fera une ou plusieurs saignées, selon la force du mal ; on fera boire à chaque bête attaquée, plusieurs fois par jour, de l'eau tiéde nitrée et mêlée d'un peu de vinaigre ; des décoctions de mauve, de grande consoude, de pimprenelle, de riz, d'orge et de petit-lait.

Après l'usage de ces délayans, on les purgera avec la manne ou les tamarins, la rhubarbe, le catholicon, le polypode de chêne (l'une ou l'autre de ces drogues), auxquels on ajoutera un peu de nitre et de camphre.

On

On finira par leur faire prendre, en breuvages ou en lavemens, une décoction de pervenche et de lierre terrestre ou *rondotte*.

Lorsque la maladie sera terminée, on remettra les animaux peu à peu à la nourriture ordinaire, en leur donnant du bon foin, du son mêlé d'un peu d'avoine, et quelques rôties de pain trempé dans du vin et de l'eau.

Encueur. On nomme aussi cette maladie *Maillet* ou *Marteau.*

La bête est hérissée par tout le corps; sa peau est adhérente aux côtes et à la chair, elle perd sa souplesse; l'animal est triste; ses yeux sont stupides et languissans; son cou est penché, sa bouche saliveuse, sa marche lente; l'épine et le dos sont roides; l'animal est dégouté et ne rumine que peu ou point.

Prenez 9 décagrammes (3 onces) de squille, ou oignons sauvages coupés menus; autant de racines de concombres ou de melons, battues; mêlez avec trois poignées de gros sel, dans 14 décilitres (3 chopines) de bon vin; faites prendre chaque jour à la bête, un demi-litre (une demi-pinte) de cette boisson.

Autre remède excellent. Prenez 24 décagrammes (une demi-livre) de savon, ou un morceau un peu gros; frottez-en tout le dos et les flancs de la bête, après les avoir bien humectés avec de l'eau-de-vie ou de l'urine. Il faut qu'en frottant, le savon fasse mousser l'eau-de-vie ou l'urine. On répète cette opération plusieurs fois par jour, et l'on continue pendant plusieurs jours.

Égagropile. C'est un amas de poils qui se trouve dans l'estomac des bêtes à corne, et qui se forme des poils que ces animaux avalent en se léchant.

Quoiqu'il ne résulte aucune maladie apparente de cette mauvaise habitude, il est bon de l'empêcher en délayant dans de l'eau de la fiente de vache, dont on frottera pendant quelque temps le poil des veaux ou autres bêtes qui se lèchent.

Effort de la cuisse. L'animal boite plus ou moins ; il semble baisser la hanche en marchant, et traîne la cuisse.

Si l'effort est considérable, on emploiera d'abord la saignée plus ou moins répétée ; s'il y a de la fièvre, on donnera des lavemens émolliens ; on fera manger du son mouillé, et boire de l'eau blanche. On appliquera sur la partie attaquée des cataplasmes de sauge, d'absinthe, de lavande, de romarin, bouillis ensemble dans du vieux oing, après avoir graissé la partie avec le liquide du remède. Ensuite on fera des frictions avec l'eau-de-vie camphrée, dans laquelle on aura fait dissoudre un peu de sel ammoniac.

Efforts des reins. Employez d'abord les remèdes généraux précédens, qui sont la saignée et le régime. Frottez ensuite les reins avec l'eau-de-vie camphrée, plusieurs fois par jour, avec un linge ou une pièce d'étoffe qui en soit imbibée.

Enflure du pied. Si une bête à cornes a les pieds enflés de fatigue, ou d'une contusion, appliquez-y un cataplasme de fleurs de sureau cuites avec du vieux oing.

Si l'enflure est au genou, mettez sur le mal du beurre frais lavé avec de l'eau et du vinaigre, faites ensuite un onguent avec de la graisse de chèvre ou de bouc et un peu de sel, fondus et mêlés. Voyez *Pied.*

Entorse. Voyez *Mémarchure.*

Esquinancie. Voyez ce mot dans les *Maladies des chevaux.*

Fracture des cornes. Lorsqu'un animal a une corne rompue, il faut la bien replacer et l'affermir avec des éclisses ou *attelles*, bien liées et consolidées. Vous oindrez ensuite le sommet de la tête avec un onguent de cumin pilé, de térébenthine, miel et bol d'Arménie, le tout cuit et incorporé ensemble.

Faites bouillir dans du vin rouge, des feuilles de sauge et de lavande, et enveloppez la corne avec des linges trempés dans cette décoction, en renouvelant ces remèdes une ou deux fois chaque jour pendant une quinzaine.

Fracture des côtes. Si le mal est considérable, et que le bout de l'os cassé se porte vers la poitrine, ou que la fracture soit en dehors, ce sont deux circonstances auxquelles il faut apporter une grande attention pour remettre la côte en place.

Dans le premier cas, on reconnoît la fracture à l'enfoncement, à la toux, à la fièvre, à une inflammation, à la difficulté de respirer, etc.

On est assuré du second cas, par l'élévation de la côte rompue, et par un craquement qui se fait sentir en la pressant.

Pour remettre la côte rompue en dedans, une personne serrera les naseaux du bœuf, tandis que le maréchal pressera le dessus et le dessous de la côte avec les mains, jusqu'à ce que les pièces rompues aient repris leur situation. Si l'on pense qu'il y ait des esquilles, il faudra faire une incision à la peau, pour tirer les fragmens de l'os avec les doigts, des pinces, une grande aiguille, ou autre instrument convenable. On appliquera ensuite trois compresses trempées dans du vin aromatique; l'une sur toute l'étendue de la côte, les deux autres, qui auront beaucoup plus d'épaisseur, seront mises sur la première, à chacune des extrémités sur lesquelles le maréchal aura pressé pour faire la réduction, et l'on assujettira bien le tout par une bande de toile ou surfaix, qui enveloppera tout le tour du corps, vis-à-vis la blessure.

Pour replacer la fracture en dehors, il n'y a qu'à pousser les bouts de l'os jusqu'au niveau des autres côtes; ensuite on posera une première compresse trempée dans le vin aromatique, et l'on garnira l'endroit fracturé, avec un morceau de carton que l'on assujettira bien par une bande circulaire attachée solidement.

On fera une ou plusieurs saignées à l'animal; on

le mettra à la diète ; on lui donnera des lavemens,
le tout pour prévenir ou pour détruire l'inflammation.

Gale. Après avoir mis l'animal attaqué de la
gale à un régime adoucissant, tel que l'eau blanchie
avec la farine d'orge, les boissons de décoction de
mauve et de guimauve, les lavemens avec la même
décoction, et l'avoir purgé avec une médecine douce ;
on le frottera avec une décoction de vieux oing, de
poudre à canon, un peu d'alun, de savon blanc et
de vert-de-gris mêlés ensemble, jusqu'à parfaite guérison.

Hydropisie du bas-ventre. Le ventre est gonflé,
les flancs sont avalés ; l'animal respire difficilement,
n'a point d'appétit ; ses jambes enflent et il rend peu
d'urine.

Voyez ce qui a été dit à l'article *Hydropisie*, dans
les maladies des chevaux, *page* 148. Le traitement
est le même pour les bœufs.

Jambe rompue. Il est très-difficile de rétablir une
jambe rompue à une bête à cornes, à moins de la
tenir suspendue dans l'écurie ou dans un *travail*,
par des cordes attachées à de longues sangles qui
passent sous le ventre et la poitrine, et dont les
bouts tiennent à des anneaux fixés à des poutres ou à
des solives.

Après avoir mis l'os en place, on appliquera autour de la fracture des étoupes trempées dans un
mélange de blancs d'œufs, de bol d'Arménie et de

sang de dragon. On bandera très-étroitement la partie ; on mettra par-dessus les bandes des étoupes trempées dans du vin chaud, et l'on frottera le haut et le bas de la fracture avec 3 décagrammes (une once) de térébenthine et autant de beurre et d'huile mêlés ensemble sur un feu doux. On contiendra le tout avec des attelles ou éclisses, de manière que l'os ne puisse se déranger, jusqu'à ce que le calus soit formé.

Malgré la possibilité de guérir une jambe de bœuf ou de vache fracturée, la difficulté est si grande et elle entraîne tant d'inconvéniens et tant de dépenses, que je conseille, en pareil cas, de vendre sur-le-champ l'animal estropié pour la boucherie.

Jaunisse avec chaleur. Elle peut être occasionée par l'eau impure ou marécageuse ; par une longue exposition à l'ardeur du soleil ; par un bain pris lorsque l'animal est en sueur, etc. Le bœuf est pesant, triste, accablé ; on sent une chaleur considérable sur tout son corps ; sa langue est chaude ; il désire de boire frais dans les premiers jours de la maladie ; l'appétit diminue, la respiration est difficile, les oreilles deviennent froides ; les yeux jaunissent, ainsi que les urines, qui sont plus ou moins troubles ; la fiente est plus souvent dure, sèche et noire que liquide et jaune.

Dès que l'on apercevra les premiers symptômes, on saignera l'animal à la veine jugulaire, et l'on pourra recommencer selon l'âge et la plénitude des veines, en consultant même la température de l'air. On dou-

nera quelques lavemens d'une décoction d'orge et de
sel de nitre ; on fera boire du petit-lait, une infusion
de feuilles d'aigremoine mêlée d'un peu de nitre ou
de vinaigre ; on mettra l'animal dans une écurie sèche et bien aérée ; on le nourrira avec du son humecté avec de l'eau nitrée.

Jaunisse froide. Les symptômes sont à peu près les
mêmes que ceux de la jaunisse précédente, à l'exception de la chaleur. Celle-ci est occasionée par une
transpiration arrêtée, par le passage subit du chaud
au froid, par une diarrhée trop tôt arrêtée par des
remèdes astringens , par une pluie froide tombée
sur le corps de l'animal étant en sueur, etc.

Pilez des feuilles de chélidoine ou éclaire, pressez
à travers un linge , mêlez le suc avec partie égale de
miel ; ou bien mêlez du savon blanc avec une suffisante quantité d'extrait de genièvre, et délayez avec
une décoction de pariétaire ; faites-en prendre 6 décagrammes (deux onces) par jour à l'animal malade ,
et donnez-lui les lavemens indiqués pour la jaunisse chaude. Ce traitement doit durer pendant 9 à
10 jours.

Lait. Remède pour une vache qui a perdu son
lait.

Prenez du pourpier, de la véronique et du sel ;
hachez le tout ensemble et mêlez-le avec du son ,
pour le faire manger à la vache ; continuez pendant
quelques jours.

Langue ; voyez *Chancre* , *Charbon* , *Pustule ma-*
ligne.

Lovet. C'est une glande grosse comme une petite noix, qui vient sous le gosier à un bœuf ou à une vache.

Il faut faire une saignée à la bête, ensuite lui faire avaler un bon verre d'huile d'olives, un verre de vin, une tête d'ail et un peu de poivre pilés et mêlés.

Loupe; voyez cet article aux *Maladies du cheval.*

Mémarchure ou *entorse.* Faites bouillir du miel et de la graisse de porc avec du vin blanc; appliquez cet emplâtre sur le pied, enveloppez-le bien avec du linge, et laissez l'animal pendant quelques jours sans le faire marcher ni travailler.

Ongles éclatés. Prenez miel, cire neuve et térében-thine, de chacun 3 décagrammes (une once); faites un onguent sur un feu doux, et appliquez-en autour de l'ongle pendant quinze jours. Après cela, ajoutez à cet onguent de l'aloès hépathique, du miel rosat et de l'alun de roche, de chacun 15 grammes (demi-once); couvrez-en tout le pied, après l'avoir bassiné avec du vin tiède mêlé de miel.

Ongles blessés. Creusez l'ongle jusqu'au fond de la plaie, avec un ciseau de maréchal; coulez dans la plaie de l'onguent chaud de vieille graisse de cochon et de bouc, fondues ensemble ; mettez dans la plaie des tentes d'étoupes trempées dans cet onguent.

Ongles qui se séparent. Appliquez-y d'abord l'onguent pour les ongles éclatés, dont j'ai parlé plus haut; bassinez après cela tout le pied pendant cinq à six jours, trois fois par jour, avec du vin ou du vinaigre, dans lequel vous aurez fait bouillir de la chaux vive et du miel, de chacun 12 décagrammes (4 onces).

Piqûre ; voyez ci-dessus *Clou ou épine*, et *Piqûre de bête venimeuse*, dans les *Maladies du cheval.*

Pulmonie. Après avoir mis l'animal au régime indiqué à l'article *Pulmonie*, dans les maladies du cheval, faites prendre au bœuf où à la vache le remède suivant.

Prenez 45 grammes (une once et demie) d'huile d'aspic, autant d'huile de genièvre, une cuillerée d'alun en poudre, une cuillerée de salpêtre ou de poudre à canon ; pilez le tout très - fin, et mêlez la poudre dans les huiles en les agitant pendant quelque temps, avec une spatule de bois, jusqu'à ce que la poudre soit bien délayée. Mettez de ce mélange dans chaque narine du bœuf ou de la vache, la valeur d'une bonne cuillerée ; pour y parvenir, vous lui ferez lever la tête bien haut, afin que le remède ne retombe pas aussitôt ; mettez-lui dans chaque oreille un demi-verre de bon vinaigre pour lui faire secouer fortement la tête, ce qui fera encore mieux descendre le remède. Les efforts que fera alors l'animal, et qui ne doivent point inquiéter, lui feront jeter beaucoup de saletés par les naseaux. On donnera trois fois ce remède à jeun, de deux jours l'un, et l'on ne lui donnera à manger que deux heures après. Cependant, comme cette opération dégoûte l'animal, on lui donnera, aussitôt après, un peu de pain trempé dans du vin, ou du son avec un peu de sel.

Lorsque c'est un bœuf très-fort qui est attaqué, on doit mettre près de deux cuillerées du remède, au lieu d'une, et l'on ne cessera que quand l'animal ne jettera plus rien par les naseaux.

Pissement de sang. Prenez du jus de plantain, un peu d'huile, 15 grammes (une demi-once), de poudre de tartre; mêlez le tout avec du suc de courge sauvage, un peu de vinaigre, et trois ou quatre blancs d'œufs, et faites avaler au bœuf.

On lui donnera du son mouillé et de l'eau blanche pour régime.

Rage; voyez cet article dans les maladies du cheval, pag. 181.

Rétention d'urine. Mettez pendant quelques jours l'animal au régime adoucissant, en lui donnant de l'eau blanchie et de la décoction de mauve en breuvage et en lavement. Prenez ensuite du miel, de l'huile et du vin blanc, bouillis ensemble; faites-en avaler quelques cuillerées à la bête, deux fois par jour, et laissez-la reposer pendant huit jours.

Tétine. Pour guérir une vache qui a le *pis* dur ou gonflé, prenez de la terre grasse avec laquelle les maréchaux soudent leur fer; faites-en bouillir avec du lait, et appliquez-en sur la tétine.

Taons. Ce sont de grosses mouches que le peuple nomme *taivins* dans certains pays, et qui tourmentent singulièrement les bêtes à cornes. Pour les pré-

server de leurs piqûres , faites bouillir des baies ou
graines de laurier , et frottez tout le corps avec la
décoction.

Toux. Faites boire de la décoction d'hisope et
manger des racines de poireaux pilées avec du froment ; ou bien faites boire de la décoction d'armoise.
Je suppose que la toux soit simple , et non compli-
quée avec quelque maladie.

Tranchées. J'ai indiqué à l'article *Tranchées*
des chevaux , un remède souverain , qui consiste à
faire prendre environ cinquante gouttes d'éther vitriolique avec du sucre , à l'animal attaqué de colique ou de tranchées ; voyez la manière d'administrer ce remède, pag. 193 , parce qu'il est aussi bon
pour les bœufs et les vaches, ayant été éprouvé sur
ces animaux avec le plus grand succès.

Tumeur. C'est une élévation contre nature , qui
vient à quelque partie du corps des animaux.

Il faut examiner si la tumeur n'est point une
loupe ; on connaît celle-ci à l'insensibilité et au défaut d'inflammation.

Si la tumeur est accompagnée de douleur et d'inflammation , il faut , ou la faire résoudre en la dis-
sipant peu à peu , ou la faire tomber en suppuration.

Pour toutes les résolutions, vous prendrez mauve,
guimauve , bouillon blanc , graine de lin , violette ,
quelques poignées de chacune, que vous ferez bouillir
dans suffisante quantité d'eau ; bassinez-en la partie

attaquée, bien des fois par jour, et appliquez dessus, en cataplasme, partie des plantes bouillies.

Si ce remède ne dissipe pas la tumeur ni l'inflammation, pour la faire tomber en suppuration, vous prendrez térébenthine, 18 décagrammes (6 onces); jaunes d'œufs, 6 décagrammes (2 onces); basilicum, 3 décagrammes (une once) : mêlez le tout, et délayez avec de l'essence de térébenthine; chargez-en des plumasseaux ou tentes que vous introduirez dans la tumeur, après l'avoir ouverte, ou que vous appliquerez sur la plaie.

Mais il ne faut ouvrir la tumeur pour la faire suppurer, que quand le pus est absolument formé et prêt à sortir, ce qui se connaît par le ramollissement de la tumeur et par un endroit particulier qui est plus pâle et plus souple que le reste; c'est là qu'il faut faire l'ouverture.

Un excellent suppuratif, que j'ai déjà indiqué, est de la graisse de cochon, ou vieux oing, cuite sous la cendre chaude avec une poignée d'oseille. Après les avoir hachées ensemble, on les enveloppe d'abord dans des feuilles de *blette*, ou cardes poirées, et ensuite dans du papier lié avec du fil, pour contenir le tout. On laisse cuire ce mélange pendant une heure, ce qui forme un onguent que l'on applique sur la tumeur pendant quelques jours.

Urine-diabète. L'animal rend beaucoup d'urine chargée et puante.

On donnera des boissons copieuses d'eau blanchie avec de la farine d'orge ou de riz ; des lavemens de décoction de mauve et de pariétaire : on fera sous le ventre des fumigations d'eau chaude où l'on aura fait bouillir les herbes susdites, et on bouchonnera bien l'animal pendant les fumigations.

Mais si l'animal est échauffé, ce qui se connaît par la rougeur des urines, il faudra le saigner à la veine jugulaire, lui donner de l'eau blanche, du son mouillé, de la paille pour toute nourriture ; on le fera baigner dans l'eau de rivière, si la saison le permet, et on lui administrera les remèdes indiqués dans l'article précédent, c'est-à-dire, les lavemens et les fumigations.

Vers. De tous les remèdes que l'on a imaginés pour faire périr les vers dans les corps des animaux, aucun n'a autant d'efficacité que l'huile empyreumatique, dont j'ai parlé pour les chevaux, *page* 198, où j'ai indiqué la manière de la faire prendre et le régime à faire observer. Comme ce vermifuge est également bon pour les bêtes à cornes, on y aura recours, et l'on suivra le même traitement.

La dose de cette huile, pour les bœufs, peut aller jusqu'à 6 décagrammes (2 onces), et pour les vaches, à 15 grammes (une once et demie).

CHAPITRE VI.

Des Boucs et des Chèvres.

Pour avoir une bonne race de chèvres, il faut faire choix d'un bouc qui ait la taille grande, le cou charnu et court, la tête légère, les oreilles pendantes, les cuisses grosses, les jambes fermes, le poil épais et doux, la barbe longue et bien garnie. Le bon âge est depuis trois ans jusqu'à sept.

La chèvre doit avoir le corps grand, la croupe large, les cuisses fournies, la démarche légère, les mamelles grosses et longues, le poil doux et épais.

On ne fait accoupler ces animaux qu'à deux ans, pour avoir des chevreaux bien conditionnés. Un seul bouc peut couvrir 150 chèvres en trois mois; mais il est ruiné en trois ou quatre ans : il vaut donc mieux lui en donner beaucoup moins. C'est en octobre et novembre que se font les meilleurs accouplemens.

La chèvre met bas au commencement du sixième mois. On prendra garde qu'elle n'ait soif pendant sa portée; et quand elle sera prête à mettre bas, on lui donnera du bon foin, et l'on continuera encore quelque temps après.

Il faut secourir une chèvre au moment où elle

fait son chevreau, car elle éprouve ordinairement des douleurs et une difficulté assez violentes pour la faire périr. On lui fera avaler un verre de bon vin; on la tiendra bien chaudement ; on lui bassinera la partie avec une décoction de feuilles de mauve, de bouillon blanc ou autres plantes émollientes.

On laisse teter les chevraux pendant cinq à six semaines, après quoi on les sèvre petit à petit, en les accoutumant à manger de jeunes bourgeons, de la bonne herbe et du foin choisi.

On les châtre à sept mois, si on ne veut pas les laisser entiers ; car à cet âge ils commencent déjà à entrer en rut.

La nourriture de la chèvre est facile à lui procurer ; elle broute tout ce qu'elle rencontre : l'herbe chargée de rosée, loin de lui nuire comme à l'autre bétail, lui fait du bien; mais elle se plaît mieux sur les montagnes que dans la plaine, et les prairies marécageuses lui sont funestes. Les chèvres trouvent tout ce qu'il leur faut, dans les bruyères, les friches et les terres stériles. Mais on doit bien se garder de les laisser entrer dans les endroits cultivés, dans les vignes et dans les bois, car leur dent est pernicieuse aux jeunes pousses, qu'elles broutent avec avidité. En hiver on leur donne de jeunes branches d'orme, de frêne; des raves, des navets, etc. Les pommes-de-terre cuites avec du son augmentent beaucoup leur lait. On les fait sortir depuis neuf heures du matin jusqu'à cinq du soir.

Les chèvres qui sont nourries et qui restent à l'écurie, donnent plus de lait que celles qu'on laisse courir, et leur fumier n'est pas perdu. Au Mont-d'Or près de Lyon, dont les fromages sont si renommés, elles ne sortent jamais de l'écurie.

Pour leur donner beaucoup de lait, on leur donne amplement à manger, et on leur fait boire de temps en temps de l'eau salée ou infusée de salpêtre. La dictame ou fraxinelle, et la quinte-feuille, sont les plantes qui donnent la meilleure qualité à leur lait. On les trait, comme les vaches, deux fois par jour.

Pour que le lait des chèvres soit excellent, on doit les tenir très-proprement dans l'étable, en la nettoyant chaque jour et renouvelant la litière ; on les fera boire soir et matin, particulièrement de l'eau dans laquelle on leur fait cuire des plantes potagères.

La chèvre vit au moins douze ans, et devient plus grosse et plus grande dans les pays froids que dans les pays méridionaux.

Le suif de bouc et de chèvre est excellent pour les chandelles et pour différens remèdes. Leur poil et leur peau sont employés très-utilement dans les arts.

Manière de faire les fromages de lait de chèvres.

Voici la méthode du Mont-d'Or en Dauphiné, où se font les meilleurs fromages de lait de chèvre.

Il faut traire les chèvres dès le matin et laisser reposer le lait pendant deux ou trois heures. Faites-le cailler à froid avec de la présure, en remuant bien

avec

avec une cuiller, pour que la présure agisse sur toute
la masse. Laissez ensuite reposer le lait pendant neuf
à dix heures.

Préparez des formes rondes, à peu près comme
des boîtes à dragées, que vous mettrez sur de la
paille et que vous garnirez avec un linge bien blanc et
bien fin. Levez le lait caillé avec une cuiller plate, et
emplissez vos boîtes ; laissez-les égoutter jusqu'à ce
qu'il ne sorte plus de petit-lait. Salez ensuite ces
fromages par dessus. Vingt-quatre heures après, re-
tournez-les sur d'autres paillassons, et salez-les sur
le côté retourné, comme vous avez fait sur le premier. Enfin ôtez la toile fine qui a servi à égoutter
le lait.

Laissez fondre le sel sur les fromages, et ayez soin
de les retourner chaque jour sur des paillassons bien
secs et bien propres, que vous rangerez sur des claies.
Si le sel est noir, roux, il tache le dessus des fromages ; en le lavant avec de l'eau fraîche, elle enlèvera ces taches.

Un point essentiel est de tenir ces fromages dans
un endroit tempéré, où ils ne sèchent ni trop vite ni
trop lentement. Quand ils sont secs, si l'on veut les
manger gras, il faudra les mettre dans des assiettes
rondes que l'on *abouchera* l'une sur l'autre, et on
aura soin chaque jour de renverser les assiettes,
celle de dessus dessous, et ainsi de suite.

Si vous voulez *raffiner* les fromages, trempez-
les, quand ils sont bien secs, dans du vin blanc,
et mettez-les de nouveau entre deux assiettes ; on

Tome I.

peut les couvrir alors avec du persil, mais en petite quantité. Pour les avoir au point du raffinement que l'on désire, il suffit de les tremper de temps en temps dans du vin blanc.

La présure se fait avec un litre (une pinte) de vin blanc, 2 décilitres (2 verres) de bon vinaigre blanc, 3 décagrammes (une once) de sel de cuisine et un petit morceau de caillette de veau. La quantité se règle sur celle du lait que l'on veut faire prendre.

Manière de faire le fromage de Sassenage en Dauphiné.

Pour rendre ces fromages excellens, on mêle ensemble du lait de vache, du lait de chèvre et du lait de brebis. Versez ces laits dans un grand chaudron bien propre, que vous mettrez sur le feu, et vous l'y laisserez jusqu'à ce que le lait commence à monter; retirez-le alors sur-le-champ, et laissez-le refroidir. Le lendemain, vous l'écrémerez avec une cuiller et vous y remettrez du lait tout chaud, venant d'être tiré, en même proportion que la crème que vous avez enlevée; mettez alors la présure selon la quantité de lait que vous avez; remuez bien ce mélange jusqu'à ce que le lait se caille; quand il est bien pris, agitez-le pour en faire sortir tout le petit-lait, que vous verserez dans un autre vaisseau. Prenez ensuite des vases de bois de la grandeur et de la forme que vous voulez donner aux fromages, et mettez-y tout le caillé. Ces vases doivent être percés de petits trous, pour que le reste du petit-lait puisse s'égoutter facilement. Trois ou quatre heures après, posez sur ces formes d'autres vases de même grandeur, et en retournant adroitement celui de dessous où est le fromage, pour lui donner le dessus, vous faites descendre le fromage dans celui qui est vide. Cette opération se répète trois jours de suite.

Lorsque les fromages ont pris leur forme et leur solidité, poudrez le dessus avec du sel pilé, et lorsqu'il est fondu, retournez les fromages pour saler également le dessous et les côtés. Quand ils ont bien pris leur sel, posez-les sur des planches très-propres, et ayez grand soin de les retourner chaque jour matin et soir, et de ne les jamais poser dans la même place, afin que l'humidité ne les fasse pas moisir.

Vous répéterez cette opération jusqu'à ce que les fromages soient bien secs et aient pris une couleur rouge; alors vous les mettrez sur une couche de paille étendue par terre. Vous les retournerez pareillement tous les jours, avec l'attention de les visiter, de les nettoyer, et d'enlever les vers et les insectes qui pourraient les attaquer.

Si les fromages étaient trop secs, cela viendrait de ce qu'on aurait trop écrémé dans le commencement; il faudrait alors les envelopper de foin tendre, que l'on humectera de temps en temps avec de l'eau tiède, ou les tenir dans une cave humide, avec le soin de les tourner et retourner souvent.

On ne doit point se servir pour les formes, ni pour les planches à fromage, de bois de sapin, ni d'autres bois résineux, qui leur feraient bientôt contracter un mauvais goût et une mauvaise odeur.

Des Maladies des chèvres.

Les chèvres sont sujettes à presque toutes les maladies dont j'ai parlé pour les bœufs et les vaches ; ainsi voyez : *Assoupissement*, *Aphte*, *Bleime*, *Constipation*, *Diarrhée*, *Effort des reins*, *Entorse*, *Esquinancie*; *Fracture des côtes*, *des cornes*; *Fièvre*, *Gale*, *Morsures de bêtes vénimeuses*, *Maladies des yeux*, *Tumeurs*, *Ulcères*, etc. Je parlerai seulement ici du *Bouquet* et du *Tournoyement*.

Le *Bouquet*, *Bouquin*, *Biquet*, *Barbouquet*, est une espèce de gale qui affecte ordinairement le museau des chèvres et des chevreaux, et qui s'étend quelquefois jusqu'aux oreilles. Ce mal leur vient d'avoir brouté l'herbe encore couverte de rosée.

Pour les chèvres, frottez une fois par jour la partie affectée, avec un onguent de fleur de soufre et d'huile d'olives, si le mal ne fait que de commencer.

Mais si le mal est déjà ancien, frottez-le avec un mélange de parties égales de chenevis, de soufre, d'ellébore noir et d'euphorbe, pilées ensemble.

Pour les chevreaux, pilez ensemble de l'hysope, du romarin, de la sauge et du sel ; frottez-en la partie, et lavez ensuite avec du vinaigre.

Comme cette maladie se communique, il faut séparer les chèvres qui en sont attaquées, parce qu'en se grattant au râtelier, les autres chèvres, en y mangeant, pourraient être attaquées.

La personne qui fera les pansemens, se lavera les mains avec du vinaigre, après chaque opération.

Le *Tournoyement* ou *Vertige* dont les chèvres sont quelquefois attaquées, est occasioné par la quantité de sang qui se porte à la tête, surtout après avoir pris une nourriture trop échauffante, telle que celle des plantes aromatiques.

On saignera l'animal, et on lui donnera pour nourriture et pour boisson du son mouillé, et de l'eau infusée de deux parties de salpêtre et une de sel marin. Si le vertige ne diminue pas quatre heures après la première saignée, on recommencera.

- -

CHAPITRE VII.

Du Belier, du Mouton et de la Brebis.

LES bêtes à laine varient entièrement entre elles par la grandeur, la hauteur de la taille et la qualité de leur toison. Chaque climat nourrit une espèce particulière qui y est naturalisée, mais qui pourrait cependant servir à croiser les races dans d'autres pays.

En général il faut s'attacher à se procurer une taille moyenne et à y entretenir la race que l'on a adoptée ; pour y parvenir on doit se procurer des béliers et des brebis bien conditionnés, pour les faire accoupler.

La taille des bêtes à laine doit se régler sur les pâturages du pays : on sent que des montagnes arides ne peuvent nourrir de grandes races ; mais si on a de quoi nourrir amplement les moutons, les gros sont à préférer, parce que leurs toisons seront plus fortes. Cependant il faut bien se garder de les faire paître sur des terrains humides, parce qu'ils seraient plus sujets à la *pourriture* que les moutons de petite race.

Un bon bélier doit avoir la tête grosse, le nez camus, les naseaux courts et étroits ; le front large, élevé et arrondi ; les yeux noirs, grands et vifs ; les oreilles grandes et couvertes de laine ; l'encolure large ; le corps élevé, gros et alongé ; le râble large, le ventre grand, les testicules gros et la queue longue.

La brebis doit avoir le corps grand, les épaules larges ; les yeux gros, clairs et vifs ; le cou gros et droit, le ventre grand, les tétines longues, les jambes menues et courtes, et la queue épaisse.

La laine des moutons doit être douce, grasse, nette et bien frisée.

Pour former un troupeau, on prend des béliers depuis l'âge de deux ans jusqu'à huit, et des brebis du même âge ; c'est à quatre ou cinq ans qu'est leur plus grande force. Les moutons donnent de bonne laine jusqu'à six ou sept ans ; passé cet âge, on les engraisse pour la boucherie.

On choisira pour l'accouplement un temps favorable, qui ne peut être le même pour tous les climats. Dans ceux où les hivers sont très-froids, il faut le retarder jusqu'en septembre et octobre, afin que les agneaux ne naissent qu'aux mois de février ou de mars, et ne soient pas exposés aux grands froids, qui retarderaient leur accroissement.

Mais dans les pays du midi, l'on peut donner le bélier aux brebis dès les mois de juin ou de juillet, pour avoir des agneaux en novembre ou décembre.

Dans les pays tempérés, où les hivers sont quelquefois assez doux, mais froids dans certaines années, on attendra le mois de septembre pour l'accouplement, parce que dans le cas d'un hiver très-froid il pourrait périr beaucoup d'agneaux, s'ils naissaient en décembre ou janvier.

L'usage des pays où les troupeaux de chaque particulier vont ensemble au pâturage, et où les béliers peuvent saillir les brebis quand il leur plaît, ne peut donc contribuer qu'à donner de mauvaises races et à faire dégénérer les espèces.

Lorsque les brebis sont pleines, il faut les préserver de tout ce qui pourrait les faire avorter, soit en les nourrissant avec plus de soin qu'à l'ordinaire, soit en les préservant des coups, des chutes, et particulièrement de la frayeur qui peut influer beaucoup sur leur naturel timide. On ne les mettra donc pas dans le cas de sauter des fossés, des rochers, de se presser les unes contre les autres ; d'être poursuivies par les chiens, et on les conduira de manière à ne les point fatiguer.

Vers la fin du cinquième mois, on connoîtra que la brebis est prête à faire son agneau, par le gonflement de son *pis* qui se remplit de lait, mais particulièrement par des sérosités et des glaires qui découlent des parties naturelles, et que les bergers nomment *mouillures*; elles durent 25 à 30 jours.

Il faut aider les brebis à mettre bas, en cas d'accouchement laborieux; si elles sont foibles, on leur donnera un décilitre (un verre) de bon vin, de cidre ou de poiré, ou bien quelques poignées d'avoine ou de chenevis. Cependant, si elles étaient très-agitées, que les oreilles fussent chaudes, le pouls prompt, que la langue fût sèche, et que les yeux fussent rouges avec un battement de flanc, il ne faudrait rien leur donner d'échauffant, mais du son mouillé à lécher, avec un peu de sel. Si l'agneau se présente bien, il n'y a rien à faire; mais s'il reste long-temps au passage, il faut le tirer doucement dans les momens où la brebis fera les efforts naturels pour le pousser dehors. Si l'agneau se présente mal, si, par exemple, l'on aperçoit le sommet de la tête au lieu du museau, il faudra le tourner convenablement. Les deux pieds de devant doivent se trouver sous le museau et un peu en avant, pour être dans une situation favorable.

Si le cordon passe devant l'une des jambes, on tâchera de le rompre sans attirer le délivre, qui ne doit sortir qu'après l'agneau, et que l'on doit tirer très-doucement, lorsqu'il ne sort pas de lui-même, dans

la crainte de déchirer la matrice. On l'éloigne ensuite de la mère, qui pourrait le manger à son préjudice.

Quelques heures après que la brebis a mis bas,
on lui donnera un peu d'eau blanche tiède, du son,
de l'avoine, et la meilleure nourriture de la saison.
Pendant qu'elle allaite, il faut aussi la bien nourrir.

Si la brebis ne lèche pas son agneau en naissant,
pour le sécher, on répandra sur lui un peu de sel,
et on l'approchera de la mère pour l'engager à le
lécher ; ou bien on l'essuiera avec du foin ou du
linge, si la saison est froide ou humide.

Lorsqu'une mère néglige son agneau, il faut les
enfermer ensemble ; et si l'agneau ne tete pas bien,
on lui aidera en l'approchant du pis et faisant couler du lait dans sa gueule. S'il se trouve quelque brebis qui rebute son agneau en l'empêchant de teter,
on la tient en place, et en lui levant une jambe de
derrière on met l'agneau à portée de teter.

Les brebis de Suisse et d'Allemagne portent ordinairement deux fois par an ; quelques-unes font
deux et quelquefois trois agneaux par portée.

Si une brebis fait deux agneaux et qu'elle soit
forte et bien portante, on les lui peut laisser ; mais
si elle en fait trois, il faut lui en ôter au moins un.

On fait venir le lait aux brebis en leur donnant de
l'orge ou de l'avoine mêlée avec du son, des raves,
des navets, des choux ou autres légumes, et en les
faisant paître dans de bons pâturages, pourvu qu'ils
ne soient pas humides.

On sèvre les agneaux à deux mois ou deux mois et demi, s'ils commencent à manger du foin, de l'herbe et du son. Il faut s'y prendre peu à peu, en les séparant de leurs mères pendant une partie de la journée, et ne les laissant teter que le matin et le soir. Dans les pays où l'on trait les brebis pour employer leur lait, on en laisse un peu pour les agneaux que l'on veut sevrer, et enfin on les sépare entièrement.

Il ne faut pas tenir trop chaudement les agneaux que l'on est obligé de mettre à couvert à cause des grands froids ; on doit leur donner de l'air et les faire sortir le plus souvent possible, pour les fortifier. Lorsqu'un agneau a huit jours, il peut déjà suivre sa mère près de la bergerie. Ainsi c'est une très-mauvaise méthode, qui est cependant suivie dans certains pays, que de tenir les agneaux constamment renfermés, pendant que leurs mères sont aux champs, jusqu'au mois de mai. En Suisse on les laisse aller avec elles presqu'aussitôt qu'ils sont nés.

Lorsqu'on laisse toujours les agneaux avec leurs mères, elles les sèvrent d'elles-mêmes lorsque le lait leur manque ou qu'elles entrent en chaleur, en les repoussant quand ils veulent teter.

Lorsqu'un agneau a perdu sa mère, qu'elle n'a point de lait ou qu'il est mauvais, il faut tâcher de lui faire teter une autre brebis, ou lui donner du lait de chèvre ou de vache, que l'on fait tiédir, et qu'on lui donne avec une cuiller de bois, en lui mettant un doigt dans la gueule en même temps qu'on y verse le lait ; ou bien l'on se sert d'une petite théière dont le bout du goulot est garni de linge, pour le faire sucer à l'agneau et lui faire croire qu'il tette la mamelle de sa mère.

On prendra garde que les agneaux gourmands ne tetent plusieurs mères, ce qui priverait les autres du lait qui leur est nécessaire et les ferait maigrir.

Les agneaux qui ne naissent qu'en avril ou mai, ne sont pas bons à garder pour le troupeau, parce qu'ils sont foibles et petits : mais on les engraisse pour les manger, en leur faisant teter des mères qui ont perdu leur agneau, ou leur donnant du lait à boire outre celui de leurs mères ; en leur faisant bonne litière, et leur donnant à lécher une pierre de craie, qui les préserve du dévoiement auquel ils sont sujets.

Dans les pays où la terre s'attache à la queue des brebis, dès qu'il fait humide, il faut couper la queue aux agneaux à l'endroit d'une jointure, et mettre sur la plaie des cendres mêlées avec un peu de suif.

Comme il serait inutile et même désavantageux de conserver tous les agneaux mâles pour béliers, on les châtre pour se procurer des moutons, dont la laine est plus fine, et la chair plus grasse et plus délicate. C'est environ quinze jours ou trois semaines après leur naissance, que cette opération est la plus avantageuse et qu'elle fait périr le moins d'agneaux. On doit choisir un temps doux, et frotter les bourses avec du sain-doux, aussitôt que la castration est finie. On tient ensuite les agneaux renfermés pendant quatre ou cinq jours, en les nourrissant mieux qu'à l'ordinaire.

Le bon âge pour engraisser les moutons, est celui de quatre ou cinq ans. En s'y prenant plus tôt, ils ont peu de graisse, et plus tard, leur chair est moins tendre. On peut les engraisser en les menant dans de bons herbages sur des terrains un peu élevés; trois mois suffisent pour les mettre en état d'être vendus au boucher. Il faut les mener doucement sans les fatiguer, et surtout éviter de les conduire par la grande chaleur, qui leur est funeste. On les fait sortir de la bergerie avant le jour, pour les ramener vers les neuf heures. On les sort encore vers les trois heures du soir, pour les faire rentrer au coucher du soleil.

Une autre manière d'engraisser les moutons, est la *poture* ou *pouture*. Pendant l'hiver on les renferme à l'étable, d'où ils ne sortent chaque jour qu'à midi pour prendre un peu l'air. Pendant leur sortie, on met de la nourriture dans leurs auges; elle consiste en avoine grossièrement moulue, et mêlée avec de la farine d'orge, de pois, de fèves, et des marcs de chenevis ou de navette, coupés en petits morceaux. On met aussi, soir et matin, dans leurs râteliers, du foin et de bons fourrages, tels qu'on peut les avoir dans le pays que l'on habite, car il ne faut pas que la dépense de l'engrais soit plus forte que le produit.

En général on peut donner aux moutons que l'on engraisse 3o à 36 décagrammes (10 à 12 onces) de foin pour chacun, le matin; à midi, 5 hectogrammes (une livre) d'avoine moulue, avec autant de marc de pain de navette ou de chenevis; le soir 3 hectogrammes (10 onces) de foin. Mais pendant les quinze derniers jours de l'engrais, au lieu de marc de navette ou de chenevis, qui leur rend la chair huileuse, on leur donnera l'équivalent en autre nourriture. Au surplus, on leur donne à manger selon leur force et leur appétit, et l'on met de temps en temps un peu de sel dans le son et l'avoine moulus. On ne manquera pas de les faire boire tous les jours.

On peut aussi engraisser les moutons avec des navets ou des choux, après les avoir fait pâturer dans les chaumes depuis la moisson jusqu'en octobre; mais la pâture vaut mieux.

On connoît qu'un mouton est gras en le tâtant à la queue, aux épaules et à la poitrine; ce sont les trois parties où la graisse est la preuve de leur bon état: alors il faut les vendre au boucher, car ils ne vivraient pas plus de trois mois sans tomber malades.

Attentions que doit avoir le berger pour faire paître les moutons.

Il ne les conduira point dans les terrains humides ou marécageux, ni dans les herbages chargés de rosée ou de gelée blanche.

Le matin il les conduira du côté du couchant, et le soir du côté du levant, afin que leur tête soit à l'ombre de leur corps en pâturant. Dans le temps de la grande chaleur, il ne les laissera jamais exposés à l'ardeur du soleil, mais il les fera rentrer à la bergerie, ou les mettra à l'ombre sous des arbres ou autres endroits couverts.

Il les conduira toujours lentement, surtout en montant les collines, et empêchera que les chiens ne les tourmentent sous prétexte de les retourner. Les chiens ne doivent être employés que dans le cas où quelques moutons s'écarteraient trop, ou iraient endommager des terrains ensemencés.

Lorsqu'on voudra faire paître les moutons sur un pâturage abondant, il ne faudra pas leur abandonner tout ce terrain à la fois, mais former un enclos avec des claies et des piquets, pour la consommation d'un jour; y faire coucher les moutons, et le lendemain changer l'enclos de place, et ainsi successivement jusqu'à ce que le pâturage soit consommé.

La meilleure nourriture pour les moutons est celle qu'ils mangent en vert et sur pied, dans des pâturages qui croissent sur des terrains élevés, en pente, légers et secs. Les herbes ne doivent pas être broutées trop jeunes, mais dans le moment où elles sont prêtes à entrer en fleurs.

Le trèfle, la luzerne, le froment, le seigle et l'orge verts, sont dangereux pour les moutons, quoiqu'ils les aiment beaucoup; mais ils les mangent avec trop d'avidité, et deviennent presque toujours enflés après en avoir mangé.

Les fourrages secs sont nuisibles aux moutons et aux brebis ; c'est pourquoi, si l'on est obligé de leur en donner, soit dans les mauvais temps de l'été, soit pendant l'hiver, il faut les entremêler de quelque nourriture fraîche, dût-on leur donner des choux, des navets ou d'autres légumes.

En hiver, la gerbée d'avoine est une excellente nourriture, ainsi que les cosses de pois, de vesces, de lentilles, de lupins.

On leur donne aussi des feuillées, qui sont de jeunes branches d'aune, de bouleau, de frêne, de peuplier, etc. que l'on a coupées après la sève d'août, avant que les feuilles se dessèchent.

Les foins des lieux les plus élevés sont les meilleurs ; ceux qui ont été mouillés dans la fauchaison sont dangereux. Le sainfoin ou esparcette est bon pour les moutons, mais il doit avoir été fauché avant d'être en graine, autrement ses tiges seraient trop dures. On doit aussi le mélanger avec de la paille.

La pimprenelle est excellente, et elle a un avantage considérable, qui est de rester verte pendant l'hiver. Elle fortifie les moutons, et l'on peut en donner aux jeunes agneaux pour première nourriture en les sevrant.

Si l'on ne peut se procurer aucuns fourrages verts pour les moutons pendant l'hiver, on leur donnera de temps en temps quelques poignées d'avoine ou d'autres grains, pour empêcher le mauvais effet des fourrages secs. Mais, je le répète, dût-on leur donner des choux, des carottes, des navets, des pommes de terre, ou autre nourriture fraîche, du moins une fois chaque jour pendant l'hiver; il faut le faire, si l'on veut les entretenir en bon état, parce qu'après avoir brouté du vert pendant toute la belle saison, ensuite si on ne les met au sec pur, c'est-à-dire, au foin et à la paille, ils dépériront peu à peu.

Il n'est guère possible de décider la quantité de nourriture nécessaire à un mouton par jour; mais il peut manger environ 15 hectogrammes (deux livres et demie) de paille, autant de foin, et quelques kilogrammes (livres) de légumes: cela dépend de sa taille et de son appétit; d'ailleurs il se perd toujours une partie des fourrages qu'on leur donne, surtout si c'est de la paille trop grosse, telle que celle de froment ou de seigle. Lorsqu'ils font tomber le foin de leurs râteliers, il faut le ramasser avec soin et le remêler avec de l'autre.

Quoique l'on ne donne point de sel aux moutons dans plusieurs pays, c'est un excellent usage de leur en donner de temps en temps, par exemple, une petite poignée tous les quinze jours: on le mêle avec du son ou de la farine d'orge ou d'avoine. On peut même faire des gâteaux salés, épais de 27 millimètres (un pouce), que l'on fait bien cuire et que l'on casse en petits morceaux, pour les placer dans les auges des moutons. Ces gâteaux se font avec un peu de farine de froment mêlée avec de la farine d'orge par moitié ou par cinquième, selon l'économie que l'on veut y mettre. La dose du sel est d'un quart du poids des farines: ainsi

sur

sur 5 myriagrammes (cent livres) de farine, il faudrait 122 hectogrammes (vingt-cinq livres) de sel.

Je ne parlerai point de la méthode de faire parquer les moutons dans des espaces fermés de claies, que l'on change de place presque tous les jours; ni de la méthode de les laisser nuit et jour en plein air, comme en Angleterre, et comme l'a éprouvé M. Daubenton à Montbard. Je me contenterai de renvoyer à la manière de loger les bêtes à laine dans la bergerie dont j'ai parlé dans la première partie, *page* 12 du présent volume.

De la Tonte des moutons.

Le véritable moment pour tondre les moutons est celui où l'on s'aperçoit que la nouvelle laine commence à pousser et à faire tomber celle de l'année précédente ; cependant, si la saison est encore trop froide, il faut un peu différer la tonte, pour ne pas exposer les moutons à périr de froid. En général, c'est au commencement de mai, et même plus tôt dans les climats chauds.

La meilleure méthode pour bien laver la laine sur le dos des moutons, serait de les placer sous une chute d'eau un peu plus élevée que leur dos, au lieu de les faire entrer dans une rivière ou une eau froide qui peut leur faire beaucoup de mal. En tout cas, il faut choisir un beau temps, et qu'il fasse chaud, afin que la laine puisse sécher le même jour au soleil. On doit faire ce jour-là une litière fraîche et abondante, pour que la laine conserve la propreté que lui a donnée le lavage.

Si l'on aperçoit quelques marques de gale en tondant, ou que l'on fasse quelque coupure à la peau par maladresse, on frottera la gale ou les plaies avec un onguent composé de graisse fondue, mêlée d'huile ou d'essence de térébenthine.

Il faut faire bien sécher les toisons avant de les serrer, en les étendant au soleil, et les laisser bien ressuyer sous un angar ou dans un galetas, avant de les mettre en tas.

Pendant les quinze jours qui suivent la tonte, il faut bien prendre garde que les moutons ne soient pas exposés à des pluies froides, ou à quelque orage, surtout à la grêle ; on a vu périr des troupeaux entiers pour les avoir exposés imprudemment.

Je ne dois pas omettre de parler ici des *mérinos* d'Espagne, espèce de moutons d'une race précieuse, tant pour la grosseur du corps, que pour la quantité et la qualité superfine de la laine, et la facilité de leur éducation et de leur entretien. Les succès que l'on a éprouvés à Genève, à Rambouillet et ailleurs, sont de sûrs garans des avantages que les cultivateurs trouveront à s'attacher particulièrement à cette race privilégiée : voici les principaux, dont je ne parlerai que succinctement.

1.° Les *mérinos* peuvent se nourrir dans toutes les espèces de pâturages, même dans ceux qui seraient nuisibles aux moutons ordinaires, tels que les prairies humides, qui leur occasionnent la maladie appelée *pourriture*. Ils mangent indifféremment de toutes les herbes et se nourrissent sur les bordures des chemins.

2.º En les faisant parquer, ils fécondent mieux les terres.

3.º Ils conservent leurs dents et vivent beaucoup plus long-temps.

4.º Leur éducation réussit dans presque tous les climats, aussi bien qu'en Espagne ; c'est ce qui est prouvé par les heureux essais qu'on en a faits dans les différentes parties de la France, en Hollande, en Pologne, en Danemarck, etc.

5.º On les engraisse plus facilement, et leur chair est excellente.

Manière de faire les Fromages de lait de brebis.

Du Fromage de Roquefort.

Le fromage de lait de brebis le plus renommé est celui de Roquefort, sur les frontières du Languedoc ; on y mêle quelquefois du lait de chèvre, et il n'en est que plus délicat. Les brebis dont le lait fournit ces fromages, broutent l'herbe fine de la montagne du Lazarc, et on leur donne habituellement du sel ; mais, quoique la nourriture des brebis et la manière de faire les fromages contribuent à leur bonté, il faut convenir que les caves du pays, dont la chaleur est presque toujours égale, achèvent

de les perfectionner. Ces caves sont en partie creusées par la nature, dans des rochers, à différentes expositions, et pour les prolonger au dehors, il a
fallu construire des murs de maçonnerie, couverts
de toits.

On fait les fromages de Roquefort depuis le commencement de mai jusqu'à la fin de septembre. On
trait les brebis deux fois par jour, le matin vers les
cinq heures, et à deux heures du soir. On coule le
lait à travers une étamine, dans une chaudière de
cuivre rouge étamée, et l'on tient très-propres les
seaux, les couloirs, les chaudières et les instrumens dont on se sert, en les lavant soigneusement et
fréquemment.

On fait la présure avec la caillette que l'on tire de
l'estomac des jeunes chevreaux qui tettent encore;
on y jette une pincée de sel, et on la suspend dans
un endroit sec. Lorsqu'elle est sèche, on en met dans
une cafetière de terre avec environ 12 décagrammes
(4 onces) d'eau ou de petit-lait. Au bout de vingt-
quatre heures la présure est faite. Elle peut se conserver un mois sans se corrompre ; mais on la renouvelle tous les quinze jours, dans la crainte qu'elle ne
devienne trop forte.

On en met dans la chaudière une dose proportionnée à la quantité de lait qu'on y a coulé ; trop
ou trop peu dérangerait l'opération : on remue bien
le tout avec une écumoire à long manche, et dans
deux heures le lait est caillé.

Alors une femme se lave les bras et les plonge dans

le caillé, qu'elle tourne sans discontinuer, en différens sens, jusqu'à ce que le tout soit brouillé ; elle croise ensuite les bras et applique ses mains sur toute la surface du caillé, en le pressant un peu vers le fond de la chaudière : ce caillé se prend de nouveau et forme une espèce de pain qui descend au fond ; il s'agit alors de verser adroitement le petit-lait, qui surnage, dans un autre vase. On coupe ensuite le lait pris par quartiers, avec un couteau de bois, et on le met dans une forme ou éclisse de bois de chêne, percée de petits trous. Ces formes sont plus ou moins larges et hautes.

En mettant le fromage dans la forme, on le brise et on le pétrit de nouveau ; on le presse autant qu'il est possible, et on remplit la forme jusqu'à ce qu'elle soit comble. Pour le faire égoutter, on le met en presse ; on le couvre d'une planche, que l'on charge de pierres. On le laisse environ douze heures dans la forme ; pendant ce temps on le tourne d'heure en heure sens dessus dessous, pour le faire bien égoutter, et quand il ne sort plus de petit-lait, on tire le fromage et on l'enveloppe d'un linge pour l'essuyer. On le porte alors à la fromagerie, où on l'expose à l'air sur des planches rangées le long des murs, de manière que tous les fromages, placés à côté les uns des autres, ne se touchent pas ; on les tourne et retourne deux fois par jour, en les frottant et les essuyant, et retournant les planches, afin de ne jamais les replacer dans un endroit humide. Toute cette manipulation dure environ quinze jours.

Quand les fromages sont secs, on les porte dans la cave, où on les sale d'abord d'un côté avec du sel moulu; et vingt-quatre heures après, on les sale de l'autre. Au bout de deux jours on frotte bien le tour avec un morceau de drap ou de grosse toile, et le surlendemain on les ratisse fortement avec un couteau.

Après ces opérations, on met huit à dix fromages en pile, et on les laisse de la sorte pendant quinze jours. Il se forme sur les fromages une espèce de mousse blanche et épaisse que l'on ratisse de nouveau, après quoi l'on range les fromages sur des tablettes ou planches. On renouvelle ce ratissage tous les quinze jours pendant deux mois, et enfin l'écorce du fromage devient rougeâtre; c'est alors qu'ils sont bons à manger. Le dedans doit être parsemé de veines bleuâtres, ou persillé.

Cinq myriagrammes (100 livres) de lait de brebis peuvent donner un myriagramme (20 livres) de fromage fait, dont la grosseur et la hauteur sont déterminées par la grandeur des formes ou éclisses.

Des Maladies des bêtes à laine.

Je ne parlerai ici que des maladies qui sont particulières aux moutons et aux brebis; quant à celles qui leur sont communes avec les autres animaux, voyez la manière de les guérir, dans les Maladies du cheval, du bœuf ou de la chèvre.

Brûlure, ou mal de feu. Cette maladie des mou-

tons a pour cause la sécheresse, les grandes chaleurs, la fatigue, le soleil, les grandes courses,
l'usage immodéré du sel, ou les nourritures échauffantes.

Cette maladie s'annonce par la rougeur des yeux,
par une grande soif, par la maigreur et autres signes
qui indiquent un grand échauffement.

Si la maladie n'est pas trop invétérée, on mettra
le mouton attaqué à une nourriture rafraîchissante ;
on mêlera du salpêtre ou un peu de vinaigre dans
sa boisson, et on le fera paître dans des lieux garnis d'herbe grasse et fraîche.

Charbon des moutons. Cette maladie, qui est particulière à certains climats, consiste en une tumeur
ou bouton dur, noir dans le milieu, qui grossit et
s'étend promptement jusqu'à la grandeur d'un écu
de six francs. Vers le milieu et tout autour, il s'élève
des vessies remplies d'une sérosité âcre, qui en cou-
lant communique le mal aux parties voisines. L'a-
nimal est triste, dégoûté et ne rumine plus ; quelquefois il meurt dès le troisième ou le quatrième
jour.

Ce mal paraît surtout aux parties qui ne sont pas
couvertes de laine, au ventre, au dedans des cuisses, des épaules ; aux mamelles.

Aussitôt que l'on s'aperçoit du charbon, il faut
l'ouvrir avec un bistouri et en faire sortir la matière ;
le cerner à l'entour avec de l'esprit de vitriol dans
lequel on trempe le bout d'un petit bâton de bois

pointu ; étuver la partie avec de l'eau-de-vie camphrée, ou une décoction de sabine et de sauge dans du bon vin, où l'on ajoute un peu de sel ammoniac.

On touchera les parties livides avec l'esprit de vitriol, et l'on facilitera la chute de l'escarre avec du beurre. Ensuite on pansera la plaie avec le digestif simple (voy. *page* 80), en la lavant toujours avec du vin chaud.

Dans le cours de la maladie, on donnera chaque jour à l'animal 8 grammes (2 drachmes) d'extrait de genièvre dans un verre de vin. Enfin on terminera la cure par un purgatif de 8 grammes (2 drachmes) de feuilles de séné, de tamarin et de sel de nitre, sur lesquels on versera 24 décagrammes (une demi-livre) d'eau bouillante, en laissant infuser pendant deux heures.

Claveau, clavelée. C'est une maladie contagieuse, inflammatoire, particulière aux moutons, et qui est pour eux ce que la petite-vérole est pour les hommes. Elle se manifeste par le dégoût, la tristesse et la fièvre, mais à des degrés plus ou moins violens, qui font distinguer le claveau en *discret* ou *bénin*, et en *malin* ou *confluent* ; ce dernier est le plus dangereux : outre les trois signes précédens, le mouton a les yeux larmoyans, obscurs ; les boutons se touchent, sont violets, et au lieu de s'élever et de blanchir, ils s'aplatissent et deviennent mous : l'animal respire avec peine, il bat des flancs ; son haleine et la matière contenue dans les boutons sont d'une puanteur insupportable ; il lui coule des naseaux une matière épaisse et gluante ; la bouche est garnie en dedans de boutons ; les yeux se ferment, et l'animal meurt du troisième au sixième jour.

Comme cette maladie se communique rapidement, aussitôt que l'on sait que quelque bête en est attaquée, il faut séparer les moutons sains de ceux qui sont malades. On les mettra dans une écurie séparée, que l'on tiendra très-proprement, et que l'on parfumera avec de la graine de genièvre brûlée sur un brasier placé dans une marmite ou autre vase qui souffre le feu.

Tous ceux qui auront soigné les bêtes malades s'abstiendront d'approcher des saines sans avoir changé d'habits et lavé leurs mains dans du vinaigre. Tous les animaux qui auront approché des brebis malades, seront écartés avec soin de celles qui se portent bien ; cette attention doit avoir lieu, même à l'égard des poules.

Les bêtes qui mourront seront enterrées entières dans des fosses profondes et soigneusement remplies.

On donnera du sel à lécher chaque jour aux moutons en santé, et beaucoup d'air à la bergerie. Outre ces précautions, voici ce qu'il conviendra de faire.

On donnera, matin et soir, le breuvage suivant :

Prenez orvale des prés, racines de persil et graines de lentilles, de chacune deux poignées ; faites bouillir un quart-d'heure dans 37 décilitres (4 pintes) d'eau commune ; retirez du feu, laissez infuser deux heures, coulez à travers un linge : ajoutez à la colature 38 décigrammes (un gros) de camphre dissous dans un jaune d'œuf ; un verre à liqueur de vinaigre ordinaire ; 12 décagrammes (4 onces) de miel : mêlez et donnez à boire tiède un grand verre à chaque gros mouton ; un petit verre aux brebis, et un demi aux agneaux.

Prenez grande et petite gentiane, feuilles et racines de pied de veau, graines de genièvre et baies de laurier, herbe hépatique, sauge sauvage, racine de pimprenelle, le tout par portions égales ; mettez en poudre et ajoutez un peu de poivre. Faites-en manger le matin à jeun une petite poignée aux moutons et moins aux brebis ; continuez pendant huit jours, et laissez très-peu boire pendant le traitement.

On ne donnera que de bonne nourriture, mais en petite quantité, aux moutons qui ne seront point ou presque point attaqués ; et on ne les fera point sortir pour aller aux champs ; mais pour peu qu'ils soient tristes, dégoûtés, faibles, on ne donnera aucune nourriture solide, et on fera prendre un troisième breuvage à midi.

Lorsque les boutons commenceront à sortir, il faudra bien se garder de faire prendre des remèdes échauffans ; mais on ajoutera au breuvage dont j'ai parlé, 3 décagrammes (une once) de sel ammoniac pour les 37 décilitres (4 pintes) de liqueur, et l'on fera fondre le camphre dans 6 décagrammes (2 onces) d'esprit de vin, au lieu du jaune d'œuf, pour mêler le tout ensemble.

S'il sort une matière gluante par les naseaux, on

y injectera souvent une décoction d'orge et de ronces, dans chaque litre (pinte) de laquelle on fera fondre 3 décagrammes (une once) de miel commun.

Si les boutons sont violets et de nature maligne, on fera des sétons à côté de la cuisse en dedans, ou au côté du dessus de l'encolure, si les boutons sont en plus grand nombre vers la tête. On frottera ces sétons avec l'onguent *basilicum* mêlé avec 15 grammes (4 gros) d'euphorbe et autant de cantharides en poudre, pour 12 décagrammes (4 onces) d'onguent. On continuera les breuvages.

Pour faire sécher les boutons, il faudra avoir le courage et la patience de les percer avec un canif ou autre outil pointu et les presser pour faire sortir le pus. On ouvrira plus tôt que les autres ceux qui paraîtront sur les yeux, dans la crainte qu'ils ne fassent perdre la vue à l'animal. On les lavera ensuite avec une décoction d'orge et de ronces, dans chaque litre (pinte) de laquelle on mêlera une drachme de vitriol blanc. On donnera encore les breuvages ci-dessus, et on fera des injections dans les naseaux.

Après que les boutons seront séchés, on donnera aux moutons la purgation suivante : Jetez 3 décagrammes (une once) de séné dans 5 décilitres (une chopine) d'eau bouillante que vous retirerez aussitôt du feu ; couvrez le chaudron et laissez infuser deux heures ; passez et ajoutez 2 drachmes d'aloès en poudre : mêlez et donnez moitié aux plus forts moutons, et le quart aux brebis.

On a proposé l'inoculation comme préservatif de

la clavelée ; peut-être lui substituera-t-on aujour-
d'hui la vaccine : l'une et l'autre peuvent réussir ;
car j'ai appris avec une satisfaction inexprimable
qu'on en avait déjà fait plusieurs heureux essais.

Contagion. Voyez à la fin de cette troisième partie,
après l'article *du Chien.*

Voy. aussi *Charbon*, *Chancre*, dans les maladies du cheval et du bœuf.

Érésipèle contagieux. Cette maladie attaque plutôt les moutons que les autres animaux. Elle se manifeste par une rougeur, une chaleur extraordinaire
sur toute la peau de l'animal, qui est triste, dégoûté
et inquiet ; il a une forte fièvre, sa laine tombe, et
souvent la tumeur devient gangreneuse.

On commencera par prendre les précautions
dont j'ai parlé plus haut à l'article *Clavelée*, en
séparant les moutons malades de ceux qui ne sont
pas attaqués, etc.

On saignera les moutons malades à la veine du
cou ou à celle de la mâchoire ; on leur fera avaler
beaucoup de petit-lait ; on appliquera sur les tumeurs
des plumasseaux trempés dans l'esprit de vin camphré.

Lorsque les moutons meurent de cette maladie,
il faut les enterrer entiers avec leur laine dans des
fosses profondes, que l'on remplira bien, en foulant
la terre à mesure.

Feu des brebis. C'est une rougeur qui s'étend sur
toute la peau : l'animal est abattu ; il éprouve une

chaleur brûlante, une fièvre considérable; il est dégoûté et il ne rumine plus. Dans cet état la pluie et l'humidité sont mortelles.

On tiendra les brebis dans un air doux et égal. On fera fondre du sel marin dans du vinaigre mêlé d'eau, que l'on fera avaler à celles qui sont attaquées. On leur donnera aussi de l'eau dans laquelle on aura fait bouillir de l'oseille. On lavera la peau avec une décoction chaude de racine de patience.

On aura grand soin de séparer les brebis malades de celles qui se portent bien, et d'observer ce que j'ai dit ci-devant, à l'article *Clavelée*, pour éviter la contagion.

Voyez aussi *Charbon des moutons*, ci-devant, *pag. 279.*

Feu Saint-Antoine. C'est un bouton douloureux qui s'élève sur la peau, dans les endroits privés de laine, et même sur ceux qui en sont couverts. Ce bouton dégénère ordinairement en gangrène et détruit les parties voisines.

On fera prendre aux moutons attaqués, des bols composés chacun d'une drachme de racine de gentiane pulvérisée; de demi-drachme de salpêtre purifié, que l'on incorporera avec suffisante quantité de miel commun. On en donnera cette quantité chaque jour pendant le cours de la maladie.

On lavera les boutons avec une décoction de feuilles de rue, ou bien avec une infusion de sabine et de sauge dans du bon vin. Si l'on s'aperçoit que le bouton tombe en gangrène, il faudra l'extirper entièrement, et panser la plaie avec le digestif simple (*pag.* 80). On mettra les moutons attaqués au régime, en retranchant leur nourriture et leur faisant boire de l'eau mêlée d'un peu de nitre et de vinaigre.

Cette maladie n'est pas contagieuse.

Gale. Les moutons y sont sujets; le traitement est le même que celui que j'ai indiqué dans les maladies du cheval, *pag.* 151.

Goître, Ganache, Bourse, Game ou *Gamure.* C'est une grosseur plus ou moins considérable, qui vient sous la mâchoire des moutons, remplie d'une eau claire qui se change quelquefois en pus et qui peut les faire périr en peu de temps. Cette maladie prend naissance pendant l'hiver et se manifeste au printemps; l'animal qu'elle fait périr enfle après la mort.

On fera une incision au goître pour faire écouler la matière qu'il contient, et l'on empêchera l'ouverture de se fermer en y passant un peu de laine ou de coton, jusqu'à ce que toute l'humidité soit évacuée. Si la poche se remplit après avoir été vidée plusieurs fois, c'est que le mal est incurable, et il faut tuer l'animal.

Lorsque la bourse contient une matière âcre mêlée de pus et de vermisseaux, il faut y faire une large incision avec un bistouri, et bien prendre garde que la pointe ne touche aux vers, qui étant blessés infecteraient la plaie aussi subitement que le poison le plus subtil.

Le pus étant sorti, on nettoiera l'intérieur de la

bourse avec un décilitre (un demi-septier) de vinaigre et 3 décagrammes (une once) de sain-doux,
mêlés ensemble sur le feu, ou seulement avec de l'u-
rine. On mettra dans l'ouverture un petit tampon de
coton ou de laine, qu'on y laissera pendant une demi-
journée pour entretenir l'épanchement ; ensuite on
rouvrira l'incision et on la lavera avec de l'eau
fraîche.

Cette maladie, lorsqu'elle ne guérit pas, est suivie ordinairement par l'hydropisie, dont elle est un
avant-coureur.

Hypatides. Ce sont de petites vessies pleines d'eau,
qui se manifestent quelquefois au dehors, mais qui
sont d'autres fois renfermées dans la tête et font enfin
périr l'animal, après l'avoir fait long-temps languir.
Celles-ci se font connaître par un vertige ou tour-
noîement qu'elles occasionnent au mouton qui en est
attaqué, surtout lorsqu'il tourne toujours la tête du
même côté ; cependant le même accident arrive
lorsqu'une certaine mouche a déposé ses œufs au
fond du nez de quelque bête à laine.

Si le mal est dans la tête, et que l'on puisse en
connoître le commencement, on percera l'oreille de
la bête et l'on y passera un brin de tige d'ellébore
que l'on y retiendra avec un fil. L'écoulement qui s'y
formera pourrait préserver l'animal d'un épanchement de sérosités dans le cerveau. Mais lorsqu'il est
formé et qu'il ne peut prendre son écoulement ni par
les naseaux ni par les oreilles, il faut faire une ouverture au crâne, comme on le pratique en Suisse ,

avec un trépan ou une vrille, ou autre instrument ; mais cette opération demande de l'adresse et de l'expérience pour sentir précisément la place où est renfermée la vessie : alors, après avoir coupé la peau et la chair en croix, et avoir découvert l'os du crâne, on le perce, et l'on fait couler l'eau en renversant la tête de l'animal ; on injecte ensuite avec une petite seringue un peu d'eau-de-vie ; on bouche le trou avec un bourdonnet d'étoupes à tête ; on rabat sur cette tête du bourdonnet les morceaux de chair et de peau que l'on a écartés, et on les couvre avec un emplâtre de toile trempée dans de la poix noire fondue, que l'on applique avant qu'elle soit refroidie, afin qu'elle se colle sur la plaie. Si ce mal revient, malgré ces précautions, il faut tuer la bête.

Hydropisie des moutons ; voyez *Pourriture*, ci-après.

Mal rouge. Cette maladie des bêtes à laine est ainsi appelée à cause du sang qu'elles rendent par les urines, lorsqu'elles en sont attaquées.

On connoît qu'une bête a la maladie rouge, lorsqu'elle ralentit sa marche, qu'elle s'écarte du troupeau, qu'elle ne broute languissamment que la pointe de l'herbe ; qu'elle a le ventre aplati, l'air triste, les oreilles basses et la queue pendante ; que ses yeux sont larmoyans et presque fermés ; que les naseaux sont remplis d'une humeur épaisse qui les bouche ; que les urines coulent lentement. Souvent la tête et les jambes de devant sont gonflées ; les bêtes malades sont si foibles, qu'on les fait tomber facilement en

appliquant

appliquant la main sur leurs reins ; en leur prenant une jambe de derrière, elles ne font aucune résistance ; la laine est extrêmement molle ; les excrémens rendent, par le nez ou par les urines, un sang peu formé, et en petite quantité : c'est ce qui a donné le nom à cette maladie, qui dure quelquefois jusqu'à quinze jours, mais ordinairement beaucoup moins. Elle peut être attribuée aux mauvais soins que l'on prend du troupeau, à l'herbe mangée dans des prairies humides, ou aux mauvais fourrages. On sent que le meilleur préservatif est de changer absolument ces trois circonstances, ou de renoncer à élever des troupeaux.

Cette maladie est difficile à guérir, surtout si elle est invétérée. On donnera chaque jour, dans les commencemens, aux bêtes à laine malades, plusieurs décilitres (verres) d'une décoction de seconde écorce de sureau, ou de baies de coqueret. Quelques jours après, on fera prendre une autre décoction de sauge, d'hysope, de pouliot ou autre plante aromatique, en y joignant 38 décigrammes (un gros) de sel de nitre, ou 77 décigrammes (2 gros) de sel marin, par litre (pinte) d'eau ; on parfumera les étables avec des graines ou des branches de genièvre que l'on y fera brûler. On donnera pour nourriture du seigle en gerbes, du genêt ou des plantes sèches, et l'on éloignera le troupeau des prairies humides.

Pendant le traitement, on préservera soigneusement les brebis du froid et de la pluie.

Morve des brebis. C'est une maladie contagieuse

Tome I.   19

qui a beaucoup de rapport avec la morve des chevaux. Il se fait par les naseaux un écoulement d'une matière gluante qui devient blanche, et enfin de couleur de pus. Avant ce dernier degré, la brebis mange à l'ordinaire, mais quand le pus est formé, elle devient triste, dégoûtée et faible de jour en jour; son corps sent mauvais, et enfin elle meurt.

Cette maladie est très-dangereuse et peut infecter en peu de temps de nombreux troupeaux; il faut donc commencer par suivre les préparatifs dont j'ai parlé au mot *Clavelée*, ci-devant, *page* 280.

Si dans les commencemens il ne se trouve que deux ou trois brebis attaquées dans le troupeau, il vaut mieux les tuer sur-le-champ et les enterrer profondément, que de risquer d'occasioner des maladies épidémiques en les vendant au boucher.

Quant aux remèdes, après avoir séparé la brebis morveuse des autres, on lui fera prendre, deux fois par jour, un bol composé de 8 grammes (2 drachmes) de soufre mêlé avec suffisante quantité de miel. On lui injectera dans les naseaux de l'eau seconde de chaux adoucie avec du miel; on mêlera du sel à sa boisson et à sa nourriture : celle-ci sera entièrement de farine de seigle.

On pourra aussi essayer les injections prescrites pour la morve des chevaux et faire des sétons à côté des deux oreilles.

Mouche du nez des brebis. Voyez ci-après *Tournoiement.*

Phlegmon insecte. Ce sont les tumeurs occasionées par les piqûres des frelons, des taons et des
autres insectes qui piquent avec leur aiguillon, ou
qui déposent leurs œufs dans le cuir de l'animal.

La meilleure manière de remédier à ces accidens,
est d'ouvrir la tumeur, d'en tirer les œufs ou le
ver, et de panser la plaie avec un mélange de crème
et de goudron, ou avec de la térébenthine mêlée
dans un jaune d'œuf.

En Angleterre on frotte, pendant l'été, les bêtes à laine d'un onguent fait de goudron, de beurre
et de sel, pour les préserver des piqûres des insectes.

Pourriture des moutons. Cette maladie est une
espèce d'hydropisie dont la cause doit être attribuée
à l'humidité des pâturages, ou à la rosée répandue
sur l'herbe lorsque les moutons la mangent, ou à
l'humidité dans laquelle ils ont séjourné.

On reconnaît la pourriture à la faiblesse de l'animal, à la saleté de sa peau ; sa laine se détache pour
peu qu'on la touche; ses gencives pâlissent et ses
dents se crassent; il est lourd et chancèle en marchant.

La pourriture attaque principalement les poumons et le foie ; toutes les parties et les chairs du
dedans sont molles et livides, et lorsque la maladie est à son dernier degré, il survient une grosseur sous le menton, à peu près comme un œuf de
poule, que les bergers nomment la *gourmette.*

On préserve les moutons de cette maladie dangereuse, en leur donnant de temps en temps du sel marin dans leur nourriture ; 15 grammes (une demi-once) dans du son, donnée une fois par mois, serait plus que suffisante, indépendamment de celui qu'on leur donne à lécher dans un petit sac pendu dans la bergerie.

Lorsque la maladie est déclarée, prenez 38 décigrammes (un gros) d'antimoine, 19 décigrammes (un demi-gros) de salpêtre purifié, une poignée d'absinthe ; pilez ensemble et mêlez avec 7 à 8 poignées d'avoine pour chaque brebis.

Ou bien prenez 6 décagrammes (2 onces) d'antimoine crud, 12 décagrammes (4 onces) de baies de laurier, 12 décagrammes (4 onces) de soufre, 6 décagrammes (2 onces) de salpêtre et 5 kilogrammes (10 livres) de sel ; pilez et mêlez ensemble dans des auges pour le faire lécher aux brebis.

En un mot, dans cette maladie, le sel marin, le salpêtre, les plantes aromatiques et diurétiques, le pouliot surtout, produisent d'excellens effets.

Dans les hivers doux et pluvieux, on doit redoubler de soins pour préserver les moutons de cette maladie.

Rage. Voyez dans les maladies du cheval.

Tournoiement, ou *vertige des brebis*. Cette maladie attaque la tête des moutons, et c'est en quoi elle diffère de la pourriture dont nous venons de parler, qui attaque les poumons et le foie.

L'animal perd l'appétit, baisse la tête et la tourne du même côté. Au bout de quelques jours il périt, et quelquefois la mortalité est générale dans le troupeau.

Cette maladie peut être occasionée par des vessies pleines d'eau, placées à la superficie du cerveau, ou par de petits vers blancs ou gris, tachetés de noir sur le dos, qui rongent quelquefois le crâne au point de se faire jour à travers. Les genêts et les plantes aromatiques, mangées en trop grande quantité, peuvent aussi y donner lieu.

Le tournoiement peut être occasioné par les vers qu'une espèce de mouche dépose dans le nez des moutons, et qui, au lieu de sortir, s'enfoncent dans le crâne et causent aux moutons les douleurs les plus aiguës; alors on les voit bondir, s'élancer et heurter leur tête contre les arbres, les pierres même, etc.

Dans ce dernier cas, on frotte le dos et la tête des moutons avec un onguent composé de goudron, de beurre et de sel.

Lorsque la maladie vient de ce que les moutons ont mangé des genêts ou des plantes aromatiques, on les saigne à la queue; on leur donne pour nourriture et pour boisson, du son mouillé, de l'eau où l'on fait fondre partie de salpêtre et partie de sel marin. Si les symptômes ne diminuent pas, on renouvellera la saignée.

Au surplus on fera les remèdes indiqués ci-devant pour la pourriture.

Toux. Cette maladie, assez commune aux brebis, est en général très-négligée, et, par cette raison, devient dangereuse ; il est donc important d'y rémédier dès les commencemens, en mettant l'animal à la diète et au régime : on réglera en conséquence ses repas en les réduisant à trois par jour, dans lesquels on ne leur donnera que moitié de la portion ordinaire ; on fera une saignée ou deux.

On donnera un peu de fleurs de soufre mêlées dans du son, et l'on fera boire une décoction de fleurs de sureau, de camomille ou de lierre terrestre, dans laquelle on fera fondre un peu de miel. On tiendra l'animal chaudement.

Si ces précautions et ces remèdes ne sont pas suffisans, on donnera, deux ou trois fois par jour, une cuillerée du remède suivant :

Prenez 15 grammes (une demi-once) de fleurs de benjoin ; 8 grammes (2 gros) d'opium et 5 hectogrammes (une livre) d'esprit volatil aromatique, que vous mêlerez et laisserez infuser ensemble pendant quatre à cinq jours, ayant soin de remuer souvent la bouteille ; passez à travers un linge et conservez dans une bouteille bouchée, pour le besoin.

Ou bien prenez 9 décagrammes (3 onces) de suc de réglisse coupé menu, 23 grammes (6 gros) de sel de tartre : faites infuser pendant une nuit dans 2 litres (pintes) d'eau bouillante que vous verserez dessus ; passez le lendemain et ajoutez 45 grammes (une once et demie) de sirop de pavot. On en donnera un petit gobelet à chaque mouton, trois fois par jour.

On peut aussi employer les cautères faits avec le bistouri ou un fer chaud, au devant de la poitrine.

Toutes les autres maladies ou accidens qui peuvent arriver aux moutons, et dont il n'est point parlé ici, se trouvent dans les maladies des chevaux et des bœufs.

CHAPITRE VIII.

Du Cochon.

Le cochon est d'une utilité si générale, et la nourriture qu'on lui fait prendre influe tellement sur la qualité de sa chair, ainsi que la manière de la conserver après qu'on a tué l'animal, que son article est un de plus importans de ce traité.

Quoique la couleur des cochons soit assez indifférente pour la qualité de la chair, puisque dans certains pays on ne nourrit que des cochons blancs, dans d'autres que des roux et ailleurs des noirs, je préférerais un verrat noir, vigoureux, ayant de grandes oreilles pendantes, la tête grosse, le groin court, le cou épais, une quarrure large, les jambes courtes et fortes, le poil hérissé sur le dos, et de gros testicules.

La truie doit être bien membrée dans toutes ses

parties et avoir les mamelles bien fournies et pendantes ; il est important qu'elle soit naturellement douce et tranquille. Le temps de sa portée est de quatre mois et quelques jours. Quoiqu'elle puisse être en chaleur dans les différens temps de l'année, on fera en sorte de la faire couvrir en novembre, pour avoir des petits en mars ; ou au commencement de mai, pour qu'elle puisse mettre bas au commencement d'octobre avant les froids, qui feraient tort à l'accroissement des petits qui ne pourraient se fortifier avant l'hiver. Le bon âge pour l'accouplement est depuis dix-huit mois jusqu'à sept ou huit ans.

La truie étant pleine, on la sépare du mâle en la mettant dans une *soue* ou *taie* séparée, sans quoi il pourrait la blesser et même manger ses petits au moment de leur naissance.

On aura soin de la bien nourrir, surtout après qu'elle aura mis bas, car la moindre faim lui ferait dévorer ses cochons de lait. On lui donnera un mélange de son et d'herbes fraîches détrempés avec de l'eau tiède. On ne lui laissera au bout de quinze jours ou trois semaines, que les petits que l'on veut nourrir, afin de ne pas l'épuiser, et dans ceux que l'on gardera on ne laissera qu'une femelle sur quatre à cinq mâles.

On sèvre les cochons de lait au bout de deux mois ; alors on les mène aux champs, et on leur donne soir et matin à l'étable de l'eau mêlée de son et de petit-lait. On peut se servir de lavures de cuisine, mêler des fruits, des légumes dans leur manger, et faire tiédir le tout avant de le verser dans leur auge.

On pourrait ne châtrer les jeunes cochons qu'à l'âge de cinq à six mois ; mais il vaut mieux leur faire beaucoup plus tôt cette opération, pour la rendre moins dangereuse. On doit choisir le printemps ou l'automne, car les chaleurs ou les froids lui sont nuisibles.

Depuis le mois d'avril on doit faire paître les cochons dans les champs et ne les renfermer qu'en automne pour les engraisser ; cette préparation rend leur chair et leur lard beaucoup meilleurs, et ils prennent alors le gras plus promptement.

La meilleure nourriture pour l'engrais est celle d'orge, de gland, de blé de Turquie ou maïs, de châtaignes et de légumes cuits à l'eau. On leur fait des buvées avec du son chargé de farine, mêlé dans de l'eau. Les pommes-de-terre cuites dans l'eau avec des choux ou autres légumes, engraissent les cochons ; mais le lard n'est jamais si ferme qu'avec l'orge, le gland et les différens grains.

Dans les pays abondans en gland, en châtaignes et en faînes ou autres fruits sauvages, on mène paître les cochons dans les forêts, et on leur donne le soir, à l'étable, de l'eau tiède mêlée de son et de farine d'ivroie ; cette boisson les fait dormir et engraisser promptement.

Dans le temps de l'engrais, on doit tenir les cochons très-proprement, en nettoyant souvent l'étable de toute ordure, et ne leur laissant, pendant les quinze derniers jours, que le pavé sans litière, ou du moins en changeant celle-ci tous les jours. On peut être sûr qu'un jeune cochon d'un an tenu ainsi pendant quelques semaines, en ne lui donnant que du froment ou de l'orge sèche, et le faisant très-peu boire, donnera un excellent lard.

A l'exception des excrémens, tout est utile dans le cochon pour la nourriture de l'homme, puisqu'avec le sang même on fait d'excellens boudins, en y mêlant des oignons hachés, de la graisse, un peu de crème, du sel et quelques épiceries. Les gros boyaux, bien nettoyés, donnent les andouilles; la chair et le lard se salent et se conservent long-temps; la graisse donne le sain-doux et le vieux oing; avec la peau on fait des cribles; les soies fournissent des vergettes, des brosses, des pinceaux et servent aux cordonniers pour garnir les bouts de leur fil; il est donc important pour tout cultivateur qui fait valoir un domaine considérable, d'élever beaucoup de cochons, tant pour vendre que pour l'usage de sa métairie.

On tue les cochons dans les commencemens de l'hiver, parce que leur chair se conserve plus long-temps, et qu'ils ne peuvent bien s'engraisser que vers la fin de l'automne. En France on brûle toute la soie sur le corps de l'animal, avec de la paille. Lorsqu'il est brûlé d'un côté, on le retourne de l'autre sur deux morceaux de bois. Ensuite on frotte la peau avec des morceaux de tuile ou de pierre rude, en lavant partout à grande eau. Malgré cela il reste toujours des bouts de soie. Je préférerais la méthode

de Suisse, qui consiste à mettre le cochon mort dans
un cuvier, et à verser dessus deux bonnes chaudiéres
d'eau presque bouillante, après avoir commencé à
jeter un peu d'eau froide. Par ce moyen simple,
toute la soie s'arrache facilement, et le cochon est
nettoyé en un demi-quart d'heure, sans qu'il reste un
vestige de poils.

Une autre méthode pratiquée en Suisse, et qui m'a
paru très-bonne, c'est d'ouvrir et de dépécer le cochon aussitôt qu'il est pelé, et de le saler pendant
qu'il est encore chaud ; au lieu qu'en France on le
laisse refroidir jusqu'au soir, après l'avoir tué de
grand matin.

Je dois cependant observer que quand on sale le
lard pendant qu'il est encore chaud, il faut lui donner de l'air, et non l'entasser l'un sur l'autre dans
un saloir bien fermé ; ou du moins il ne faut l'y
laisser que pendant quatre ou cinq jours : autrement
il pourrait prendre un mauvais goût.

Pour empêcher le lard de rancir et le préserver des
vers, on le suspend à la cheminée huit jours après
qu'il est tiré du saloir, et on le fume avec du genièvre ou autre bois, pendant quelques jours, après
quoi on le laisse sécher au plancher. Voici une méthode sûre pour avoir d'excellens jambons.

Faites-les couper bien ronds et bien garnis de
chair, de telle grosseur que vous voudrez ; arrangez-
les dans le saloir en tournant la chair en haut et le
moignon en bas ; salez-les amplement avec trois quarts
de sel ordinaire, et un quart de salpêtre mêlé avec

le sel. Laissez-leur prendre le sel pendant quinze
jours. Après qu'ils sont tirés et ressuyés, fumez-les
avec du genièvre garni de ses graines, pendant trois
ou quatre jours. Mettez-les ensuite tremper dans de
la lie de vin rouge pendant quinze jours, de manière
que la lie surnage. Pendez-les au plancher pour les
ressuyer, pendant environ un mois; enfin conservez-
les dans des cendres jusqu'à ce que vous vouliez les
manger. Il ne s'agit plus alors que de les bien nettoyer dans de l'eau tiède avec une brosse, de les
laisser tremper pendant vingt-quatre heures dans de
l'eau douce, et de les faire cuire à petit feu dans une
marmite proportionnée à leur grosseur, après les avoir
enveloppés dans un linge propre, avec un ou deux
litres (bouteilles) de vin, un peu d'eau-de-vie, du
thim, du basilic et quelques épices. Cette cuisson
doit durer pendant vingt-quatre heures à petit feu.
Après quoi on désosse le jambon, on resserre bien
les chairs, et après avoir soulevé la couenne, on
poudre la graisse avec de la râpure de croûte de pain
mêlée de persil haché, que l'on recouvre avec la
couenne.

La meilleure façon d'entamer le jambon est de le
couper en travers par le milieu, et de rapprocher
les deux côtés à mesure qu'on en a mangé.

Des Maladies des cochons.

Je ne parlerai ici que des maladies particulières
au cochon; on trouvera celles qui lui sont communes

avec les autres animaux, dans les *Maladies du cheval et du bœuf*, afin d'éviter des répétitions inutiles.

Feu Saint-Antoine. Cette maladie s'annonce par une inquiétude, un dégoût et une nonchalance, qui durent cinq à six jours. Ensuite l'animal a peine à se soutenir sur ses jambes ; il baisse les oreilles, qui deviennent froides ; sa langue change de couleur ; son haleine devient puante ; une morve épaisse, gluante, coule de ses naseaux ; on aperçoit sous le ventre une rougeur considérable ; l'animal pousse alors des cris aigus ; enfin la gangrène se manifeste par une couleur d'abord livide, puis bleuâtre ou violette.

On saignera le cochon aux oreilles ou aux veines du ventre ; on lui fera souvent boire de l'eau blanchie avec la farine d'orge dans laquelle on mêlera quelques verres de bon vinaigre. Il ne faut donner aucune nourriture solide pendant huit jours. On fera prendre un ou deux lavemens par jour, avec une décoction de mauve et un peu de salpêtre.

Gale. On commencera par séparer les cochons galeux des autres. On les nourrira avec du gland et de l'orge cuite ; on lui fera boire de l'eau claire, que l'on renouvellera souvent.

On coupera les soies du cochon galeux, sur tous les endroits attaqués ; on frottera ces endroits avec du gros mâche-fer pour emporter la démangeaison et le virus ; ensuite on les oindra avec du beurre mêlé avec l'onguent *populéum*. Si la gale résiste à ces frictions et à ces onctions, on fera les autres remèdes indiqués à l'article *Gale* dans les maladies du cheval.

Ladrerie. Cette maladie, qui attaque particulièrement les cochons, s'annonce par la difficulté qu'ils éprouvent de se remuer ; l'animal attaqué paraît triste ; les bords et le dessus de la langue, et quelquefois le palais, sont chargés de petits points blanchâtres remplis d'une humeur épaisse. Lorsque la maladie est avancée, la racine des soies est ensanglantée, et l'animal se soutient à peine sur le train de derrière. Lorsqu'on le tue, on trouve son lard parsemé de grains blancs et ronds ; c'est ce que le peuple appelle du lard *grainé* ou *grené*.

Cette maladie n'est pas contagieuse : elle vient souvent de la mal-propreté dans laquelle on laisse les cochons, et de l'infection des alimens dont il se nourrit ; car le sanglier n'y est pas sujet, parce qu'il vit de graines, de fruits, de glands et de racines. Je pense aussi qu'un trop long séjour dans l'étable, où le cochon ne prend point de mouvement et ne change point d'air, y contribue plus que toute autre cause.

On placera le cochon lépreux dans un endroit bien pavé, propre et bien aéré ; on l'étrillera deux fois par jour ; on le fera baigner tous les jours dans une eau courante et propre ; en sortant de l'eau on le bouchonnera exactement ; on changera sa litière deux fois par jour ; on le fera promener une heure le matin et autant le soir, et on ne lui laissera manger aucune nourriture sale ou corrompue. On le nourrira de grains de froment, et de son humecté

avec de l'eau où l'on aura mis fondre un peu de salpêtre ; on continuera régulièrement cette seule nourriture pendant une quarantaine de jours. On lui donnera
pour breuvage de l'eau dans laquelle on mêlera 9
décagrammes (3 onces) de fleurs de soufre et 5
hectogrammes (une livre) de son. Ce breuvage se
donnera tous les jours à jeun , pendant environ un
mois.

Poux. Pour faire mourir les poux des cochons ,
on frotte d'onguent gris une corde de chanvre vieille
et usée que l'on lie à leur cou.

Pour ce qui concerne les *Abcès , Tumeurs,
Contusions , Fractures , Entorses , Ganglions ,
Morsures , Piqûres , Rage , Rétention d'urine ,
Ulcères , Vers ,* etc. , *voyez* les maladies des che-
vaux et des bœufs , ci-devant traitées.

CHAPITRE IX.

Du Chien.

COMME ce traité ne doit contenir que des objets
d'utilité , je ne parle du chien que parce qu'il est
nécessaire à la garde de la cour d'une métairie, et
pour la conduite et la sûreté des troupeaux. Le chien
de berger et le chien de basse-cour sont donc les
deux espèces que le cultivateur doit se procurer.

Quant à ceux qui sont destinés pour la chasse, comme c'est un objet d'agrément, il n'en sera point question ici.

Le chien de basse-cour doit être un mâtin de forte race, vif, hardi, assez fort pour terrasser un loup ou pour écarter les voleurs.

Il doit avoir la tête grosse, les oreilles pendantes, le front et le cou gros, les dents aiguës, les jambes grandes, les ongles durs et courts. On forme de bonne heure ces chiens à la garde, en excitant leur courage dans les combats qu'on leur fait livrer avec d'autres chiens. On leur garnit le cou d'un collier de cuir armé de pointes de fer, car les loups cherchent toujours à les étrangler. On ne lâche ces chiens que pendant la nuit; pendant le jour ils doivent être à l'attache, dans la crainte qu'ils ne mordent les étrangers.

Le chien de berger est absolument nécessaire pour les troupeaux; et il évite au conducteur des soins et des peines infinies, par sa vigilance, son activité, et son adresse à retourner et à ramener le bétail qui s'écarte ou qui reste en arrière. Il préserve les grains, les vignes et les autres productions, du dégât et de la dévastation. Cette espèce de chien est plus petite que celle du chien de basse-cour; elle a le poil long et noir, les oreilles courtes et droites : la force n'est pas son partage; mais lorsqu'on fait paître les troupeaux pendant la nuit, ou lorsqu'on les mène dans les bois, il est bon d'associer un fort mâtin au chien de berger pour défendre le bétail contre les loups.

La

Le gros pain, la soupe et les restes de cuisine, sont la véritable nourriture des chiens. Il ne faut pas les faire manger trop chaud ; cela leur gâte le nez.

Pour se procurer de bons chiens, il faut prendre les mêmes précautions que pour les autres animaux, c'est-à-dire, faire choix de mâles et de femelles de bonne race et bien conditionnés. Lorsque les chiennes sont en chaleur, il faut les renfermer et leur donner un chien bien constitué pour les couvrir ; autrement elles recevront le premier venu et l'on n'aura plus que des races abâtardies.

Les chiennes portent deux mois et quelques jours ; lorsqu'elles mettent bas, il faut les placer dans un endroit sec et chaud, et leur donner de bonne paille fraîche. On les nourrira bien en leur donnant de la soupe deux ou trois fois chaque jour. On laissera seulement deux ou trois petits avec la mère pendant trois mois ; un plus grand nombre l'épuiserait. Lorsqu'ils seront sevrés, on les nourrira de pain de froment jusqu'à six mois pour les fortifier. A un an on les dresse pour la garde ou pour la conduite des troupeaux.

La loge des chiens, ou le chenil, sera toujours tenue propre et sèche, en renouvelant souvent la paille ; cette attention les préserve de la gale et de plusieurs autres maladies. On ne doit jamais les laisser manquer d'eau propre.

Des Maladies du chien.

Catarre. Maladie qui attaque le chien au gosier. On la connoît au dégoût du chien, à son air triste ; il lui sort beaucoup de sérosités par le nez et par le gosier, qui est quelquefois gonflé.

Il faut tenir le chien chaudement, lui frotter le cou et le dessous de la gorge avec de l'huile de camomille, et lui envelopper le cou et la tête avec une flanelle chaude et enfumée avec du genièvre.

Chancre des oreilles. Ce mal attaque particuliè-rement les chiens de chasse à longues oreilles. S'il est une suite de la gale, il faut d'abord la guérir; voyez ci-après au mot *Gale*.

Si le chancre aux oreilles vient d'une autre cause, il faut le toucher avec la pierre infernale ou l'esprit de vitriol ; et s'il ne cède pas à ce remède, on coupera le bout de l'oreille attaquée avec des ciseaux, et l'on appliquera sur-le-champ un fer rouge sur la coupure.

Colique ; voyez *Tranchées*.

Fracture ou *cassure*. Lorsqu'un chien a une jambe ou patte cassée, il est assez facile de la rétablir par-faitement en remettant l'os cassé à sa place, et s'assu-rant que la réduction est bien faite, par la régularité de la partie ; ensuite on applique sur la fracture des morceaux de bois de la longueur et de la largeur de l'os, de l'épaisseur de 3 millimètres (une ligne et demie) ou environ. On garnit l'intervalle de ces éclisses ou *attelles* avec des étoupes trempées dans l'eau-de-vie, et l'on contient le tout avec une bande ; on arrose deux fois par jour la fracture avec du vin tiède : s'il survient de l'inflammation et un gonflement considérable au-dessus et au-dessous de la bande, on la relâchera un peu ; autrement il ne faut pas y toucher avant trois semaines. On tiendra le chien au régime pendant les huit ou dix premiers jours, en ne lui donnant point de viande ni de soupe grasse, mais du bouillon maigre avec un peu de pain. S'il y a de l'inflammation, on le saignera à la mâchoire. Lorsque le chien est jeune, il ne faut que trois ou quatre semaines pour le guérir ; mais s'il est vieux, il en faut six.

Les fractures ne sont difficiles à réduire et à guérir que quand l'os est brisé en plusieurs morceaux et qu'il y a des esquilles que l'on ne peut réduire ; alors il faut enlever celles-ci en ouvrant la peau, et contenir solidement les autres à leur place.

Gale. Cette maladie est difficile à guérir pour les chiens, qui y sont fort sujets, et dont elle attaque principalement le dos.

On mettra d'abord le chien galeux au régime, en ne lui donnant qu'un peu de chair crue très-fraîche, du pain sec et de l'eau pure. On l'empêchera de se gratter en enveloppant les parties galeuses avec un gros linge bien cousu. On bassinera bien ces parties plusieurs fois par jour, avec la décoction suivante.

Prenez 12 décagrammes (quatre onces) de racine

d'althéa ou guimauve coupée par tranche ; une poignée de graine de lin, deux poignées de fleurs de coquelicot : faites bouillir pendant une heure dans 3
litres (3 pintes) ou 3 kilogrammes (six livres) d'eau
commune.

On fera prendre au chien le breuvage suivant pendant quelques jours, le matin à jeun.

Prenez aloès, 38 décigrammes (un gros) ; vinaigre tartarisé, 15 grammes (demi-once) ; miel, 3 décagrammes (une once) : broyez et mêlez bien le tout
ensemble ; et donnez cette dose entière aux chiens de
forte race, en la diminuant pour les chiens plus petits, après avoir délayé ces drogues dans 12 décagrammes (quatre onces) d'eau commune un peu
tiède.

On ne le fera point souper la veille.

Après ces préparatifs, on frottera les parties galeuses avec l'onguent suivant.

Prenez 6 décagrammes (2 onces) de graisse de
cochon ; 15 grammes (une demi-once) de cire jaune ;
15 grammes (une demi once) d'alun en poudre ; une
pincée de sel ; faites chauffer ces drogues ensemble
dans une casserole de terre pendant un quart d'heure :
ôtez de dessus le feu et ajoutez quelques pincées de
fleur de soufre ; une pincée de suie de cheminée ; une
petite poignée de poudre de tuile non cuite ou argile
desséchée ; 1 décilitre (un verre) de bonne eau-de-
vie : mêlez bien le tout, et frottez une ou deux fois
toutes les parties attaquées, de manière que la peau

en reçoive bien l'impression, et pour cela il faut couper le poil.

Morsures de bêtes venimeuses. Frottez la partie mordue avec l'alcali volatil *fluor* ou liquide, ou avec de bonne huile d'olive ; mais il faut employer ces remèdes le plus promptement possible, surtout si c'est une morsure de vipère. On fait aussi avaler au chien quelques gouttes du même alcali mêlées dans de l'eau commune.

Rage. Au commencement de cette maladie, le chien paraît triste, abattu ; il se retire dans un coin pour s'y cacher et s'y tapir ; il éprouve de temps en temps des soubresauts ; il n'aboie pas, mais il grogne souvent et sans cause apparente, surtout contre les étrangers ; il refuse la boisson et la nourriture, cependant il connoît et il flatte encore son maître. Après deux ou trois jours, il quitte tout-à-fait la maison ; il fuit de tous côtés, mais d'une manière incertaine et mal assurée ; tantôt il marche à pas lents, tantôt il court en furieux, se portant à droite, à gauche. Son poil est hérissé ; il a l'œil hagard, vif et brillant ; la tête est basse, la gueule ouverte, pleine d'une bave écumeuse ; il n'aboie point ; il fuit l'eau ; il se jette sur tout ce qu'il rencontre, même sur son maître. Après deux ou trois jours passés dans cet état, le chien meurt dans des convulsions, et son cadavre se pourrit promptement et répand une grande infection.

Comme il arrive quelquefois qu'un chien qui a perdu son maître et qui le cherche avidement de tous côtés, peut mordre quelques personnes ou d'autres chiens, et que ses morsures feraient craindre qu'il ne fût enragé ; si ce chien est tué, on peut s'en assurer en frottant sa gueule, ses dents et ses gencives avec un morceau de viande cuite que l'on présente ensuite à d'autres chiens : s'ils le refusent en criant et en hurlant, c'est une preuve que le chien tué avait la rage ; mais s'ils le mangent, il n'y a rien à craindre.

Lorsqu'on s'aperçoit sur-le-champ qu'un chien a été mordu par un autre qui est attaqué de la rage, un moyen assez sûr pour le préserver de la maladie, est de brûler avec un fer chaud les parties qui ont été mordues ; mais comme on pourrait ne pas les découvrir toutes, il est important de faire prendre le remède que j'ai indiqué dans les maladies du cheval, à l'article *Rage*, pag. 181.

La rage mue est une maladie qui attaque presque tous les jeunes chiens. Ils deviennent tristes, abattus ; leur tête enfle et ils refusent toute nourriture : mais loin d'avoir de l'horreur pour l'eau, comme dans la rage véritable, ils semblent la chercher comme un remède.

Il faut leur faire prendre un peu de thériaque mêlée avec une cuillerée d'huile d'olives, pendant quelques jours, le matin à jeun ; les tenir chaudement et proprement, et mettre toujours de l'eau propre à leur portée.

On peut aussi leur faire un séton, en passant une petite bande de toile douce, de quelques lignes de largeur, à travers la peau du cou, au moyen d'une grosse aiguille de bourrelier, après avoir frotté la toile avec l'onguent *basilicum*. On fait un nœud à chaque bout du séton ; chaque jour on le tire un peu, et on le graisse avec cet onguent sur la partie qui doit entrer dans la peau.

Vers. De quelque espèce de vers qu'un chien soit attaqué, l'huile empyreumatique dont j'ai parlé pour les chevaux, *pag.* 198, est le meilleur remède. La dose pour un chien de forte taille, est de 38 décigrammes (un gros) bien mêlé avec l'infusion de quelque plante aromatique, telle que la sariette, le thym, l'hysope, etc. Faites prendre le matin à jeun, sans avoir soupé la veille, pendant deux ou trois jours. Il est bon aussi de donner quelques lavemens d'eau chaude au chien malade, deux heures avant de lui faire prendre le remède. Il faut une moindre dose pour les chiens de moyenne taille.

Quant aux autres maladies ou accidens qui peuvent arriver aux chiens, tels que les plaies, les coups, les tumeurs, loupes, enflures, etc., on en trouvera les remèdes dans les maladies des autres animaux domestiques.

CHAPITRE X.

Des Maladies contagieuses, ou épizooties.

LES maladies contagieuses sont celles qui se communiquent d'un animal malade à un animal en santé. Les fièvres malignes, la dyssenterie, la gale, les dartres, le farcin, la morve, la gourme, le charbon, le chancre, sont des maladies contagieuses dont les remèdes sont indiqués dans les chapitres qui concernent les chevaux et les bœufs.

Mais les épizooties sont des maladies contagieuses extraordinaires, qui attaquent tout-à-coup le bétail, sans qu'on puisse d'abord trouver de remèdes convenables, et elles se communiquent si rapidement par les miasmes pestilentiels répandus dans l'air, qu'en peu de temps toute la contrée peut être infectée et communiquer les ravages qu'elle éprouve aux pays voisins. Il faut donc prendre les plus grandes précautions pour éviter les malheurs qui suivraient infailliblement la plus petite négligence.

Préservatifs que l'on doit commencer à observer dans toutes les maladies contagieuses.

1.º Aussitôt que l'on s'aperçoit qu'un animal est attaqué d'une de ces maladies, il faut le séparer des autres, qui en seraient bientôt atteints, et ne lui laisser aucune communication avec eux.

Si la maladie est dans une étable, il faut bien distinguer quelles sont les bêtes malades, les suspectes et les saines; les séparer les unes des autres, en laissant les malades dans l'étable, et mettant les saines dans un endroit séparé, bien net et bien parfumé.

Si l'on n'a pas la facilité de faire sortir les bêtes saines de l'écurie, il faut mettre les malades dans une écurie à part, faire sortir ensuite celles qui sont en bon état, pour bien nettoyer le plancher et la crèche avec de l'eau chaude et du vinaigre, ou une forte décoction de graines de genièvre, surtout à l'endroit où étaient les bêtes malades, la parfumant ensuite, comme il sera dit ci-après, avant de rentrer les bêtes saines.

2.º Les maréchaux, ou médecins vétérinaires, qui soignent les bêtes malades, ne doivent point approcher des autres sans avoir pris les précautions ci-après indiquées.

3.º On fera mettre un surtout de toile cirée ou de grosse toile à ceux qui soignent les bêtes attaquées, pour qu'ils soient moins sujets à transporter avec eux le *virus* pestilentiel. Ils laveront leurs mains et leurs habits avec du vinaigre, avant d'approcher aucune bête saine.

4.º On ne se servira point des ustensiles qui auront été employés pour les bêtes malades; le plus sûr est de les brûler ou de les enterrer avec les animaux, ainsi que leurs fumiers, leurs harnais, auges, râteliers, etc.

5.º On n'ouvrira point sans précaution les cadavres des animaux, et l'on ne les dépouillera point de leur peau; il faut les enterrer dans des fosses très-profondes, tels qu'ils se trouveront en mourant. On a vu périr dans deux jours des personnes qui avaient écorché des animaux infectés de maladies contagieuses.

6.º On ne traînera point sur la terre les cadavres des animaux morts infectés; il faut les conduire et les tuer au bord des fosses où l'on doit les enterrer. S'ils meurent dans les écuries, on les conduira sur des chariots qui n'auront point d'autre usage. Les fosses seront creusées dans des lieux écartés, où les autres bêtes ne passent point; elles auront au moins dix pieds de profondeur; on les remplira de terre bien battue, et s'il s'y fait des crevasses, on les remplira. Ces endroits seront entourés d'épines ou de petits murs, pour que les animaux sains n'en puissent approcher.

7.º On ne laissera point périr ou pourrir en pleine campagne les animaux malades; cette imprudence fait durer et augmenter la contagion; les chiens et les animaux carnassiers, attirés par ces charognes, portent et répandent la maladie de tous côtés.

8º. On prendra garde que les chiens, les chats, les moutons, les poules même, qui auront approché des bêtes malades, ne portent la contagion d'une étable à l'autre; ce défaut d'attention fait quelquefois périr tout le bétail d'un village.

9.º On nettoiera parfaitement les étables des animaux infectés ; on les purifiera par des fumigations de graines de genièvre ; on les grattera, on les lavera partout. On peut employer pour les lavages le vinaigre, ou mêler 38 décigrammes (un gros) d'huile de vitriol par litre (pinte) d'eau. Cette eau peut servir pour laver les auges, les chariots, les seaux et autres ustensiles.

Pour purifier l'air des étables, mettez dans une terrine du sable ou des cendres dans lesquelles vous placerez un vase à moitié rempli de sel marin ; chauffez le tout, portez-le dans l'étable infectée ; versez sur le sel 3 décagrammes (une once) d'huile de vitriol, et retirez-vous en fermant la porte et les fenêtres.

10.º On passera des sétons, et l'on fera des cautères au poitrail des chevaux et au fanon des bœufs et des vaches. Cette méthode est excellente, et a sauvé beaucoup de bestiaux. Voyez la manière de les faire, *pag.* 89 de ce volume.

11º. On diminuera d'un tiers la nourriture des animaux en santé ; on mêlera au fourrage sec des herbes fraîches, telles que le chiendent, la laitue, l'oseille, la poirée, le laiteron, la mauve, etc. On leur donnera de l'eau blanche faite avec quelques poignées de farine d'orge ou de froment, et 6 décagrammes (deux onces) de salpêtre sur 9 litres (dix pintes) d'eau : le litre (la pinte) évalué à 1 kilogramme (deux livres). On les étrillera et on les frottera deux fois par jour avec des bouchons de paille trempés dans du vinaigre, où l'on aura fait infuser quelques gousses d'ail. On leur donnera des lavemens avec la décoction des herbes indiquées ci-dessus, et on les fera baver ou saliver avec des nouets de linge remplis de sel ou de gousses d'ail, ou d'*assafetida*, qu'on leur met dans la bouche en les attachant à une espèce de mors de bride ou billot de bois, ou en leur passant le linge roulé en travers, et l'assujettissant dans cette position pour le leur faire mâcher.

Voici la manière de faire un nouet. Prenez 6 décagrammes (deux onces) de racine de gentiane, 3 décagrammes (une once) de racine d'impératoire, 15 grammes (une demi-once) de sel gemme, autant d'assa-fetida, un peu de sel commun; le tout réduit en poudre : faites une pâte avec un peu de miel ; mettez une partie de cette pâte sur de la toile que vous roulerez autour d'un petit bâton, et que vous mettrez dans la gueule de la bête en guise de mors, que vous tiendrez attaché aux cornes, si c'est un bœuf ou une vache ; et au-dessus de la tête, si c'est un cheval ou un autre animal.

Pour faire boire l'animal, on ôtera le bâton et on lui lavera la bouche.

12.º On lavera chaque jour les naseaux et la queue des bêtes saines, avec un mélange de vin, de thériaque et de camphre, parce que c'est par là que les maladies peuvent s'introduire.

13.º Un bon préservatif est de faire prendre aux bêtes, tous les quinze jours, une poignée de poudre

composée de quatre poignées de graines de genièvre,
autant de graines de lierre ou de baies de laurier;
12 décagrammes (4 onces) de sel , autant de moutarde et 6 décagrammes (2 onces) de poivre, le
tout réduit en poudre. La dose sera plus ou moins
forte à raison de la grosseur de la bête. On la
donnera à jeun, et on ne laissera manger que deux
heures après.

14.º Outre les précautions ci-dessus , on fera boire
tous les matins, pendant six jours, à toutes les bêtes de l'étable, un pot de décoction de bois et de
graines de genièvre concassés, en y ajoutant et mêlant 3 décagrammes (une once) d'aloès succotrin ,
et gros comme une fève de camphre dissous dans un
peu d'eau-de-vie.

15.º On évitera de remettre les bêtes saines dans
une écurie où il y a eu des malades, surtout si elles
y sont mortes, avant de l'avoir nettoyée, lavée et
parfumée plusieurs fois, reblanchie, et d'avoir lavé
le pavé et la terre du sol.

16.º J'ai dit dans les maladies des bêtes à cornes,
à l'article *Contagion* , qu'un des meilleurs préservatifs était de conduire les bêtes saines hors du village ou de la métairie , dans un lieu éloigné de toute
communication avec les hommes et les bêtes , et de
leur y construire des cabanes, où on les tiendra jusqu'à ce que la contagion soit entièrement passée.

Pour exécuter tous ces préservatifs , il faut beaucoup d'exactitude, de vigilance et d'activité, attendu
que la moindre négligence peut détruire en un ins-

tant toutes les précautions que l'on aura prises pour sauver les animaux.

Des Symptômes qui font connaître les maladies contagieuses, et du Traitement pour leur guérison.

En général, lorsqu'une bête commence à prendre le mal, elle frissonne en différentes parties du corps, au cou, aux jambes, aux reins, et successivement aux autres parties. Ce tremblement, qui ne s'aperçoit presque point au commencement, augmente beaucoup au bout de quelques jours : alors la bête cesse de manger et de ruminer ; elle perd ou reprend l'appétit par intervalles ; elle mange même quelquefois avec voracité, mais pendant peu de temps ; ses yeux sont étincelans et égarés, ses oreilles pendent à demi. Cet état dure trois ou quatre jours, après lesquels elle cesse de manger ; ses oreilles pendent tout-à-fait ; les yeux sont mornes et pleurent ; les naseaux distillent de la pourriture et du sang caillé ; la langue est chargée de limon ; quelques-unes rendent des excrémens liquides et jaunâtres ; d'autres du sang presque tout pur. En général, elles sont fort abattues, ont la tête basse, de la difficulté à respirer, accompagnée de toux ; leurs poils sont hérissés ; leur langue, leur bouche et leur arrière-bouche, enflammées, ulcérées et plus ou moins parsemées de pustules ; enfin leur haleine est d'une puanteur insupportable.

Remèdes.

Après avoir séparé des autres la bête malade,
on la mettra dans un lieu à l'abri des injures de l'air,
et on la couvrira pour la garantir du froid, s'il en
est besoin. On lui fera promptement une copieuse
saignée au cou, savoir : de 10 à 15 hectogrammes
(2 ou 3 livres) pour un bœuf, de 24 décagrammes
(une livre et demie) pour une vache, et de 5 hectogrammes (une livre) pour une jeune bête. On peut
réitérer selon le degré de fièvre ; mais passé le troisième jour, la saignée est inutile et même dangereuse.

On lui fera ensuite de fortes frictions sur tout le
corps avec un torchon de paille humecté d'eau chaude
et de vinaigre, que l'on réitérera souvent. On lui
lavera deux fois par jour la langue avec du vinaigre,
du poivre et du sel mélés ensemble, et on lui injectera
dans les naseaux du vin chaud, dans lequel on aura
fait dissoudre, gros comme une petite noix, de thériaque, pour chaque décilitre (verre) de vin, et
gros comme un bon pois de camphre dissous dans
un peu d'eau-de-vie. On lui lavera aussi les yeux
avec du vin tiède.

On la fera saliver avec un nouet ou billot arrangé
comme je l'ai dit au n.° 11 des préservatifs indiqués
ci-devant pag. 316. Après lui avoir ôté le nouet et lui
avoir rincé la bouche, on lui présentera un peu
d'orge, d'avoine ou de froment infusés dans de l'eau

tiède pendant deux ou trois heures , et on lui donnera de cette nourriture de six en six heures.

Si la bête n'a pas le ventre libre, ou s'il est dur et tendre , on lui donnera des lavemens avec une décoction de feuilles de mauve, de guimauve, de violette, de graine de lin et de son , en ajoutant à la colature 2 décilitres (2 verres) d'huile d'olives, et 15 grammes (une demi-once) de cristal minéral ou de nitre.

Le traitement le plus convenable est de faire des incisions sur la bête malade , dans les endroits de son corps où l'on a aperçu des frissons ou tremblemens. On a fait jusqu'à soixante incisions à une vache malade, qui a été sauvée. Il faut entretenir les ouvertures en détachant doucement , avec les doigts , le cuir d'avec les chairs , et lavant les parties coupées avec du vin chaud , ou de l'eau et du vinaigre.

On fera boire la bête toutes les deux heures , en chauffant un peu l'eau, dans laquelle on délayera un peu de son ou de farine de seigle; le petit-lait serait encore meilleur : mais à défaut, on mettra sur un kilogramme (2 livres) d'eau 38 décigrammes (un demi-quart d'once) de salpêtre. Si la bête refuse de boire , on l'y forcera en se servant d'une corne.

Après ces précautions , on fera prendre à la bête malade les remèdes suivans.

Prenez salpêtre purifié , tartre de vin blanc , de chaque 5 hectogrammes (une livre) ; crème de tartre , 12 décagrammes (4 onces) ; camphre , 6 décagrammes (2 onces) : faites de ces drogues mê-

lées

lées ensemble, une poudre fine, dont vous donnerez à l'animal malade 15 grammes (une demi-once)
de trois en trois heures, dans une demi-écuellée
d'eau ou de petit-lait.

Si la chaleur, la fièvre, la difficulté de respirer
et l'insomnie sont considérables, on donnera à l'animal,
une heure et demie après chaque prise de la poudre
ci-dessus, 2 cuillerées ordinaires du remède suivant
dans un peu d'eau tiède.

Prenez 3 kilogrammes (6 livres ou 3 bouteilles)
de vinaigre de vin; un kilogramme (2 livres) de
miel cru; 24 décagrammes (demi-livre) de salpêtre purifié; 15 grammes (demi-once) d'huile de
vitriol: mettez ces drogues ensemble dans un pot de
terre vernissé, sur un petit feu. Remuez sans cesse ce
mélange pendant un quart d'heure, et prenez bien
garde qu'il ne bouille; retirez ensuite le pot du feu,
laissez refroidir, et donnez à la bête deux cuillerées
de trois en trois heures.

Depuis le commencement de la maladie jusqu'à
la fin, on frottera et on lavera, plusieurs fois le jour,
la bouche, les gencives et la langue des bêtes malades avec le remède suivant:

Prenez excellent vinaigre, eau-de-vie, huile de
lin, parties égales; faites-y fondre un peu de salpêtre:
servez-vous d'une petite éponge au bout d'un bâton,
pour employer ce remède.

Si l'animal est attaqué d'un grand cours de ventre, on supprimera l'huile de lin, et l'on diminuera
de moitié la quantité des remèdes ci-dessus.

Tome I. 21

On fera des sétons, des cautères et des frictions aux bêtes malades, ainsi que je l'ai dit pour les bêtes saines, dans les préservatifs. Les sétons se font avec sept à huit fils poissés, qui ne soient pas retors, que l'on passe dans la peau du cou, avec une grosse aiguille ; on noue les deux bouts de cette corde, et chaque jour on la fait aller et venir dans le trou, après l'avoir frottée d'onguent *basilicum* : pag. 86.

Je pourrais mettre sous les yeux de mes lecteurs beaucoup d'autres remèdes qui ont été indiqués et administrés dans les temps d'épizootie et de contagion ; mais outre qu'une partie n'a été d'aucune utilité, c'est que leur multiplicité embarrasse trop les cultivateurs dans des circonstances aussi désastreuses : je me contenterai donc d'ajouter quelques observations qui pourront guider dans les années extraordinaires pendant lesquelles naissent des épizooties qui souvent détruisent tout le bétail.

En général les maladies contagieuses doivent leurs causes, ou à la température extraordinaire de l'air, qui a lieu dans certaines années, par exemple, à une chaleur et à une sécheresse excessives et de trop longue durée ; ou, au contraire, à des pluies continuelles et mal-saines ; ou à la mauvaise qualité des fourrages ; ou à la mal-propreté dans laquelle on tient le bétail ; ou à l'eau corrompue qu'on lui fait boire dans certains lieux privés d'eau courante. N'y eût-il qu'une bête attaquée du mal contagieux, elle peut, si l'on n'use des précautions nécessaires, infecter successivement tout le bétail d'une contrée.

Un cultivateur intelligent, économe et soigneux, doit donc être sur ses gardes pour gouverner son bétail selon les circonstances, afin que la maladie ne commence pas à avoir lieu chez lui par sa faute.

Ainsi, dans les années de sécheresse et de chaleur excessives, il ne laissera jamais manquer d'eau à ses bêtes, et il aura soin d'ajouter chaque jour à leur boisson un peu de salpêtre, ou de vinaigre, ou de son, et même de leur faire boire du petit-lait. Il se gardera bien aussi de faire faire un travail forcé, ou par la grande chaleur, à ses chevaux et à ses bœufs, ou de les faire paître passé neuf heures du matin, ou avant trois ou quatre heures du soir. Il fera en sorte de leur procurer tous les jours de l'herbe fraîche mêlée avec le fourrage sec ; en un mot il tempérera de son mieux l'excès du chaud, et il en éloignera les inconvéniens.

Dans les temps humides, au contraire, il donnera du fourrage sec, du son mêlé d'un peu de sel, et il fera boire le bétail plus rarement. Il tiendra ses écuries plus propres et plus sèches ; il les parfumera de temps en temps, et il changera plus souvent la litière.

Ceux qui n'ont que de l'eau de mare ou de citerne à faire boire, la purifieront en la faisant filtrer à travers le sable, en y ajoutant un peu de sel ou de salpêtre, ou de la farine d'orge; ou ils la feront bouillir, avant de la présenter au bétail, en y infusant de la véronique ou quelques herbes aromatiques.

Lorsque le cultivateur aura donné tous ses soins

à son bétail, s'il s'aperçoit qu'il règne quelque maladie contagieuse dans le pays, il prendra toutes les précautions indiquées ci-dessus, pour en préserver ses bêtes, et pour les séquestrer entièrement de toutes les autres, sans en laisser approcher ni les hommes ni les animaux étrangers; et si la maladie règne dans son village même, il se hâtera d'en éloigner ses troupeaux, en leur établissant des loges ou hangards dans quelque lieu écarté, d'où il ne laissera rien approcher de suspect.

Il aura encore soin de purifier, non-seulement l'air des écuries, mais celui des environs, en brûlant plusieurs fois par jour du genièvre, ou quelque bois odorant dont la fumée empêchera l'air contagieux de pénétrer sur ses troupeaux.

On doit observer aussi dans ces temps de calamité, qu'il est important de ne laisser ensemble que le moins de bétail possible, attendu que, quand il est en trop grand nombre dans une écurie, l'air se corrompt très-promptement, ce qui suffirait pour faire naître la contagion dans une année dangereuse. Malheureusement presque tous les laboureurs entassent le bétail, soit à défaut de logement assez spacieux, soit pour éviter la peine de nettoyer plusieurs étables. Une économie aussi perfide peut occasioner les plus grands ravages.

QUATRIÈME PARTIE.

Des Volailles de toutes espèces, de leur éducation, de la manière de les engraisser, etc.

CHAPITRE PREMIER.

Des Poules.

LA poule est, sans contredit, l'oiseau domestique ou la volaille la plus nécessaire et la plus utile dans une métairie où les grains, les criblures, le son et autres nourritures qui lui conviennent, se trouvent en abondance. On ne peut se passer des œufs de poule dans aucun ménage, et en conservant ceux du temps où les poules pondent le plus, pour les temps où ils sont très-rares, on peut doubler et même tripler leur prix dans les marchés. En un mot, les poules, les poulets, les chapons, les poulardes font la base d'une basse-cour, et rapportent continuellement de l'argent au fermier, sans lui occasioner de fortes dépenses.

Parmi les différentes espèces de poules on distingue celle de Padoue ou de Caux, qui est beaucoup plus grosse que la poule ordinaire; la poule pattue, qui a des plumes jusque sur les doigts, et la poule du Japon, également pattue.

La poule ordinaire et celle de Caux sont les espèces que l'on doit préférer.

Un bon coq doit avoir la taille forte, le plumage rembruni, la patte forte, ferme, garnie d'ongles et d'un bon *ergot*; la cuisse longue, forte, bien garnie de plumes, la poitrine large, le cou élevé et bien emplumé; le bec court et gros; la crête large, épatée et d'un beau rouge; l'aile forte, la queue grande et rabattue en faucille; l'air fier et hardi. Il est indifférent que la crête soit double ou simple.

Un coq ne doit avoir que douze ou quinze poules, afin de conserver assez de forces pour leur suffire. Son bon âge est depuis six mois jusqu'à trois ou quatre ans.

Une bonne poule doit être de taille moyenne; elle doit avoir la tête grosse et haute, la crête rouge et pendante sur le côté, l'œil vif et le cou gros, la poitrine large, le corps gros et carré. La couleur est égale, quoique quelques personnes préfèrent la noire.

Les œufs qui n'ont pas été fécondés par le mâle, se conservent plus long-temps que les autres, mais ils ne valent rien pour couver; ainsi il faut qu'une ménagère prenne garde s'il y a quelques poules que le coq n'ait pas cochées, afin de détourner leurs œufs pour les manger, puisqu'en les faisant couver ils seraient perdus.

J'ai parlé du poulailler dans la première partie de cet ouvrage, pag. 11. Ainsi je ne répéterai pas ici la manière dont il doit être construit et tenu.

La nourriture des poules consiste dans toutes les espèces de grains, excepté la vesce sauvage qu'elles n'aiment pas. Les légumes, les vers, les insectes de toute espèce, les fruits, le pain, le son, etc., peuvent servir d'aliment à cet oiseau, qui digère tout parfaitement.

Quoique la poule ne soit pas difficile sur le choix des alimens, cependant elle préfère ceux qui sont cuits aux autres, surtout lorsqu'ils sont encore un peu chauds. Une bonne ménagère fera donc cuire, dès la veille, dans les lavures de la vaisselle, des mauvaises feuilles de choux, des laitues, des raves, des carottes et autres plantes potagères mêlées avec du son; il ne faut pas trop les faire cuire, mais les réchauffer un peu le lendemain de grand matin, les égouter, et donner cette espèce de soupe pour première nourriture à ses poules, dans des auges ou baquets plats mis dans le poulailler. Après cela elle leur donnera des criblures, des grains de blé, de seigle, d'avoine, de sarrasin, de blé de Turquie concassé, de millet, etc. Si toutes ces graines sont cuites, elles n'en seront que meilleures. On ne doit surtout jamais leur donner de l'orge sans cette précaution, à cause des piquans que ce grain porte à chaque bout.

On donnera chaque jour de la nouvelle eau aux poules, et l'on nettoiera soigneusement le poulailler, attendu que la propreté dans laquelle on tient ses volailles, est un des meilleurs moyens de les conserver en santé.

La raison pour laquelle je conseille de donner à manger aux poules dans le poulailler même, est que dans la cour les autres volailles leur enlèvent une partie de leur nourriture. Les dindons surtout, plus forts et plus voraces, maltraitent les poules, lorsqu'on les fait manger ensemble, et les écartent à grands coups de bec. Les canards, avec leur bec large, absorbent en un instant presque tout ce qui est répandu; les pigeons l'enlèvent avec rapidité, en sorte qu'il ne resterait presque rien à la volaille la plus utile.

Cependant, si l'on ne nourrit que des poules, il vaut mieux leur donner à manger en dehors du poulailler, et les régler pour les heures des repas, savoir, le matin au lever du soleil, et le soir avant son coucher.

La personne qui est chargée de nourrir les poules et de les nettoyer, doit seule entrer dans le poulailler, soit pour leur donner à manger, soit pour balayer, frotter et laver tout l'intérieur, ou pour lever les œufs; c'est le moyen de ne point effaroucher les poules et de les empêcher d'aller pondre ailleurs.

On trouve, dans Olivier de Serres, la manière d'établir une *verminière* pour nourrir les poules sans grande dépense, en leur fournissant une grande quantité de vers, qu'elles aiment beaucoup, et qui les entretiennent pendant toute la belle saison, avec un peu de grain qu'on leur donne. Voici un abrégé de sa méthode en style moderne.

Faites une fosse de 3 à 4 mètres (dix à douze pieds) carrés sur un mètre à un mètre 3 décimètres (trois à quatre pieds) de profondeur, dans un lieu un peu en pente, pour que l'eau du fond puisse s'écouler. Si l'endroit est naturellement un peu humide, on élèvera le sol avec de la terre, et on l'entourera de petits murs bien maçonnés, d'un mètre à un mètre 3 décimètres (trois à quatre pieds) de haut. Dans le fond de cette enceinte, on étendra un lit de paille hachée, d'environ 16 centimètres (six pouces) d'épaisseur. On mettra par-dessus une couche de fumier de cheval sortant de l'écurie, que l'on couvrira de terre menue et légère, sur laquelle on répandra du sang de bœuf ou de chèvre, du marc de raisin, de l'avoine, du son de froment, le tout mêlé ensemble. On recommencera ensuite à faire des lits de pareilles matières, dans le même ordre qui vient d'être dit, en faisant chaque lit d'environ 16 centimètres (six pouces) d'épaisseur, ayant soin de mêler dans cette composition des tripailles de mouton ou d'autres bêtes. Enfin, on couvrira le tout de fagots d'épines que l'on chargera de grosses pierres, afin d'empêcher que les cochons ou les poules ne viennent y fouiller ou gratter. Après que les pluies ou l'eau qu'on y jettera auront fait pourrir la masse, il s'y engendrera une infinité de vers, que l'on ménagera avec soin, et on les donnera à manger peu à peu aux poules.

On entame la verminière avec une bêche, en commençant près d'une petite porte, ou de l'ouverture que l'on a eu soin de laisser au mur d'enceinte en le construisant, et que l'on a soin de reboucher chaque fois avec de grosses pierres ou une petite porte. On en tire à chaque fois une quantité proportionnée au nombre de ses poules. Trois ou quatre coups de bêches suffisent pour amuser cette volaille pendant une journée, et lorsqu'elle en a extrait, en grattant, tout ce qui lui convient, ce qui reste sert pour les fumiers, et donne un excellent engrais.

Quelques jours après que l'on aura eu entamé la verminière, on pourra y laisser entrer les poules par la petite porte pour y gratter à leur aise; mais il ne faudra la découvrir d'épines et de pierres qu'à mesure de la consommation.

Pour ne jamais se trouver au dépourvu de vers, on pourra faire en même temps plusieurs verminières, que l'on ne découvrira, pour les entamer, qu'à mesure que chacune sera consommée.

Pendant l'hiver on couvrira de fumier la verminière, pour l'empêcher de geler, sans quoi les vers s'enfonceraient si profondément dans la terre que les poules n'en trouveraient plus. Au reste, il ne faut pas trop leur donner de cette nourriture, qui les engraisserait trop, et qui les empêcherait de pondre souvent.

De l'Education des Poulets.

Il n'appartient qu'à une ménagère soigneuse et intelligente de conduire les couvées et d'élever les jeunes poulets. Des œufs mal choisis peuvent faire perdre une couvée qui a donné trois semaines de soins. Lorsque les poulets sont éclos, une heure ou deux de froid peuvent les faire périr ; en un mot, il faut une attention continuelle pour mener, comme on dit, la chose à bien, et une servante mercenaire néglige presque toujours quelque point essentiel.

Dans les pays du Midi, les poules pondent pendant presque toute l'année ; mais dans ceux du Nord, elles ne commencent qu'à la fin de janvier pour finir en septembre. Cependant en les plaçant, comme je l'ai dit dans la première partie, derrière un four ou dans une petite chambre chaude, elles pondront pendant tout l'hiver, surtout si on leur fait manger beaucoup de chenevis, d'avoine ou de sarrasin. Mais si, au contraire, elles sont trop échauffées, on leur fera manger des herbes rafraîchissantes après les avoir fait cuire.

On ne fera donc choix que des œufs des poules qui auront été *cochées* ou couvertes par le coq. On prétend que ceux qui sont pointus donnent les mâles, et ceux qui sont arrondis, des femelles ; quoi qu'il en soit, si l'on a plusieurs espèces de poules, on aura soin de distinguer leurs œufs, et de faire couver à chaque espèce ceux qui lui appartiennent.

Lorsqu'on s'aperçoit qu'une poule cesse de pondre, qu'elle *glousse* d'un cri particulier et qu'elle garde le nid, c'est le moment de la faire couver.

Avant de la placer dans l'endroit qu'on lui destine, on la laissera s'échauffer dans le nid pendant quelques jours; ensuite on la porte dans la chambre à couver, et on la place dans une corbeille remplie de paille ou de foin, en y faisant un creux où l'on dépose la quantité d'œufs qu'on veut lui donner. Moins la saison est avancée, moins il faut donner d'œufs à la couveuse; ainsi on réglera le nombre de 12 à 18, ou de 11 à 19, car bien des ménagères prétendent qu'il doit être impair. On croit aussi, lorsqu'on fait couver une poule quand la saison est avancée, qu'il faut mettre un peu de fer dans la paille, pour préserver les œufs de l'effet du tonnerre. Quoi qu'il en soit, les œufs une fois placés, il ne faut plus les toucher, mais laisser à la couveuse le soin de les retourner elle-même.

Lorsque le 20.e jour du couvage est arrivé, ou même dès le 19.e, il faut visiter les œufs; et, si l'on entend crier quelque petit, il faut lui aider à sortir en levant quelques éclats de la coque, et prenant bien garde de blesser le poulet, qui mourrait sur-le-champ. Si l'on en voit quelques-uns de faibles qui n'aient pas la force de frapper avec le bec pour se faire jour, on leur donnera, avec le bout du doigt, une ou deux gouttes de vin mêlé d'eau et de sucre.

A mesure que les poulets naissent, on les laisse sous la mère au moins un jour entier en attendant que les autres viennent, sans qu'il soit besoin de leur donner aucune nourriture. Après le 21.ᵉ jour, on jette les œufs qui ne sont point éclatés, et où l'on n'entend aucun *piaulement*.

Lorsque tous les poulets sont éclos, on les place pour un ou deux jours avec la mère dans un grand panier rempli d'étoupes, pour les garantir du froid et les fortifier.

Dans les commencemens, on les laisse s'accoutumer à l'air en les mettant sous une cage à claire-voie, que l'on soulève un peu d'un côté, afin qu'ils puissent aller et venir sans que la mère en sorte pour s'écarter ; à ce moyen, aussitôt qu'ils ont froid, ils peuvent aller se réchauffer sous ses ailes. Mais cette cage sera placée dans un lieu chaud ou au soleil, par un beau jour, et jamais dans un endroit froid ni à l'ombre.

Leur première nourriture sera de la mie de pain, du millet, du froment un peu cuit. On leur donne aussi des jaunes d'œufs cuits, durs et émiettés, mais dans le cas seulement où leur fiente serait liquide ; car s'ils étaient constipés, cette nourriture leur serait funeste. Si on leur fait tremper du pain dans du vin, il faut y mêler de l'eau, et leur donner peu de ce pain émietté, qui les enivrerait et pourrait les faire mourir.

A mesure qu'ils grandissent, on leur donne du froment, de l'orge cuit et du blé de sarrasin, et on ne les laisse jamais manquer de nourriture ni d'eau. Lorsqu'ils ont cinq ou six semaines, on les abandonne aux soins de leur mère ; on peut même donner alors deux ou trois couvées à une même poule, parce que les autres, n'ayant plus rien à conduire, se remettent à pondre.

On peut apprendre des chapons à conduire des poulets; mais cette méthode est de pure curiosité, ou ne doit être employée que dans un besoin pressant à défaut de poules. Dans ce cas on enivre un chapon avec du pain trempé dans du vin ou un peu d'eau-de-vie, et dans cet état on le place sur une couvée de poulets qu'il prend pour les siens et qu'il soigne à son réveil.

On voit par ce qui vient d'être dit, que pour élever les jeunes poussins avec succès, il faut les placer d'abord dans un lieu chaud et exempt d'humidité, les tenir très-proprement, leur donner souvent de la nourriture et de l'eau, et les mettre au soleil autant que l'on pourra, en tempérant néanmoins ses rayons au moyen d'un linge dont on couvrira la cage ou poussinière.

Je ne parlerai point de la manière de faire éclore des poulets avec une chaleur artificielle, c'est-à-dire, en plaçant les œufs dans un four construit d'une manière convenable à cet objet, ou dans un tonneau entouré de fumier chaud entretenu constamment à un degré pareil à celui de la chaleur naturelle des poules. Cette méthode, de pure curiosité en Europe, demande trop de soin et de dépense pour en tirer quelque profit, et nous n'avons ici pour principal objet que l'utilité.

Manière de faire les Chapons.

Comme on ne doit garder que deux ou trois coqs pour une basse-cour, lorsque les poulets mâles ont trois mois, on leur fait une incision avec de bons ciseaux pointus, en soulevant d'abord la peau avec une aiguille, entre l'estomac et le croupion ; on enfonce le doigt par cette ouverture pour tirer adroitement les testicules ; on coud la plaie avec de la soie, on la frotte avec un des testicules écrasés, et on la poudre de farine de froment ou de seigle. On a soin de ne pas faire cette opération par un temps trop chaud, qui pourrait faire survenir la gangrène. On les tient ensuite renfermés pendant trois ou quatre jours ; après quoi on peut les lâcher. Il faut leur couper aussi la crête.

Pour engraisser les chapons, on leur donne de l'orge, du froment, du sarrasin, du son bouilli, ou une pâte faite avec de la farine de blé de Turquie.

Pour les engraisser plus vite, on les place dans une mue où ils ne puissent se retourner, en leur plaçant le manger dans une petite auge où ils le becquettent par une ouverture étroite qui leur laisse seulement passer la tête et le cou. Il faut les y tenir très-proprement, les empâter avec des boulettes de gruau et de lait, et les tenir dans un air tempéré et dans un lieu un peu sombre.

Des Poulardes.

La poularde est une poule que l'on a châtrée de son ovaire, en s'y prenant à peu près comme pour faire un chapon.

Pour engraisser les poulardes, on les place dans une chambre où elles peuvent manger en abondance de l'orge, du froment, du son bouilli, de la pâte faite avec de la farine de blé de Turquie. On les met aussi dans des épinettes placées dans un lieu obscur, mais chaud et exempt d'humidité, et on leur donne une pâtée de farine de millet, d'orge ou de blé de Turquie que l'on trempe d'un peu de lait, sans qu'il soit besoin de leur donner à boire. Quelques personnes les embouquent en leur faisant avaler par force des boulettes de cette pâte; mais cela est inutile et quelquefois dangereux.

Les poules du Mans s'engraissent en les mettant dans une *mue* et leur donnant à manger, trois fois par jour, d'une pâtée composée de deux tiers de farine d'orge et d'un tiers de celle de sarrasin, ou de farine d'orge et de sarrasin moulus ensemble. On en forme des morceaux un peu alongés, de grosseur convenable, dont on leur donne sept ou huit à chaque fois.

Celles de Bresse s'engraissent avec la farine de blé de Turquie pétrie avec du lait et un peu de miel. Quinze jours ou trois semaines suffisent pour engraisser une bonne poularde.

Maladies

Maladies des Poules.

La pépie. Cette maladie, qui attaque le bout de la langue où elle forme une peau racornie, est occasionée par le défaut d'eau ou la mal-propreté. L'eau des mares ou des fumiers peut aussi y donner lieu ; c'est pourquoi j'ai recommandé de ne jamais laisser manquer d'eau propre et fraîche le poulailler ou les lieux que les poules habitent.

Pour enlever la pépie, on place la poule entre les jambes, on lui tient le bec ouvert, et avec une épingle ou une aiguille on gratte la pellicule qui couvre le bout de la langue, pour l'enlever; après quoi on mouille la place avec du lait ou de la salive. On ne donne à boire à la poule qu'un quart d'heure après l'opération.

Maladie du croupion. Les volailles qui sont attaquées d'une petite tumeur enflammée, qui leur vient à l'extrémité du croupion, ont le plumage hérissé et les ailes pendantes ; la cause vient d'échauffement et de constipation.

On ouvre cette enflure avec un couteau bien tranchant, et on la presse avec les doigts pour en faire sortir toute la matière; ensuite on la lave avec du vinaigre bien chaud. Quelques-uns prennent de l'eau-de-vie mêlée avec moitié d'eau tiède, au lieu de vinaigre. La méthode de ne percer la tumeur qu'avec une aiguille, ne vaut rien, puisqu'elle ne peut faire nettoyer entièrement le dedans du mal.

Tome I.   22

Après l'opération, on fera manger à la poule malade, de la laitue, des cardes poirées, du son d'orge et du seigle, bouillis dans l'eau ; ce traitement rafraîchissant achèvera de la guérir entièrement.

Cours de ventre; il vient d'avoir mangé trop de nourriture humide.

On fera manger aux volailles qui en seront attaquées, des cosses de pois bouillies dans l'eau, ou bien on mêlera une pincée de poudre de corne de cerf dans du bon vin rouge, en l'y laissant infuser pendant une nuit, et on en donnera sept à huit gouttes le matin et autant le soir à chaque volaille attaquée. Ce remède ne doit être employé que le troisième ou le quatrième jour de la maladie.

Constipation. Prenez de l'écume du pot où l'on fait la soupe grasse ; mêlez-y un peu de farine de seigle avec de la laitue hachée bien menue : faites bouillir le tout ensemble et donnez-le aux volailles malades ; si ce remède ne fait pas assez d'effet, ajoutez-y un peu de manne.

Inflammation des yeux. Si cette maladie vient d'avoir mangé trop de graines échauffantes, telles que le chenevis et l'avoine, on frottera les yeux avec du suc d'éclaire, de lierre terrestre et de buglose, pilés ensemble, et dont on exprime le jus à travers un linge. On y mêle un peu de vin blanc, et l'on frotte soir et matin les yeux de la poule.

Si l'inflammation vient au contraire de l'usage d'une nourriture trop humide, ou des brouillards et des pluies continuelles , on frottera les yeux avec de l'eau-de-vie mêlée d'égale quantité d'eau.

Ou bien prenez un peu de manne , une pincée de rhubarbe et suffisante quantité de farine de seigle ; pétrissez le tout ensemble avec un peu d'eau, et ajoutez-y quelques gouttes de sirop de fleurs de pêcher. Formez avec cette pâte des pilules de la grosseur d'un pois , dont vous ferez avaler à la volaille, deux le matin et autant le soir. On frottera deux fois par jour les yeux avec le suc d'éclaire , etc. , indiqué ci-devant, et le mal sera guéri en quelques jours.

Poux. Le défaut de propreté est la seule cause de la vermine des poules.

Faites bouillir 12 décagrammes (4 onces) d'ellébore blanc dans 4 litres (4 pintes) d'eau, jusqu'à réduction de 15 décilitres (une pinte et demie). Passez la liqueur à travers un linge , et ajoutez-y 15 grammes (une demi-once) de poivre et autant de tabac grillé. Lavez la volaille avec ce mélange, qui détruira la vermine en deux ou trois fois.

Ulcères. Petites tumeurs qui viennent sur le corps de la volaille et qui la font languir. Elles sont occasionées par la mauvaise nourriture ou par une mauvaise eau.

Faites fondre ensemble pareille quantité de résine , de beurre , de goudron , et faites-en un onguent dont vous frotterez les parties attaquées , après l'avoir délayé avec du lait chaud et même quantité d'eau.

Catarre. On connaît ce mal lorsque les poules reniflent et qu'elles ont l'air de vouloir cracher sans le pouvoir ; elles râlent avec effort, et elles cherchent à repousser la matière âcre qui leur tombe dans le gosier et qu'elles rendent même par le bec, mais jamais assez pour se guérir. Elles sont dégoûtées et ne mangent qu'avec répugnance.

Pour les guérir on leur traverse les naseaux avec une petite plume, et si la fluxion se jette par une tumeur sur les yeux ou à côté du bec, on l'ouvre pour faire sortir la matière ; on la lave bien avec du vin chaud, et l'on y met un peu de sel broyé très-fin.

Goutte. Les poules sont attaquées de cette maladie, lorsqu'elles ont les jambes roides et qu'elles ne peuvent se tenir sur les perches du poulailler.

Frottez-leur les jambes avec du beurre ou avec de la graisse de chapon.

Mue. Cette maladie, commune à tous les oiseaux, attaque ordinairement les petits poulets ; ils sont alors tristes, abattus ; leurs plumes se hérissent et tombent ; ils mangent peu et quelquefois ils meurent s'ils ne sont secourus, surtout les poulets tardifs qui n'ont pas eu ce mal pendant l'été, mais qui en sont attaqués en automne.

On fera coucher de bonne heure les poulets attaqués, et on ne les laissera sortir le matin qu'après que la fraîcheur sera passée. On leur donnera du millet, du chenevis ; on fera fondre un peu de sucre dans leur eau , et on prendra dans la bouche du vin mêlé d'eau qu'on soufflera sur leurs plumes.

Lorsque les poulets pousseront leur queue et leur crête, on les tiendra chaudement et sèchement ; on les nourrira bien et on les fera coucher avec la mère sur un lit de filasse ou d'étoupes de chanvre.

En général , pour élever les poulets avec succès, ils doivent avoir constamment chaud , être bien nourris, et dormir à leur gré sous l'aile de la mère, sans les déranger le moins qu'il est possible.

Moyen facile pour conserver les œufs de poule.

Le moyen le plus sûr pour conserver long-temps frais les œufs , serait de ne prendre que ceux des poules qui n'ont point eu de coq, c'est-à-dire, ceux qui n'ont pas été fécondés et qui , par conséquent, n'écloraient pas, quand même on les ferait couver. Mais il est difficile de les connaître , ou d'empêcher les poules d'être cochées , et les œufs ordinaires sont presque aussi bons en y donnant l'attention nécessaire.

On prend donc des œufs tout frais pondus , et quand ils seraient sales, on se gardera bien de les laver ni de les toucher avec des mains mouillées. On les frottera aussitôt avec de l'huile , n'importe de quelle espèce , et on les essuiera légèrement avec un mauvais linge fin , de manière que la coque reste toujours onctueuse. On les placera ensuite par lits dans de menues pailles sèches , arrangées

dans une caisse, ou entre des lits de son de froment
ou d'autres grains, en commençant par faire, dans
le fond de la caisse ou du tonneau, un lit de son
d'un doigt d'épaisseur ; puis un lit d'œufs, séparés
de quelques lignes les uns des autres, que l'on
recouvre d'une nouvelle couche de son, en lui faisant bien remplir les intervalles des œufs ; et ainsi
successivement, jusqu'à ce que la caisse soit pleine
ou le nombre d'œufs épuisé.

On peut transporter ainsi les œufs fort loin sans
risquer de les casser, même sur une voiture ordinaire. J'en ai ainsi envoyé à Paris de 50 lieues, sans
en perdre un seul, dans des tonneaux où je les avais
rangés avec du son. Il faut seulement placer la caisse
ou le tonneau comme ils étaient en arrangeant les
œufs, et mettre dessous, sur la voiture, quelques branches d'arbres menues, des chenevottes ou de la paille,
afin d'amortir les cahots trop rudes.

Des Dindes ou Dindons.

Cet oiseau est plus difficile à élever que les poulets ; mais quand les dindonneaux ont poussé leur
rouge, ils deviennent assez robustes pour braver les
hivers les plus rudes, même en couchant en plein
air.

Le dindon peut devenir très-gros et très-gras avec
des soins et de l'attention. On en a vu qui pesaient
près de trente livres, et comme sa chair est excellente
à manger, ainsi que ses œufs, c'est un animal précieux
pour le propriétaire.

L'espèce noire est la plus commune, la grisâtre marbrée l'est moins, et la toute blanche passe pour la plus délicate, mais elle est la plus rare.

Pour multiplier les dindons, on a soin de choisir le plus beaux mâles et les plus vigoureux. Il serait à propos de les séparer les uns des autres pour leur donner des femelles, car ils se font une guerre cruelle au temps des amours, qui commence en janvier ou février, et même plutôt dans les pays chauds. On peut donner six femelles à chaque mâle.

Ce n'est qu'à leur seconde année qu'ils sont propres à la génération ; les bonnes ménagères ont soin de conserver des mères plus âgées qu'elles ont reconnues, les années précédentes, pour de bonnes couveuses. On peut cependant les faire accoupler avant la fin de la première année, en leur donnant de l'avoine, du chenevis, de la graine de cumin ou d'anis, mêlée dans quelque pâte.

On prendra garde, au temps de la ponte, que les femelles ne cherchent quelque endroit écarté pour déposer leurs œufs ; on en a trouvé jusque dans les bois et dans des lieux déserts, où elles s'étaient allé cacher au loin pour faire leur couvée, et revenir ensuite avec une nombreuse postérité.

On cherchera donc quelque recoin obscur et caché pour y mettre couver chaque dinde, de manière que, s'il y en a plusieurs, elles ne puissent se voir les unes les autres ; et surtout que les mâles ne puissent les approcher, car ils les chasseraient et casseraient les œufs ; c'est même à cette crainte que l'on doit attribuer les précautions des mères.

La dinde pond depuis quinze œufs jusqu'à vingt, et les couve pendant trente jours ou environ. Lorsqu'on lui donne à couver des œufs de poule, on peut en mettre sous elle jusqu'à trente. On prétend, comme pour les œufs de poule, que ceux qui sont pointus donnent les mâles, et que ceux qui sont arrondis donnent les femelles.

Lorsqu'une dinde est prête à couver, on lui prépare un nid plutôt grand que petit, dans une corbeille, une caisse ou autre meuble qui ne soit pas placé dans un lieu humide, et qui soit rempli de paille ou de foin jusqu'en haut, afin que la couveuse en y entrant ne casse pas ses œufs. On y fera un creux bien arrondi pour les placer à l'aise, sans être plus épais de deux rangs, afin qu'elle puisse mieux les retourner.

On aura soin de lever chaque jour la couveuse à une heure marquée, et de lui donner à manger et à boire ; il serait même à propos de mettre ce qu'il faut devant elle, de manière qu'elle puisse boire et manger sans quitter ses œufs. C'est l'expédient le plus sûr pour faire réussir toute la couvée, parce qu'il faut que les grandes pattes de la dinde soient placées sous les œufs, et en la forçant chaque jour de les quitter, elle peut les casser ou déranger l'ordre qu'elle met à les retourner régulièrement pour leur faire éprouver à tous une chaleur égale.

Pour empêcher l'effet du tonnerre sur les œufs

couvés, on met à côté du nid, ou dessous, quelques morceaux de ferraille : c'est une pratique suivie dans plusieurs endroits avec succès ; d'ailleurs, fût-elle inutile, on ne risque rien de la suivre.

Au vingt-neuvième ou au trentième jour de la couvée, on examinera si les dindonneaux ont de la peine à sortir de leur coquille, et on les aidera, mais avec beaucoup de précaution, pour ne pas les blesser ; il ne faut point casser la coquille entièrement, mais élargir un peu l'ouverture qu'ils ont commencée avec leur bec.

Dans les premiers jours de leur naissance, on leur donnera des œufs cuits durs et hachés avec un peu de mie de pain. Quelques jours après on mêlera un peu d'orties hachées, et l'on répandra en même temps quelques grains de froment ou de millet pour les y accoutumer peu à peu. Bientôt on supprimera les œufs, et on mêlera des orties hachées avec du son ou de la farine ; on peut même y mêler d'autres herbes, telles que du fenouil, mais jamais de laitues ni de plantes rafraîchissantes qui les feraient mourir ou languir. Enfin on peut leur donner de l'orge et toutes sortes de graines. Il est essentiel de leur donner souvent à manger, car ils sont très-goulus, et de les tenir chaudement et sèchement.

Lorsqu'on voit quelques dindonneaux languissans, ou qui ne mangent pas avec appétit, surtout lorsqu'ils traînent les ailes, on leur fait avaler un ou deux grains de poivre et quelques gouttes de vin sucré.

On redoublera d'attention à les tenir chaudement, lorsqu'ils voudront pousser leur *rouge*, car c'est là leur temps critique pendant lequel ils sont tristes et mangent peu. Il sera alors bon de leur donner un peu de vin sucré.

Lorsque cette maladie sera passée, on pourra chaponner une partie des mâles, si l'on ne veut pas avoir trop de coqs ; mais cette opération n'est pas nécessaire pour les engraisser comme les chapons ordinaires ; elle les rend seulement plus délicats, et elle augmente leur embonpoint.

De la Nourriture des Dindons, et de la Manière de les engraisser.

Toutes les epèces de grains conviennent aux dindons, lorsqu'ils ont deux ou trois mois ; ainsi on peut leur donner du froment, du seigle, de l'orge, de l'avoine, du sarrasin, du blé de Turquie, des criblures de toute espèce. On leur fait des pâtées de son, de pommes de terre et de toutes les espèces de farines. Les herbes potagères, les orties cuites et hachées, mêlées avec du son, leur conviennent. Ils sont très-friands des fruits, et surtout des mûres noires et blanches. Les sauterelles, les hannetons, les vers et les autres insectes, sont l'objet de leurs recherches, quand on les conduit dans les champs ou dans les prés après les récoltes ; ils attrapent même les mouches avec beaucoup d'adresse. C'est une grande économie pour les nourrir pendant l'été et l'automne, que de les mener paître et de les faire conduire par quelque enfant, qui les fait sortir au lever du soleil pour les ramener à dix heures, et sur les deux heures après midi, pour les faire rentrer au coucher du soleil. Il ne s'agit que de leur donner un peu de nourriture en rentrant dans la basse-cour.

Pour les engraisser on emploie plusieurs méthodes, dont voici les plus suivies.

Faites cuire des pommes de terre, pilez-les, mêlez-les avec du lait, de manière qu'elles aient assez de consistance pour en faire des boulettes, que vous leur ferez avaler plusieurs fois chaque jour. Vous leur donnerez en outre à manger, tant qu'ils voudront, du grain, de la pâtée, de la *faîne* ou fruit du foyard, même du gland.

La farine de sarrasin, celle de blé de Turquie, mises en pâte, sont aussi excellentes. Ceux qui veulent faire plus de dépense, ajoutent des œufs cuits à cette pâte, et la chair des dindons est plus délicate.

Enfin on les engraisse en leur faisant avaler des noix entières, que l'on fait glisser dans leur jabot, en passant la main le long du cou ; on peut leur en donner jusqu'à cent dans un seul jour ; ils les digéreront parfaitement jusqu'à la coquille.

Il est bon d'observer que lorsqu'on les engraisse, ils doivent être retenus dans un lieu resserré, car ils prendraient peu d'embonpoint s'ils avaient la liberté de courir. C'est à la fin de l'automne et au commencement de l'hiver, qu'ils profitent le mieux.

Des Maladies des Dindes.

J'ai parlé plus haut du *rouge* que poussent les dindonneaux au sortir de leur enfance ; c'est plutôt un effort que fait chez eux la nature, qu'une maladie proprement dite, car la sortie des mamelons rouges ou blancs qui garnissent leur tête et le dessus du cou, est ce qui distingue le mieux leur sexe. Il ne s'agit alors que de les tenir chaudement et de leur donner un peu de vin sucré.

La *goutte*, qui est un engourdissement à l'endroit où la patte se joint à la cuisse, vient de ce que les jeunes dindons ont couché dans un lieu frais et humide ; on la guérit en les plaçant dans un endroit plus chaud et plus sain, et en lavant les doigts et les pattes avec du vin chaud.

La *pépie* vient aux dindons, parce qu'on les a laissé manquer d'eau ou pour quelque autre cause qui n'est pas bien connue. C'est une surpeau desséchée et racornie, qui leur enveloppe le bout de la langue et qui les fait cruellement souffrir. Il faut la détacher avec la pointe d'une épingle et humecter le bout de la langue avec de la salive ou avec un peu de lait. Il est bon ensuite de leur faire boire de l'eau infusée d'un peu de salpêtre, pendant quelques jours.

L'*engourdissement* est occasioné par une pluie froide qui saisit les jeunes dindonneaux et les fait rester sans mouvement. Il faut les réchauffer soigneusement en les enveloppant de linges chauds, et ensuite leur faire avaler quelques gouttes de vin. On leur souffle aussi dans le bec pour introduire de l'air chaud dans leur corps. On ne peut trop les préserver du froid et de la pluie quand ils sont jeunes.

En menant paître les dindons, il faut éviter qu'ils ne mangent de la grande digitale à fleurs rouges, qui est un poison pour eux.

CHAPITRE III.

De l'Oie.

QUOIQUE l'oie soit un oiseau d'eau, on l'élève fort bien dans les lieux élevés et dépourvus de rivières ou d'étangs, pourvu qu'elle trouve quelque mare ou quelque réservoir où elle puisse barbotter. Comme sa plume est très-utile et d'un bon débit, que sa chair est bonne pour le ménage, et qu'elle peut aller paître dans les communaux et les prairies, on en peut tirer beaucoup de profit, si l'on en élève une grande quantité ; mais si l'on n'a que quelques oies et qu'elles ne puissent être nourries que dans la basse-cour, leur entretien devient plus à charge que le rapport qu'on en tire ne vaut.

On connaît deux espèces d'oies, la grande et la petite ; je préférerais la grande, qui donne plus de profit. Leur nourriture est la même que celle des autres volailles ; ainsi toutes les espèces de grains, les pâtées, les herbes cuites mêlées avec du son, du blé de Turquie moulu, des pommes de terre, etc., nourrissent fort bien les oies ; mais elles sont très-avides et il leur faut beaucoup de nourriture.

La femelle pond depuis douze jusqu'à dix-huit œufs plus gros que ceux de dinde. Il est important de presser la ponte pour avoir de bonne heure des oisons et pouvoir les élever et les engraisser avant l'hiver. On fera donc coucher les femelles dans un lieu chaud, tels que le derrière ou le dessus d'un four ; on leur donnera en même temps une bonne nourriture qui puisse les échauffer, comme de l'orge, de l'avoine, ou du blé de Turquie. Un mâle suffit pour quinze à vingt femelles.

On connaît qu'une oie veut couver, lorsqu'on lui voit porter à son bec de la paille pour construire son nid. On aura soin de lui mettre alors de la paille sèche et courte près de l'endroit qu'elle aura choisi ; mais si ce lieu n'était pas naturellement chaud ni éloigné du bruit, on ferait en sorte de lui en faire choisir un autre plus convenable, en y mettant de la paille et des orties dont les oies aiment à sentir l'odeur. On aura soin aussi de mettre de la nourriture à sa portée, et un baquet plein d'eau pour qu'elle puisse s'y laver, même pendant qu'elle couve. On se gardera bien de lui donner d'autres œufs que les siens, car elle les connaît et elle les abandonnerait tous.

Les oies couvent pendant trente jours : si quelques oisons éclosent avant les autres, il faut les tirer de dessous la mère et les tenir chaudement ; en les laissant jusqu'à ce que toute la couvée soit sortie, la mère pourrait quitter ses œufs pour mener les oisons qui seraient éclos, et les autres périraient. En attendant on les enveloppera dans de la laine ou des étoupes, sans qu'il soit nécessaire de leur donner à manger ; on les remet ensuite sous la mère avec les autres.

La nourriture des nouveau-nés se fait avec des œufs durcis, hachés avec de la mie de pain et du cerfeuil. Ou bien on mêle du son ou des gruaux d'orge avec du lait frais ou du lait caillé.

On ne laissera sortir la mère avec les petits que par un beau temps et pendant quelques heures ; s'il fait froid on les tiendra renfermés dans une chambre sèche et chaude, c'est-à-dire, exposée au midi et dont le sol ne soit pas humide, car les oisons sont très-sensibles au froid.

Lorsqu'ils auront environ trois semaines, on pourra les abandonner à la mère, avec l'attention de ne jamais les laisser manquer de nourriture ni d'eau.

En automne les oies sont ordinairement parvenues à leur grosseur, on aura l'attention de leur tirer alors quelques plumes des ailes pour les empêcher de suivre les oies sauvages ; il vaudrait encore mieux casser le bout de l'aile ou *fouet* aux oisons, dans leur première jeunesse.

On plume les oies plusieurs fois par année en leur ôtant la plume et le duvet presque entièrement ;

on ne laisse que les grandes plumes des ailes ; mais on arrache les plus grosses en mars et en septembre, pour les mettre en paquets, après en avoir passé le canon dans la cendre tiède.

Le premier plumage des jeunes oies se fait ordinairement au mois d'août, et les autres de six semaines en six semaines, excepté dans le fort de l'hiver.

On les engraisse en oisons ou lorsqu'elles sont à leur grosseur, c'est-à-dire, en automne. Il ne s'agit que de leur faire de bonnes pâtées en faisant bouillir dans du lait, de l'orge, de l'avoine, du blé de Turquie surtout. On leur pétrit aussi avec du lait des pommes de terres cuites. On peut mêler avec la farine du blé de Turquie, des raves cuites, pour économiser. On enferme les oies dans un lieu obscur et resserré ; on leur donne à manger copieusement et on leur fait boire de l'eau blanchie avec du lait, du son ou de la farine. Il ne faut pas leur donner trop de nourriture à la fois ; on a soin seulement qu'elles aient continuellement à manger, et on renouvelle les provisions toutes les trois heures : par ce moyen elles mangent beaucoup plus et engraissent plus vite. Si dans le nombre de celles que l'on veut engraisser, il s'en trouve de trop criardes, il faut les séparer, parce qu'elles troubleraient les autres.

Lorsqu'on veut confire les ailes et la chair des oies, on les engraisse avec des grains en nature, des pommes de terre cuites et du blé de Turquie, sans leur donner de pâtée, afin que leur chair soit

plus

plus ferme. Quand elles sont bien grasses, on les
tue et on les laisse faisander pendant quelques jours;
après quoi, on enlève proprement les cuisses, les
ailes, la chair et le lard de dessus la carcasse. On
coupe chaque partie séparément ; on les sale un peu
et on leur laisse prendre le sel pendant deux jours.
On les fait cuire ensuite dans une chaudière avec la
graisse même des oies, et la cuisson est suffisante
lorsque la graisse devient claire et que la chair se détache des os. On sort alors de la chaudière ces ailes
et ces cuisses sans les dépécer, et on les arrange séparément dans des pots de grès ou des barils, sans les
presser, jusqu'à ce que les vaisseaux soient remplis à
quatre doigts du bord. On verse par dessus la graisse
toute bouillante, en la passant à travers un linge,
jusqu'à ce qu'elle aille par-dessus les viandes ; et
lorsqu'elle est figée, comme elle n'aurait pas assez
de consistance pour être transportée un peu loin
sans se répandre, on achève de remplir les pots avec
de la graisse de cochon. C'est ainsi que l'on prépare
les oies du côté de Bayonne et de Toulouse.

On sale aussi les oies pour en conserver la chair ;
mais pour cela il n'est pas nécessaire de les engraisser, on choisit les vieilles mères ou les oies
criardes.

Maladies des oies.

La diarrhée ou dévoiement est une maladie à laquelle les oies sont sujettes ; on la guérit en leur

faisant prendre du vin chaud dans lequel on a fait cuire des pelures de coin ; on peut leur donner aussi gros comme une noisette de thériaque ou des glands de chêne.

Le tournoiement ou vertige qui les fait tourner sur elles-mêmes, comme les moutons, les ferait périr si elles n'étaient secourues promptement. Ce mal leur vient du trop de sang qui se porte à la tête. On le guérit en perçant avec une aiguille ou une épingle, une veine assez apparente située sous la peau qui sépare leurs ongles.

La fiente des oies n'est pas aussi dangereuse qu'on le pense pour l'herbe des prairies : elle peut faire périr quelques tiges ; mais comme elle ne pénètre pas jusqu'à la racine, celle-ci repousse parfaitement aussitôt que la fiente a été levée par la pluie.

Mais il est dangereux de laisser aller les oies dans les prairies lorsque l'herbe commence à pousser, parcequ'elles la broutent, et que leur fiente même serait dangeureuse à cette époque. Il en est de même pour les grains, les vignes et les lieux plantés de légumes, lorsqu'ils commencent à pousser au printemps ; alors les oies peuvent faire des dégâts considérables : mais après les récoltes on peut les mener paître dans les prairies et dans les champs sans qu'elles puissent y causer de dommage.

CHAPITRE IV.

Du Canard.

L'ÉDUCATION des canards est à peu près comme celle des oies ; mais on peut faire couver leurs œufs et conduire leur petits par des poules, qui ne les mènent pas sur-le-champ à l'eau comme les cannes, et qui empêchent par-là qu'il n'en périsse beaucoup par le froid.

Le canard de Barbarie ou des Indes, dont le vrai nom est le *canard musqué*, étant plus gros que le canard ordinaire, je conseille de préférer cette espèce, qui donne davantage de plume, et qui est d'une plus grande ressource.

La canne pond jusqu'à soixante œufs ; mais il faut la surveiller au temps de la ponte, car elle les dépose partout où elle se trouve, même dans l'eau. On fera donc bien de la tenir renfermée, lorsqu'on s'apercevra qu'elle commence à pondre ; c'est ordinairement depuis février jusqu'en mai. Elle couve pendant vingt-neuf à trente jours. Un mâle suffit pour douze femelles, mais il vaut mieux ne lui en donner que huit.

Toutes les espèces de grains, de légumes ; les rebuts de cuisine, la chair, les tripailles, les vers et les insectes de toute espèce peuvent servir, à la nourriture du canard ; sa voracité lui fait tout avaler. Son entretien est encore moins dispendieux lorsqu'on a une rivière ou quelque ruisseau à sa portée, parce qu'il va s'y baigner, et qu'il y trouve différentes espèces de nourriture qui l'empêchent de venir à chaque instant demander à manger dans la basse-cour. Mais il est dangereux de laisser aller les canards dans les étangs, parce qu'ils détruiraient en peu de temps tout l'alevin.

Quoique la cane ponde 5o à 6o œufs, on ne lui en donne que huit à dix à couver; mais si on les met sous une poule, ce qui vaut mieux, on lui en donne quinze, et jusqu'à trente à une dinde.

Les petits canetons étant éclos, leur première nourriture sera du pain émietté, mouillé d'un peu d'eau ; on le renouvellera souvent pour qu'il ne s'aigrisse pas. Lorsqu'ils seront un peu plus forts, on leur donnera du son mouillé et des herbes crues et hachées ; enfin du grain et des criblures avec des restes de cuisine.

On aura soin de tenir les canetons chaudement pendant la première quinzaine après qu'ils seront éclos; car comme ils naissent sans plumes, ils sont très-frileux. Si c'est une poule qui les mène, ils la conduiront bientôt eux-mêmes à l'eau, et ses cris ni ses alarmes ne les empêcheront point de suivre leur penchant naturel pour cet élément.

On cassera le bout de l'aile aux jeunes canetons, afin qu'ils ne puissent voler trop loin, surtout si l'on a fait couver des œufs de canards sauvages ; car ceux-ci reprendraient bientôt leur naturel.

La chair des canards n'est bien bonne que quand ils sont jeunes ; celle des mâles ou *mâlards* a un goût fort après un an ; celle des femelles est meilleure et plus délicate.

Le canard mue comme les autres volailles ; mais cet état n'est pas dangereux, il les fait seulement un peu maigrir.

On plume les canards de la même manière que les oies, et la plume en est même plus estimée, surtout le duvet. On fait d'excellens lits en mêlant ensemble celles de ces deux oiseaux.

Le canard se loge, ainsi que les oies, dans une chambre basse de plein-pied à la basse cour. On leur donne un peu de litière, et on les nettoie souvent.

CHAPITRE V.

Des Pigeons.

J'AI donné, dans la première partie de cet ouvrage, la forme d'un colombier pour loger des pigeons pattus ou pigeons de volière ; *voyez* pag. 17.

On compte plus de trente espèces ou variétés de pigeons, parmi lesquelles je ne distiguerai que les pigeons *bisets* ou *fuyards*, et les pigeons *pattus* ou de volière.

Si l'on a la faculté de peupler un colombier à

pied dans une métairie dont les possessions soient très-étendues, voici la manière de s'y prendre.

Choisissez vers la fin de l'hiver une quantité de pigeons de l'année précédente, proportionnée à la grandeur de votre colombier, dans lequel vous les jetterez en fermant ensuite les ouvertures, de manière cependant que la trappe en fil de fer leur laisse assez de clarté, à travers ses mailles, pour distinguer les objets.

Donnez-leur chaque jour les espèces de grains qu'ils aiment le mieux, tels que la vesce, les pois sauvages, le sarrasin et le chenevis, avec de l'eau en quantité suffisante, tant pour boire que pour se baigner.

Que ce soit toujours la même personne qui les soigne, et qu'elle leur donne à manger à la même heure. En peu de jours ils seront familiarisés, et ils attendront avec impatience l'heure des repas. Ces pigeons étant bien nourris et bien soignés, ne manqueront pas d'entrer en amour ; on avancera même leur ponte en leur donnant du chenevis et de la graine de cumin ou d'anis mêlés ensemble.

On aura l'attention de mettre des brins de paille, des plumes, un peu de foin dans le colombier, afin que les pigeons s'en servent pour faire leurs nids.

Le temps de la couvée est de vingt-un jours. Dès que l'on s'aperçoit que les pontes sont faites et qu'il commence à y avoir des œufs éclos, on ouvre la trappe, et les mâles et les femelles vont chercher la nourriture pour leurs petits dans les champs, et ne

manquent pas de la leur apporter. On continuera
encore quelque temps à leur donner du grain; mais
après la seconde ponte, on ne leur en donnera plus.

Ce moyen est infaillible pour fixer les pigeons dans
le colombier, pourvu qu'on les y tienne proprement,
et qu'ils n'y soient pas inquiétés par les rats, les
fouines, les chats ou autres animaux mal-faisans.

On aura soin de choisir les premiers pigeons destinés à peupler le colombier, à plusieurs lieues de l'endroit qu'on leur destine, afin de les dépayser et de leur
faire perdre le souvenir de leur ancienne habitation.

Dans la première année où le colombier aura été
peuplé, il ne faudra toucher à aucune des pontes
que les pigeons y feront; on laissera de même la
première ponte de la seconde année sans y toucher :
ce ne sera donc qu'à la quatrième et à la cinquième
que l'on commencera à jouir, mais avec usure, des
avances que l'on aura faites. Il est même important,
chaque année, de ne point prendre les pigeonneaux
de la première ponte, parce qu'ils sont bien plus
forts pour passer l'hiver suivant. Si la première
ne réussissait pas par quelque accident, il faudrait soigneusement ménager la seconde. Mais pour
ceux de la troisième et de la quatrième, c'est une
très-mauvaise méthode que de les conserver, parce
qu'ils restent faibles et languissans pendant l'hiver.

Quoique j'aie dit qu'il n'est plus besoin de
donner à manger aux pigeons lorsqu'ils sont accoutumés au colombier, attendu qu'ils trouvent leur
nourriture dans les champs, cependant il se trouve

des occasions où cet abandon serait très-préjudiciable au propriétaire, en ce que la faim ferait déserter ses pigeons : ainsi , dans les temps pluvieux ou orageux, que les pigeons craignent beaucoup et pendant lesquels ils n'osent sortir ; dans les temps de froid rigoureux , de neige , de frimas, on ne manquera pas de bien les nourrir en leur donnant des criblures ; du marc de raisin ou de pommes et de poires , du sarrasin de la vesce et autres graines. Cette attention sera même un moyen sûr de fixer ses pigeons dans son colombier, et d'y attirer ceux du voisinage qui seraient mal nourris.

Un défaut d'attention très-considérable de la part de presque tous les propriétaires ou fermiers, c'est de laisser trop long-temps leur colombier sans le nettoyer. J'en ai vu qui ne faisaient cette opération , extrêmement nécessaire, que deux fois par année. Il faut enlever la colombine tous les huit jours pendant l'été, et tous les quinze jours en hiver ; sans quoi la mal - propreté et la mauvaise odeur des excrémens fera fuir les pigeons qui se plaisent dans un lieu propre et qui ait une odeur agréable.

Si les pigeons n'ont pas une rivière ou de l'eau pure à leur portée au dehors du colombier , on ne manquera pas de leur en procurer qui soit fraîche et propre ; car ils boivent beaucoup , et la mauvaise qualité de l'eau leur est très-nuisible. Ensuite ils aiment naturellement à se baigner.

Indépendamment des soins que je viens d'indiquer pour retenir les pigeons au colombier et leur faire

trouver cette demeure agréable, voici une précaution très-avantageuse pour parvenir encore plus sû-
rement à ce but.

Prenez 10 kilogrammes (vingt livres) de tel
grain farineux que vous voudrez ; jetez-les dans un
baquet ; faites dissoudre 4 kilogrammes (huit livres)
de sel de cuisine dans quelques litres (pintes) d'eau ;
pétrissez avec cette eau de l'argile ou terre glaise
bien corroyée, en y mêlant et incorporant le grain
que vous aurez choisi. Avec la masse ainsi pétrie
formez des pains plus ou moins gros, que vous ferez
sécher au soleil ou dans un four médiocrement
chaud. Mettez-en deux ou trois dans le colombier,
surtout pendant l'hiver. Les pigeons qui aiment
le sel, viendront becqueter ce mélange, et en tire-
ront les grains petit à petit ; la salure de la terre
leur plaira, et leur sera même salutaire au temps
de la mue.

Quelques personnes pensent que les vieux pigeons
nuisent au colombier en empêchant les jeunes de
pondre ; en conséquence on a imaginé des méthodes
ridicules et impraticables pour les connaître et les
détruire. Cette précaution est inutile ; on peut laisser vivre les pigeons, quelque âge qu'ils aient, sans
craindre qu'ils nuisent aux autres. Cependant, si le
colombier est trop garni, et qu'on puisse prendre
les vieux pigeons, il est certain qu'il vaut mieux les
tuer que les jeunes.

Des Pigeons de volière.

L'entretien des pigeons de volière est beaucoup plus dispendieux que celui des *bisets*. Comme ils doivent être presque toujours enfermés, ou du moins ne pas s'écarter de leur habitation, il faut des soins continuels pour fournir à leur nourriture; et, si l'on ne récolte pas sur ses possessions les grains dont on les nourrit, mais qu'on soit obligé de les acheter, la dépense excédera beaucoup le produit, à moins que l'on ne soit à portée d'une ville où les volailles se vendent à haut prix; alors, comme cette espèce de pigeons multiplie plus que l'autre, et qu'ils sont plus gros et plus gras, on peut se trouver dédommagé par la vente des pigeonneaux.

J'ai donné la manière d'arranger une volière pour les pigeons, dans la première partie, pag. 17. Il est donc inutile d'y revenir.

La femelle du pigeon de volière ne met que quarante jours d'une ponte à l'autre; elle passe la nuit sur ses œufs, et le mâle prend sa place sur les dix à onze heures du matin, pour y rester jusqu'à la nuit.

Un point essentiel dans une volière, est que tous les pigeons soient appareillés; un seul mâle inutile peut y mettre le plus grand désordre.

La plus grande propreté doit y régner, et la nourriture, ainsi que l'eau pure souvent renouvelée, ne doivent jamais y manquer. On mettra aussi des terrines ou des baquets plats remplis d'eau pour baigner les pigeons, et l'on prendra garde, pendant l'hiver, que ces eaux ne gèlent.

Moins les pigeons sortiront, plus leurs pontes et leurs couvées seront multipliées ; cependant, comme il est bon qu'ils prennent l'air, on leur pratiquera, en dehors de leur fenêtre, une espèce de grande cage dont le dessus sera couvert de planches en auvent, et les côtés ainsi que le devant seront fermés avec de petits barreaux ou tringles de bois, assez serrés entre eux pour que les pigeons ne puissent passer à travers. Le dessous sera fait avec des planches. On pourra aussi faire un grillage en fil de fer au lieu de barreaux, en donnant aux mailles environ un pouce de diamètre. Plus cette espèce de cage sera grande, plus les pigeons se plairont à s'y promener et à s'y chauffer au soleil. Dans les grands froids, on garnira les côtés grillés avec des paillassons, et l'on ne laissera libre que le devant, qui doit être tourné au midi. Dans les grandes chaleurs de l'été on garnira de temps en temps les grillages avec de la lavande, des tiges de vesce presque mûres, des cosses de pois, etc. Ces plantes égaient et amusent les pigeons dans leur captivité. On pratiquera une petite porte à cette cage pour y entrer et la nettoyer le plus souvent que l'on pourra.

Enfin on fera en sorte que ce soit toujours la même personne qui leur donne à manger et qui nettoie leur volière.

On trouvera les propriétés de la fiente de pigeon

ou *colombine*, à l'article *Engrais*, dans le second volume de cet ouvrage.

Quoique je ne parle ici que des pigeons *bisets* et des pigeons *pattus* ou de volière, je vais donner les noms des autres variétés auxquelles on donne quelque importance par leur singularité.

1. Le *pigeon de Barbarie*. Il a le bec très-court, les yeux entourés d'une large bande remplie de mamelons farineux.

2°. Le *Pigeon batteur*. En volant, ses deux ailes font autant de bruit que deux planches que l'on frapperait l'une contre l'autre.

3. *Pigeon cavalier*. Il enfle son jabot comme le pigeon grosse-gorge.

4. *Pigeon carme*. Il est petit, a les jambes courtes; ses pieds et ses doigts sont couverts de longues plumes; il a le bec court, une huppe en pointe derrière la tête.

5. *Pigeon cuirassé*. Sa tête, les plumes de sa queue et les grandes de ses ailes, sont de même couleur et différentes de celles du corps.

6. *Pigeon culbutant*. En volant il se donne différens mouvemens et tourne sur lui-même.

7. *Pigeon cravate*. Il est de la grosseur d'une tourterelle, bien fait, joli; a l'air très-propre, et porte un bouquet de plumes qui semblent retomber sur sa poitrine et sous sa gorge.

8. *Pigeon frisé*. Il est tout blanc, et ses plumes sont frisées.

9. *Pigeon à gorge frisée.* Les plumes de sa gorge seulement sont tournées de côté et d'autre.

10. *Pigeon nonnain.* Il a le bec très-court ; ses plumes forment au-dessus du cou une espèce de capuchon comme celui des moines.

11. *Pigeon paon.* Sa queue, très-fournie de plumes, se relève comme la queue d'un paon ou d'un coq d'Inde. Sa couleur est blanche.

12. *Pigeon turc.* Sa couleur est d'un brun noirâtre ; le tour de ses yeux est rouge ; il a une excroissance en-dessus du bec et un ruban rouge qui s'étend depuis le bec autour des yeux. Il est huppé, lourd et très-gros.

13. *Pigeon suisse.* Il est de la grosseur du biset ; il y en a de toutes couleurs ; la plupart ont un collier de couleur différente du reste du plumage.

14. *Pigeon messager.* Il ressemble beaucoup au précédent. On se servait autrefois de cette espèce pour porter les lettres à Alep, à Alexandrette et en Arabie.

Toutes ces variétés et un grand nombre d'autres ne sont que de pure curiosité, et, à moins qu'on ne veuille en faire commerce, on ne doit s'attacher qu'aux deux principales, dont j'ai traité ci-devant.

Du Faisan.

J'ai prévenu que je ne parlerais point de l'éducation des faisans, qui demande trop de soins et qui occupe entièrement une personne. Cependant je puis dire en passant que l'on peut faire couver à une poule ou à une dinde les œufs de la faisane, et que la première nourriture des faisandeaux est l'œuf de fourmi et le jaune d'œuf haché très-menu avec son blanc et mêlé avec de la mie de pain.

On leur donne au bout de trois semaines, et même plus tôt, du chenevis et du froment, mais on ne doit cesser les œufs de fourmis que peu à peu.

Il est essentiel de tenir chaudement et séchement les faisandeaux. On leur coupe le fouet de l'aile, en le liant avec un fil ciré que l'on serre tous les deux jours. Cette précaution les empêche de s'envoler dans les bois quand ils sont grands. A deux mois les faisandeaux peuvent se passer de mère.

La couvée dure de vingt-trois à vingt-sept jours. On peut donner quinze œufs à une poule ordinaire, et deux douzaines à une dinde ; mais la poule est préférable, à tous égards.

On élève par curiosité le faisan rouge de la Chine, le faisan doré, le faisan blanc, le faisan couronné des Indes. Ce sont de superbes oiseaux ; mais il leur faut des volières spacieuses garnies de grillages en fil de fer, ce qui devient très-dispendieux.

CINQUIÈME PARTIE.

De la manière d'élever et de soigner les Abeilles ou Mouches à miel et les Vers à soie, et de tirer parti de leurs productions.

CHAPITRE PREMIER.

Des différentes formes de Ruches et de leur construction.

AVANT de parler des abeilles, de la manière de les soigner, de les multiplier et de les entretenir convenablement, commençons par établir une forme de ruches qui soit peu coûteuse, qui plaise aux mouches qui doivent les habiter, et qui soient assez commodes pour que le propriétaire puisse profiter du travail de ses élèves, sans les déranger ni leur nuire.

Je commence donc par supprimer toutes les espèces de ruches imaginées par des curieux riches ou des spéculateurs désœuvrés, et j'en propose seulement deux espèces, que j'ai vu parfaitement réussir chez des amateurs d'abeilles, qui réunissaient plus de trois à quatre cents paniers en bon état, sous un même rucher. Après de pareils exemples on ne s'arrête pas aux objections ni à la critique, mais on suit un exemple aussi avantageux, et on laisse exercer l'imagination aux savans ou aux riches qui peuvent consacrer leur temps et leurs dépenses aux ruches plus compliquées, dont la fabrication et l'usage embarrasseraient trop le simple cultivateur.

Les ruches de paille, dont les cordons sont arrêtés ou cousus ensemble avec de la seconde peau de tilleul, ou autres ligatures minces, mais solides, telles que l'osier, sont les meilleures pour conserver une chaleur plus égale pendant l'hiver, et une fraîcheur convenable au miel, pendant l'été. Si l'on objecte qu'elles peuvent être percées par les rats, les souris ou les mulots, je dirai : Détruisez ces animaux avec des piéges ou du poison, et vous garantirez vos ruches de leurs ravages ; c'est ce que font les propriétaires habiles dont j'ai parlé plus haut.

La première espèce de ruches que je conseille d'employer, sera donc ronde, faite avec des cordons de paille de seigle ou de froment, non battue au fléau, mais dont on aura seulement frappé les épis contre un tonneau ou une pièce de bois ronde pour en faire sortir le grain. Cette paille ainsi préparée se nomme *gluis* dans certains pays, et sert à couvrir les maisons.

Les cordons auront 27 à 29 millimètres (12 à 13 ligues)

lignes) d'épaisseur; le diamètre intérieur de la ruche aura 379 à 406 millimètres (14 à 15 pouces) , et la hauteur sera de 379 millimètres (14 pouces ou environ) : quelques personnes leur donnent plus de hauteur , mais celle-ci est suffisante par la raison que j'en donnerai ci-après.

Le dessus de la ruche sera un peu cintré , pour lui donner plus de solidité, et formé en anse de panier. *Voy*. pl. 4 , fig. 1.

Dans le milieu du dessus , on laissera un trou d'environ 4 centimètres (un pouce et demi) de largeur , que l'on bouchera d'abord avec du liége ou des chiffons.

Le côté du devant de la ruche sera ouvert, par en bas, d'un trou de 4 centimètres (18 lignes) de largeur , sur 27 millimètres (un pouce) de hauteur , pour le passage des abeilles.

Comme on commence la construction d'une ruche par le dessus, en continuant uniformément jusqu'en bas la grosseur du cordon de paille, il faut cependant, lorsqu'on n'est plus qu'à 65 centimètres (2 pieds ou environ) de la fin , la terminer en l'amincissant de manière que le bas de la ruche pose partout également sur la planche qui la supportera.

Tous les rangs de cordons seront bien serrés ensemble par les ligatures , de manière que la ruche soit très-solide.

On pourra enduire, par dehors, l'entre-deux de chaque cordon avec un mortier ou mastic fait avec de la bouse de vache , des cendres passées au tamis et un peu de chaux éteinte. On mêle le tout ensemble avec un peu d'eau pour en faire un mortier épais.

A l'égard du dedans, on sait que les mouches le garnissent avec leur mastic que l'on nomme *propolis*.

Outre le corps de la ruche dont je viens de donner les dimensions et la forme, il faut avoir pour chacune deux ou trois cabochons, ou petites ruches postiches, faites de la même manière que les autres, mais seulement hautes de 135 à 162 millimètres (cinq à six pouces), sans avoir de trou dans le bas, pour le passage des abeilles, ni dans le milieu du dessus. On ne leur donnera que 271 millimètres (dix pouces) de diamètre en dedans, et elles serviront de hausse à la ruche principale. Voyez même planche, figure 2.

Lorsqu'une ruche est remplie, et qu'on veut faire travailler les abeilles pour recueillir du miel et de la cire, sans les déranger, on ouvre le dessus de la mère ruche, en ôtant le tampon de liége ou de chiffons qui a été mis dans le trou du dessus, et l'on place le cabochon sur la ruche, en l'y attachant par des cordons ou autrement, pour qu'il ne se dérange pas, et l'on garnit le tour d'en bas avec le mastic dont j'ai parlé.

Aussitôt que ce cabochon est placé, les abeilles y montent par le trou du cintre de la ruche, et le remplissent de cire et de miel ; en sorte que pendant toute la saison des fleurs on peut, chaque mois, soulever le cabochon de chaque ruche, et, s'il est rempli, on l'enlève et on le remplace par un autre qui

est vide; ou, si l'on veut, on ne prend que quelques-
uns des rayons qui s'y trouvent. Par ce moyen simple
et très-bien imaginé, on ne dérange point les abeilles,
on profite de leur travail, et on les entretient dans
une activité continuelle.

Ces ruches doivent se placer chacune sur un plateau quarré de bois de chêne ou de sapin d'une dimension plus grande que celle de la ruche, et qui la
déborde par devant de 135 à 162 millimètres (cinq à
six pouces) avec un petit rebord plus élevé, cloué par-
dessus. On pourrait se contenter de poser immédiatement les ruches sur les planches ou les tablettes
du rucher; mais les plateaux sont plus commodes,
surtout quand on veut transporter les ruches.

La seconde espèce de ruches se fait aussi avec des
cordons de paille assemblés avec des liens d'écorce
de tilleul ou d'oser; mais elles ont la forme d'un
baril ou tonnelet d'un diamètre parfaitement égal
d'un bout à l'autre, et uni en dedans de manière
qu'un cordon ne dépasse pas l'autre, afin que l'on
puisse y faire glisser les deux fonds en avant ou en
arrière, sans aucun obstacle.

Pour parvenir facilement à cette construction, il
faut la faire sur un cylindre de bois bien arrondi,
dont le diamètre soit de 325 millimètres (un
pied), et la longueur de 812 millimètres (deux
pieds et demi) ou environ. On fera deux fonds de
paille, plats, bien arrondis, qui puissent glisser et
s'enfoncer également dans l'intérieur du baril, sans
être arrêtés par aucun cordon. Ces fonds auront

chacun une poignée dans leur milieu, ou un gros
bouton de bois que l'on empoigne pour les pousser
ou les retirer ; ils auront aussi une ouverture ou entaille de 54 millimètres (deux pouces) de largeur
sur 4 centimètres (un pouce et demi) de hauteur,
que l'on peut rétrécir ou fermer entièrement, selon
le degré de froid ou de chaud, par le moyen de
petits coins de bois que l'on y fait entrer. L'ouverture du fond du devant reste libre presque en tout
temps pour le passage des abeilles ; celle du fond
de derrière doit être toujours fermée : c'est une porte
provisoire qui ne doit servir que quand on retourne
la ruche sens devant derrière.

Ces deux fonds se fixent dans l'intérieur du baril,
au moyen de chevilles ou cloux de fer qui passent
au travers des cordons de paille du tour extérieur,
et qui entrent dans les bords des fonds. Pour les
rendre très-solides, il en faut trois pour chaque
fond, savoir, un au-dessus et un de chaque côté du
baril. L'un de ces fonds sera arrêté sur le devant,
et l'autre, à l'opposite, sera plus ou moins enfoncé,
selon le besoin, comme je l'indiquerai ci-après.

Comme les fonds de paille ou tampons ne sont
pas assez justes pour joindre exactement, on y supplée en enfonçant tout à l'entour du linge avec un
couteau cassé ou un morceau de bois mince ; cette
précaution empêche qu'aucun insecte ne puisse pénétrer dans l'intérieur.

On pose ces ruches en forme de baril, sur leur
longueur, dans les entailles de deux morceaux de

bois mis en travers sur les planches du rucher, à peu
près comme un tonneau sur des mars de cave. Au
moyen de ces entailles, les barils sont plus solides
qu'en les appuyant avec des coins de chaque côté.
Mais pour plus grande solidité, il faut attacher deux petites planches éloignées l'une de
l'autre de 108 à 135 millimètres (quatre à cinq
pouces) sur les deux morceaux de bois, et poser les
ruches sur leur longueur. A ce moyen les ruches ne
se courberont pas, lorsqu'elles seront chargées de
miel.

Voyez planche 4, fig. 3, une de ces ruches A;
un des fonds séparé, B; ses supports c, c, avec chacun
une entaille b, b.

De l'Emplacement et de la Forme du Rucher.

Quelques personnes placent leurs ruches en plein
air, en posant un plateau de pierre mince ou de
planche sur trois piquets enfoncés en triangle dans
la terre, jusqu'à un pied de leur extrémité supérieure. Les ruches restent ainsi exposées aux injures
de l'air, à moins qu'on ne leur mette un capuchon
de paille, ou un auvent de petites planches.

Pour éviter la dépense d'un rucher construit
comme je le dirai ci-après, d'autres enfoncent des
piquets deux à deux dans un mur exposé au midi,
et placent les ruches sur des plateaux posés sur ces
piquets.

D'autres enfin placent leur rucher sur des planches soutenues contre le mur.

Quoique je n'approuve ni ne blâme ces méthodes, je trouve qu'elles ont beaucoup d'inconvéniens, et je passe à la construction d'un rucher, que l'on peut faire en bois ou en pierre, selon le pays où l'on se trouve.

L'emplacement d'un rucher ne pourrait être plus avantageux qu'au milieu d'une campagne abondante en toute sorte de fleurs, plantée d'arbres de toute espèce, et parée des mauvais vents par quelque montagne ou élévation. Si vous y joignez un ruisseau ou quelque pièce d'eau, même croupissante, les abeilles y trouveront tout ce qui leur est nécessaire.

Choisissez donc dans votre métairie un emplacement bien situé au midi; construisez du côté du nord un mur bien garni de mortier à chaque rang de pierres, afin que les rats ni les souris ne puissent s'y retirer. Vous lui donnerez 2 mètres (sept pieds) de hauteur hors de terre, sur une longueur à volonté, mais proportionnée au nombre de ruches que vous vous proposez d'élever, et 5 décimètres (vingt pouces) d'épaisseur.

A chaque bout de ce mur, vous en bâtirez un en retour d'équerre, liaisonné avec celui du fond, d'un mètre 6 décimètres (cinq pieds) de longueur, sur même épaisseur que le précédent. Ces deux murs en retour s'élèveront en pointe à partir du mur du fond jusqu'à leur extrémité, en sorte que la pointe

du haut aura 3 mètres 248 millimètres à 3 mètres,
573 millimètres (10 à 11 pieds) d'élévation.

Vous pratiquerez à l'un de ces murs une ouverture de 2 mètres (6 pieds) de hauteur sur 8 décimètres (2 pieds 6 pouces) de largeur, pour y
mettre une porte fermant à clef, laquelle servira à
visiter les ruches par derrière.

Si votre rucher a plus de 3 mètres 878 millimètres à 4 mètres 548 millimètres (douze à qua-
torze pieds) de longueur, il faudra partager cette
longueur par un troisième mur pareil à ceux des
bouts, mais moins épais, lequel sera percé d'une
ouverture ou baie pour laisser un passage d'un bout
à l'autre du rucher. Au moyen de ces trois murs
en retour d'équerre et élevés en demi-aiguille, on
établira une petite charpente pour soutenir une couverture en paille sur toute la longueur du rucher,
laquelle portera l'eau des pluies au-delà du mur du
nord, et préservera en même temps le rucher des
vents froids.

Il serait encore à propos qu'un auvent ou avant-
toit léger, d'environ 65 centimètres à 975 millimètres (deux à trois pieds) de largeur, régnât tout le
long du haut du devant du rucher, tant pour parer
les ruches de la pluie qui pourrait y être poussée de ce
côté, que pour donner un peu d'ombre dans le milieu des jours très-chauds. Il faudrait que cet auvent
eût un chéneau ou chanlatte sous la gouttière, afin
que l'eau ne tombât pas sur le devant des ruches.

Toute la première carcasse dont j'ai parlé peut se

faire par économie, avec des briques, de la terre grasse corroyée, ou en bois, selon les pays que l'on habite, en choisissant les matériaux qui y sont à meilleur marché. De quelque manière que vous construisiez votre rucher, les trois points essentiels sont, qu'il soit à l'exposition du midi, qu'il pare les ruches des mauvais vents, et qu'il les mette à l'abri de la pluie.

Il s'agit maintenant de garnir de tablettes l'intérieur du rucher, pour soutenir les ruches sur toute la longueur et la hauteur.

Prenez des perches équarries de 81 à 108 millimètres (trois à quatre pouces) de grosseur sur une longueur proportionnée à la hauteur du devant de votre rucher ; supposons-la de 3 mètres 573 millimètres (11 pieds) pour un rucher de 3 mètres 898 millimètres à 4 mètres 548 millimètres (12 à 14 pieds) de long : il n'en faudra que trois de cette dimension, et trois autres de 3 mètres 248 millimètres (10 pieds) de long sur la même grosseur. Assemblez ces perches deux à deux en en mettant une courte avec une longue, par des traverses de 8 décimètres (2 pieds 6 pouces) de longueur sur 8 centimètres (3 pouces) de largeur, et 3 centimètres (15) lignes d'épaisseur. Ces traverses auront un tenon à chaque bout pour entrer dans des mortaises pratiquées dans les perches quarrées, les premières à 217 millimètres (8 pouces) du bout d'en bas, les secondes à 975 millimètres (3 pieds) plus haut, et les troisièmes à 975 autres millimètres (3 pieds) plus haut que les secondes. Aprés avoir chevillé ces traverses , vous dresserez ces espèces d'échelles le long de votre rucher sur le devant, et vous les placerez à distances égales , c'est-à-dire , à 975 millimètres ou 112 centimètres (3 pieds ou 3 pieds et demi) l'une de l'autre, en mettant la plus grande perche sur le devant et la plus courte vers le fond. Vous les clouerez solidement, tant sur le faîte de la couverture, que contre les chevrons. Outre ces montans, vous clouerez encore contre les murs des bouts du rucher autant de tasseaux de bois qu'il y a de traverses aux montans, en les plaçant aux mêmes hauteurs. Ces tasseaux soutiendront les bouts des tablettes dont je vais parler.

Sur ces traverses et ces tasseaux bien nivelés entre eux , vous poserez des planches unies et solidement clouées, de 65 centimètres (2 pieds) de largeur, sur 3 centimètres (14 lignes) d'épaisseur. Vous aurez donc trois rangs de tablettes au-dessus les unes des autres, pour placer vos ruches , et vous pourrez facilement poser des cabochons dessus , ou les soulever pour en visiter l'intérieur , ou enfin les enlever pour les transporter ailleurs.

Il vous restera derrière ces tablettes une largeur d'environ 975 millimètres (3 pieds), pour visiter et soigner toutes les ruches placées sur le devant , sans gêner ni déranger les abeilles dans leurs travaux , et même sans en être aperçu.

Vous poserez encore le long du mur du fond du rucher un rang de planches ou tablettes, pour placer des ruches vides, des cabochons ou autres débarras, et vous les placerez à une hauteur suffisante pour ne point gêner le passage ni les opérations.

Voyez l'élévation et la coupe de ce rucher, planche 4, fig. 4, *élévation du rucher*; fig. 5, *coupe du même rucher*.

Les ruches peuvent se poser, comme je l'ai dit, immédiatement sur les planches ou tablettes; mais je conseille de les mettre sur des plateaux mobiles qui puissent s'enlever avec chaque ruche posée dessus, parce qu'à ce moyen, en bouchant seulement la petite ouverture du devant qui sert au passage des mouches, vous pouvez transporter une ruche où vous voulez, sans rien craindre de la part des abeilles.

Chaque ruche sera placée sur les tablettes à 162 millimètres (6 pouces) de distance de sa voisine; cette précaution est nécessaire, tant pour la facilité de déplacer les ruches, que pour éviter la confusion et le désordre parmi les mouches.

En donnant les détails de ce rucher, j'ai supposé qu'il serait construit par un amateur qui voudrait avoir une grande quantité de ruches. Mais si l'on veut se contenter d'une ou de deux douzaines de paniers, on baissera considérablement la couverture, et l'on supprimera deux rangs de tablettes, ainsi que les montans pour les soutenir.

CHAPITRE II.

Du Travail des Abeilles dans l'intérieur d'une Ruche.

Pour bien gouverner les abeilles, il faut avoir une certaine connoissance de leur travail dans l'intérieur de leur habitation, afin de savoir ce qu'il y faut laisser, ce qu'on peut en enlever, et apercevoir les besoins de ces insectes pour y remédier.

On distingue quatre choses dans les travaux d'une ruche : 1.º les gâteaux de cire pure, dont toutes les cases ou alvéoles sont vidées ou n'ont pas encore été remplies de miel ; 2.º les rayons remplis de miel ; 3.º ceux qui contiennent le couvain ; 4.º l'habitation destinée à la reine des abeilles.

Rien de plus facile que de connoître le premier article, puisque tout y est vide. Les rayons de miel se distinguent à leur couleur un peu jaune, et le miel qu'ils contiennent est retenu par du mastic dans chaque alvéole. Ce mastic forme un petit couvercle plat et blanchâtre. Outre cela les rayons qui contiennent le miel, sont placés sur le derrière de la ruche ; c'est le trésor que l'on cache avec soin.

Les rayons qui contiennent le couvain, sont placés sur le devant de la ruche ; les petits couvercles

qui le renferment sont un peu bombés et de couleur brune. Si vous détruisez ces rayons indistinctement avec ceux du miel , vous enlèverez plus ou
moins la postérité de vos abeilles, et vous empêche-
rez par conséquent leur multiplication. Je ne parle
ici d'une faute aussi dangereuse , que parce que je
l'ai vu commettre par un grand nombre de ces gens
qui vont tailler les ruches chez les autres , et qui se
croient grands connaisseurs.

Enfin il faut distinguer dans une ruche l'habitation particulière de la reine des abeilles , sans
laquelle celles-ci ne peuvent subsister. Cette habitation n'a point une forme régulière comme les rayons
ordinaires ; les cellules sont plus arrondies et paraissent être faites sans goût ; en un mot, c'est une
masse informe qui se trouve quelquefois placée sur
le milieu d'un gâteau et qui couvre un assez grand
nombre de cellules régulières. Cette masse a à peu
près la forme d'une poire peu grosse dans son milieu
et dont l'intérieur serait creusé.

La reine est beaucoup plus longue et plus grosse
que les abeilles ordinaires ; ses ailes paraissent plus
courtes ; sa couleur est d'un brun clair sur le dessus
de son corps , et d'un beau jaune en dessous.

Les faux bourdons, qui sont les mâles des abeilles , sont faciles à distinguer de celles-ci, qu'on
appelle abeilles ouvrières, parce qu'elles recueillent
le miel et la cire. Ils sont plus longs d'un tiers, et ont
la tête plus ronde et plus chargée de poils. Ils ont
le corselet plus velu et les anneaux plus lisses. Leur

trompe est plus courte et beaucoup plus déliée, ce
qui fait qu'ils ont beaucoup de peine à puiser le miel
au fond des fleurs. Ils ne s'en servent que pour sucer
celui qui leur est nécessaire pour les faire vivre,
et ils n'en font point de récolte. En un mot, les faux
bourdons ne travaillent point, et ne servent que pour
féconder les reines.

Il est inutile de donner aucune description des
abeilles ouvrières, puisqu'elles sont connues de tout
le monde. Elles sont constammen occupées, les unes
à aller butiner dans la campagne, les autres à employer les matériaux dans la ruche.

On doit bien se garder de détruire ni la reine ni
son logement, dans lequel elle reste souvent, puisque la ruche entière se trouverait perdue après une
destruction aussi inconsidérée.

Les abeilles commencent leur travail dans une
ruche par boucher toutes les ouvertures qui leur sont
inutiles, ou qui pourraient leur être nuisibles par
la suite, avec une espèce de ciment que l'on nomme
propolis; quelquefois même elles en enduisent tout
l'intérieur de leur habitation. Ensuite elles construi-
sent leurs gâteaux ou *rayons* composés de cellules;
elles attachent les premiers au sommet de la ruche,
et continuent leur travail en descendant presque
perpendiculairement jusque sur la table ou plateau
sur lequel la ruche est posée. Ces gâteaux sont tous
parallèles entre eux, c'est-à-dire, tournés dans le
même sens, et séparés suffisamment pour que les
abeilles puissent librement en parcourir les surfaces.

Souvent même elles forment des ouvertures dans le milieu, pour passer plus promptement de l'un à l'autre.

De toutes les cellules qui composent les gâteaux, les unes sont destinées à recevoir les œufs que la reine y dépose, et qui sont attachés par leur petit bout à l'un des coins du fond de chaque cellule. Ces œufs éclosent quelques jours après qu'ils sont pondus, et il en sort un ver qui y est nourri par une espèce de gelée dont les abeilles ne le laissent jamais manquer. Pendant l'été ce ver prend tout son accroissement en six jours ; alors les abeilles ne lui donnent plus rien à manger, mais elles ferment sa cellule en formant le petit couvercle arrondi dont j'ai parlé. Lorsqu'il a mangé sa provision de nourriture et que sa cellule est nette, il la tapisse dans tout l'intérieur, par une espèce de soie très-fine, qu'il y file en différens sens. Un jour ou deux après cet ouvrage, sa peau se fend sur le dos, et il sort une nymphe par cette ouverture. Cette nymphe ou abeille, encore imparfaite, reste dans son enveloppe de soie pendant une douzaine de jours ; alors elle la déchire, brise avec ses dents le petit couvercle de sa cellule, et en sort peu à peu en passant la tête la première par l'ouverture. Elle est, à cette époque, mouche parfaite, et pendant qu'elle se repose sur les gâteaux voisins de sa cellule, les autres mouches la lèchent, essuient ses ailes encore humides, et lui offrent du miel en étendant leur trompe devant elle. D'autres visitent sa cellule et la nettoient en

enlevant les dépouilles du ver et de la nymphe, pour
la mettre en état de recevoir un autre œuf et de servir à une nouvelle éducation, ou à déposer une
provision de miel.

Le reste des gâteaux qui n'est pas destiné ou choisi
par la reine, pour servir à la multiplication des
mouches, est rempli de miel à mesure que les abeilles le recueillent sur les fleurs, et forme ce qu'on
appelle les rayons, dont on enlève une partie plus
ou moins considérable, selon la saison où l'on se
trouve, comme je le dirai ci-après.

Enfin d'autres cellules sont remplies de cire brute
dont les abeilles font des provisions pour leur servir dans les temps où elles ne pourraient aller butiner dans la campagne, soit à cause de la pluie ou
des vents violens, soit à cause des orages, qu'elles
craignent beaucoup.

CHAPITRE III.

*Du temps propre au travail des Abeilles, et
des soins qu'elles demandent à cette époque.*

VERS la fin de février ou au commencement de
mars, si les grandes gelées sont passées et qu'il sur-
vienne quelques beaux jours, on laissera sortir les
abeilles de leurs ruches en ouvrant le petit passage

qui est pratiqué en bas, et que l'on bouche pendant l'hiver, comme je le dirai.

On ôte avec un petit bâton les mouches mortes que l'on trouve à l'entrée de la ruche. Le lendemain, ou le soir même de leur première sortie, quand le soleil ne paraît plus, on nettoie le plateau de chaque ruche, en la baissant sur le côté ou en l'enlevant tout-à-fait. On racle avec un couteau et l'on nettoie toutes les ordures que l'on trouve sur le plateau, et l'on frotte celui-ci avec une poignée de foin ou de paille.

Deux ou trois jours après et à la même heure, on fait un second nétoiement pour enlever les mouches mortes de vieillesse ou de froid pendant l'hiver, et l'on examine l'état de leurs provisions pour s'assurer si elles n'ont pas besoin de nourriture ; si les fausses teignes n'attaquent point les gâteaux ; si les araignées n'ont point fait leur toile dans l'intérieur ; en un mot, s'il n'est point survenu quelque ravage assez considérable pour faire changer les mouches de domicile, en les transvasant dans une autre ruche, comme je l'expliquerai plus bas.

Le principal soin que l'on doit prendre après l'hiver en rendant la liberté aux abeilles, est de voir si leurs provisions sont usées, et de ne pas les laisser manquer de vivres dans un moment où elles ne peuvent encore s'en procurer par elles-mêmes. Cette disette arrive surtout lorsque l'hiver a été doux, parce que les abeilles, alors réveillées de leur engourdissement, ont pris de l'appétit en cherchant à sortir, et
ont

ont mangé leurs provisions. On s'assure donc si elles
ont besoin, en soulevant la ruche et en enfonçant dans
les gâteaux une simple aiguille à tricoter : si on la
retire mielleuse, c'est une preuve que les vivres ne
manquent pas encore ; d'ailleurs la simple inspection
suffit pour s'en assurer. Si tous ou presque tous les
rayons sont vides, on prend une quantité de miel
proportionnée à la ruche que l'on veut alimenter ; on
y mêle un cinquième de vin, en plaçant le tout sous
un feu clair et le remuant bien ensemble : on peut
y ajouter un peu de sucre que l'on fait fondre.

Si l'on a eu la précaution de conserver des gâteaux
qui contiennent du miel et de la cire brute, c'est la
meilleure nourriture que l'on puisse donner aux
abeilles après l'hiver, puisqu'elle est la même que
celle dont elles font leurs provisions.

Enfin, si l'on n'a ni gâteaux ni miel liquide, on
pilera des poires ou des pommes dont on exprimera
le jus ; après qu'il sera reposé, on le surviéera doucement dans un autre vase, pour laisser le marc au
fond du premier. Sur ce jus de poires ou de pommes
on mettra une quatrième partie de sucre, de casso-
nade ou de miel, et l'on fera bouillir le tout jusqu'à
réduction d'un tiers : 734 grammes (une livre et demie)
de ce sirop ou de miel suffiront pour chaque ruche
affamée, quelque peuplée qu'elle puisse être.

On laissera parfaitement refroidir ces alimens
avant de les placer dans les ruches, afin qu'ils n'y répandent aucunes vapeurs. On les placera dans une
assiette ou vase plat, sur lequel on posera quelques

brins de paille ou de petits morceaux de bois , où les abeilles iront se placer pour manger. Les vases de bois sont préférables à ceux de terre ou de faïence , qui sont froids et glissans. On soulève la ruche et l'on met le vase par dessous, le matin ou à l'entrée de la nuit. En deux ou trois jours toute la provision sera enlevée et placée dans les magasins.

Une autre manière d'alimenter les abeilles, inventée par M. Pecquet et transmise par M. Ducarne, consiste à mettre dans une bouteille le miel ou le sirop qu'on veut leur donner ; on ferme l'ouverture avec une grosse toile bien tendue, que l'on lie autour du cou de la bouteille ; ensuite on renverse la bouteille , dont on fait passer le cou au travers du trou qui est au haut de la ruche : les mouches viennent alors au goulot pour sucer cette nourriture, et l'on peut juger de la consommation par le vide de la bouteille dont le corps est au-dessus de la ruche, et on la remplit selon le besoin.

Lorsqu'on aura donné ces premiers soins aux abeilles, on prendra garde si elles ne sont point attaquées de quelques maladies qu'un long séjour dans les ruches peut leur avoir occasionées.

La dyssenterie qui attaque souvent les mouches à miel au sortir de l'hiver, en commençant par les plus faibles , devient contagieuse, et ferait périr une ruche entière si l'on n'y remédiait. On les guérit en leur donnant le sirop suivant. Prenez quatre pots de vin vieux , deux pots de miel et 12 hectogrammes (deux livres et demie) de sucre; faites bouillir le tout mêlé ensemble, à petit feu, en l'écumant souvent. Lorsque cette composition est réduite en consistance de sirop, retirez-la du feu et, quand elle est refroidie, versez-la dans des bouteilles que vous boucherez et que vous placerez à la cave pour le besoin. On en prépare une quantité proportionnée à celles de ses ruches. A la fin de l'hiver on en donne aux mouches après leur première sortie, tant pour en préserver une partie de la maladie, que pour guérir celles qui sont attaquées.

Le même remède peut guérir les abeilles qui sont attaquées de langueur; cette maladie se connaît à leurs antennes ou cornes qu'elles portent à la tête, et qui sont jaunes, ainsi que le devant de la tête. Lorsqu'elles ont bu de ce sirop, elles reprennent en deux ou trois jours toute leur activité.

Une autre attention qu'il faut avoir dans le temps où les abeilles ne trouvent encore rien à la campagne, ou après que toutes les espèces de fleurs sont passées, c'est de les préserver du pillage qu'elles pourraient exercer les unes contre les autres, par le besoin de nourriture, ou parce que leurs ruches seraient dévastées par les fausses teignes, ou que les araignées s'y seraient établies, ou enfin qu'elles manqueraient de reine.

On doit donc entretenir ses ruches dans la plus grande propreté, et les pourvoir soigneusement de nourriture. Si l'on s'aperçoit, en soulevant une ruche, que la reine soit morte, on tâchera de la remplacer en prenant dans une autre ruche une cellule formée en poire , s'il y en a plusieurs , pour la placer sur un des gâteaux de la ruche qui en est privée ; ou si l'on en trouve dans celle dont la reine est morte, on enfermera les mouches jusqu'à la naissance d'une nouvelle.

Si , à défaut de précaution , ou par quelque autre cause imprévue , l'on s'aperçoit que le désordre et le ravage existent dans une ruche , par le grand vacarme qu'on y entend , il faut sacrifier cette ruche, si elle n'est pas assez forte pour se défendre elle-même : cependant, comme ce sont ordinairement les ruches foibles qui attaquent les plus fortes quand leurs provisions sont consommées, l'on doit s'attacher à n'avoir que de bonnes ruches , en réunissant ensemble les essaims tardifs et les ruches qui sont peu fournies d'ouvrières ; alors , se trouvant en nombre suffisant dans leur nouvelle habitation , elles ne seront plus effrayées par l'ouvrage qu'elles auront à faire, et elles s'appliqueront avec ardeur au travail.

Les travaux des abeilles commencent donc au mois de mars, sur les fleurs des arbres précoces, sur les violettes , les jacinthes , les primevères et autres fleurs qui paroissent dans les jardins ou les lieux bien exposés au midi. On aura soin, par conséquent , de cultiver le plus de ces plantes que l'on pourra , et d'en placer devant les ruches et aux environs ; c'est un moyen sûr de rétablir promptement les abeilles dans l'activité , et de les guérir des maladies que la trop longue captivité ou la disette pourrait leur occasioner.

*Du temps et de la manière de tailler les ruches,
et de leur transvasement ou changement de ruche.*

Le temps que l'on choisit ordinairement pour tailler les ruches, est la fin du mois de mars ou le commencement d'avril ; et ce qu'il y a de plus imprudent et de plus mal réfléchi, c'est que celui qui est chargé de cette opération, exerce indistinctement le même ravage sur tous les paniers du rucher. Cependant, si dès la fin de mars l'on s'aperçoit qu'une ruche soit garnie de provisions surabondantes, ce qui se connoît surtout à sa pesanteur, on pourra lui retrancher l'excédent de ses provisions ; mais il faut bien se garder de toucher aux ruches foibles qui ont à peine de quoi se nourrir.

On attendra donc pour tailler celles-ci, que les fleurs paroissent en abondance, et que les abeilles aient rempli leurs magasins ; ce sera alors le moment de faire un partage judicieux avec elles, et voici comment on y procédera.

Si l'on a à tailler des ruches à l'ancienne mode, c'est-à-dire, qui sont très-élevées, terminées plus étroitement par le haut que par le bas, et garnies en dedans d'un bâton qui passe par le haut de la ruche pour descendre à quelques décagrammes (pouces) du plateau, et qui est traversé par deux bâtons en croix, pour soutenir les gâteaux, on commencera par se garnir les mains de bons gants et la tête et les épaules d'un capuchon qui porte à l'endroit du visage une visière en gaze ou en crin.

Armé de cette sorte, et ayant choisi un beau jour pour l'opération, avant le lever du soleil, on mettra chaque ruche sur le côté, après l'avoir dégarnie par le bas du ciment ou mastic qui la tient collée au plateau ; ou bien on la posera sur un trépied de bois ou autre appui, et on l'enfumera pendant quelques momens avec du linge brûlant et attaché au bout d'un bâton. Ensuite on renverse la ruche enfumée, dont les abeilles sont sorties, ou se sont retirées dans le fond, et on la place sur un autre trépied ou sur une chaise couchée, de manière que l'on puisse en découvrir tout l'intérieur, et y prendre facilement les rayons de miel ou les gâteaux de cire que l'on voudra retrancher. On se sert pour cela d'un couteau dont la lame longue et bien affilée est recourbée par le bout en forme de serpette. On n'épargne que les gâteaux bruns qui contiennent le couvain et qui sont ordinairement sur le devant de la ruche, et l'on prend ceux qui contiennent le miel, dans quelque endroit de la ruche qu'ils soient placés, ayant soin de faire éloigner les abeilles avec de la fumée, afin de ne pas les détruire en coupant. On commence par détacher le premier gâteau qui tient aux parois de la ruche, afin de se faire jour pour prendre avec la main ce que l'on veut enlever, et on le pose à mesure dans quelque vase à côté de soi.

Après avoir coupé tout ce qu'on voulait prendre, on ramasse tous les morceaux de gâteaux qu'on a brisés ; on coupe l'extrémité de ceux qui restent dans la ruche, pour ôter toute la vieille cire et celle qui serait moisie; on remet la ruche à sa place, et à la première taille que l'on fera, on enlèvera les gâteaux qu'on a laissés, afin que tout se trouve renouvelé.

On enlèvera sur-le-champ tout ce que l'on aura taillé, afin de le soustraire à l'avidité des mouches qui s'empresseraient de reprendre leur bien, et l'on détache avec la barbe d'une plume celles qui se trouvent sur les gâteaux.

En remettant la ruche en place, on tourne sur le devant le côté qui était derrière, l'on y pratique une ouverture pour le passage des abeilles, et l'on ferme l'ancienne.

Les ruches surbaissées dont j'ai parlé à la *page* 368, se taillent facilement, parce que les gâteaux sont courts et faciles à détacher. On prendra garde seulement de détruire le couvain, ni les loges de la reine.

A l'égard du cabochon, ou petite ruche plate que l'on met par-dessus la plus grande, il ne s'agit que de l'enlever pour lui en substituer un autre qui soit vide, et au moyen d'un peu de fumée on écarte les abeilles qui s'y trouvent.

Les ruches en forme de baril ou cylindre creux se taillent en retirant le fond de derrière, après avoir ôté les clous ou chevilles de fer qui le retiennent, ainsi que les chiffons que l'on a fourrés à l'entour: on taille alors telle quantité de rayons que l'on veut sans déranger les abeilles, qui sont presque toutes sur le devant; cependant, s'il s'en présente quelques-unes, on les écarte avec un peu de fumée. On a soin de bien racler et de bien nettoyer tout autour les morceaux ou brisures des gâteaux que l'on a enlevés, et qui pourraient empêcher le fond de glisser dans l'intérieur de la ruche en le remettant après l'avoir taillée. On l'enfonce alors jusqu'à ce qu'il touche les rayons restans ; on l'arrête avec les chevilles ou clous, et l'on en garnit de nouveau le pourtour avec des chiffons ou des cordons de chanvre.

Quelques personnes prétendent que ces ruches en forme de baril ou de cylindre creux, ne peuvent être nettoyées comme il faut ; je conviens que cela serait assez difficile, mais les abeilles savent les nettoyer parfaitement et n'y laissent aucune ordure.

Comme il est important que les rayons soient dirigés en travers et non en long dans ces ruches, pour en prendre facilement le miel, on peut leur faire donner cette direction par les abeilles, avant de placer un essaim dans une ruche, en y suspendant un morceau de gâteau ou de rayon, et en le fixant de manière qu'il ne puisse tomber ni se déplacer ; par le moyen de cette petite ruse les abeilles construiront tous leurs gâteaux dans la même direction que celui-là.

On pourra tailler plusieurs fois les ruches dans une même année, lorsqu'elles seront placées dans une position avantageuse pour leurs récoltes. Souvent elles sont plus fournies trois semaines après la taille du mois de mai, qu'elles ne l'étaient à cette époque. Il est donc à propos, dans ce cas, de vider leurs maga-

sins pour les encourager à les remplir de nouveau.
Ainsi, dans le courant de juillet, on pourra recommencer à tailler les ruches que l'on trouvera pleines,
en leur prenant tout le miel et une partie de la cire ;
mais, si l'on trouve en octobre quelques ruches bien
remplies, il faudra prendre seulement une petite
partie de leurs provisions, plutôt pour la leur rendre
au sortir de l'hiver, que pour la consommer.

Il est quelquefois nécessaire de transvaser une
ruche dans une autre, quand l'ancienne ruche est
trop vieille ou mauvaise, quand les fausses teignes
les attaquent, quand on veut leur enlever toutes leurs
provisions, ou enfin quand une ruche est trop grande
pour la quantité d'abeilles qu'elle renferme. Le commencement du mois de mai est le temps le plus favorable à cette opération, parce qu'alors les abeilles
trouvent de quoi réparer amplement leurs pertes, et
se rétablir dans leur nouveau domicile.

Si la ruche que l'on veut transvaser doit donner un
essaim, on attendra que celui-ci soit sorti et placé
dans une ruche. Ensuite on choisit un beau jour qui
paroisse devoir être suivi de quelques autres ; on s'y
prend dès le matin, après avoir détaché doucement,
dès la veille, la ruche de dessus sa table, en ôtant le
mastic mis autour de sa base. Avant le lever du soleil,
on prend une ruche vide que l'on a frottée en dedans
avec des herbes d'une bonne odeur ; on la place,
l'embouchure en haut, dans une chaise renversée, ou
un support qui puisse la tenir solidement dans cet état.
On met sur cette ruche celle dont on veut déplacer les

abeilles; on a soin que les deux embouchures ne laissent aucun vide à l'entour, afin que les mouches ne puissent s'échapper : on renverse sens dessus dessous ces deux ruches, de manière que celle qui est pleine se trouve en bas ; on frappe alors à petits coups répétés, avec une baguette que l'on tient dans chaque main, sur la ruche où sont les abeilles, en commençant à frapper au sommet, et continuant en remontant jusqu'à la jonction des deux ruches. Après avoir frappé continuellement, pendant cinq à six minutes, on approche l'oreille de la ruche de dessus, pour écouter si les abeilles y sont montées ; si l'on entend un bourdonnement considérable, c'est une preuve que la reine y est déjà avec une grande partie de sa suite : on continue à frapper, si l'on entend encore beaucoup d'abeilles dans la ruche de dessous. Si cependant elles s'obstinent à y rester, on emploiera la fumée ou le vent d'un soufflet, en faisant un trou dans le haut de la ruche, qui, pour le moment, se trouve renversée.

Lorsque l'on pense que les abeilles sont passées entièrement, ou pour la plus grande partie, dans la nouvelle ruche, on la détache pour la poser tout de suite sur la table à la place de l'ancienne, que l'on renverse sur un linge étendu par terre, sur lequel on fait tomber les gâteaux qui sont dedans, et on oblige les abeilles qui y sont restées à les quitter, en les balayant avec une plume. On emporte ensuite la vieille ruche avec les gâteaux, pour que les mouches n'y reviennent plus.

Lorsqu'on a transvasé une ruche, on met sous

la nouvelle un morceau de gâteau pris dans l'ancienne,
ou quelques cuillerées de miel sur une assiette, pour
accoutumer les abeilles dans leur nouvelle habitation,
les empêcher de s'en dégoûter, si elle était dépourvue
de tout, et d'aller piller leurs voisines.

Lorsqu'il y a beaucoup de couvain dans la ruche
que l'on veut transvaser, après l'avoir réunie, comme
je l'ai dit, à la nouvelle, en plaçant leurs embouchures l'une contre l'autre et les y maintenant, on
fermera l'ouverture de l'ancienne, et on laissera ouverte celle de la nouvelle. En les laissant dans cette
position pendant quinze jours ou trois semaines, les
mouches s'établiront parfaitement dans la ruche vide
placée au-dessus de l'autre ; et quand on verra qu'elles
y sont arrangées, on la placera sur la table du rucher.
Pendant la durée de cette jonction, tout le couvain
de l'ancienne ruche aura en le temps d'éclore et de se
perfectionner, et la nouvelle ruche sera peuplée.

CHAPITRE IV.

Des Essaims, des signes qui les font connaître ;
de la manière de les arrêter et de les placer
dans les ruches.

Lorsque l'hiver est passé, les abeilles reprennent
toutes leurs fonctions ; la reine pond de nouveaux
œufs, qui éclosent, et qui, en peu de temps, donnent

une population considérable dans chaque ruche bien
constituée. Cette nouvelle famille ne pouvant subsister avec l'ancienne, il faut absolument qu'elle cherche
une autre habitation, pour y former un nouvel établissement. Mais il lui faut pour cela une reine particulière, sans laquelle l'essaim ne pourrait se former,
et le défaut de ce chef femelle est souvent cause qu'une
ruche, très-pleine d'ailleurs, ne fournit point d'essaim, tandis que d'autres en donnent deux ou trois.

Lorsqu'une ruche doit donner un essaim, tout y
est dans une vive agitation ; on entend un bourdonnement continuel et plus fort qu'à l'ordinaire ; les
abeilles sortent, avec vitesse et précipitation pour
prendre leur essor ; enfin une foule d'autres suivent
celles-là, et vont avec leur reine se placer dans un
endroit choisi. Il faut guetter ce moment, qui a lieu
dans les grands jours et par la grande chaleur.

Un essaim est ordinairement composé de quinze
à vingt mille ouvrières, et pèse cinq à six livres ; les
premiers de l'année sont toujours les meilleurs. Ils
se placent sur une branche d'arbre quelquefois peu
élevée ; d'autres fois tout en haut de l'arbre. Quelques-uns choisissent un tronc creux ou un trou
dans un mur ; mais toujours ils se rassemblent en
pelotons.

Lorsqu'un essaim s'attache à une branche d'arbre,
il est facile de le recueillir, surtout si elle n'est pas
élevée, en tenant au-dessus du peloton une ruche
où les abeilles vont d'elles-mêmes, sans qu'il soit
besoin de secouer la branche. Si, au contraire,

elle est fort élevée , on tient la ruche par-dessous ,
et l'on secoue un peu la branche pour faire tomber
les abeilles dans la ruche ; on peut même les y
pousser avec un petit balai.

Si un essaim va s'établir dans le creux d'un arbre
ou dans un trou de mur, il est plus difficile de s'en
emparer. On le veillera jusqu'au coucher du soleil,
afin de pouvoir le suivre , s'il venait à quitter cette retraite , dont on n'approchera qu'à l'entrée de la
nuit , parce que c'est alors qu'il est facile de s'en
rendre maître. On prend une échelle pour approcher du trou , et tandis qu'une personne tient au-
dessous une ruche renversée , une autre prend les
mouches dans le trou avec ses mains garnies de
gants ou avec une cuiller à pot ou quelque autre
instrument , et les met dans la ruche , que l'on pose
en bas du mur s'il reste beaucoup de mouches dans
le trou , ou que l'on porte sur-le-champ au rucher ,
si l'on est venu à bout d'y amasser la plus grande
partie de l'essaim ; car celles qui restent ne manqueront pas de les aller joindre.

Pour emporter la ruche où l'on a déposé les
mouches , jusqu'au rucher , on la posera d'abord sur
un linge étendu par terre , dont on relèvera les bords
à l'entour de la ruche ; à ce moyen aucune mouche
ne pourra sortir.

Si les abeilles , en tout ou en partie , voulaient
retourner à l'endroit d'où on les a tirées , il faudrait
le frotter avec des feuilles de sureau ou de rue , ou
bien les y enfumer avec du vieux linge que l'on fait
brûler au bout d'un bâton.

On déloge à peu près de la même manière les essaims qui se retirent dans des arbres creux ; il est même plus facile d'y prendre les mouches , parce qu'on peut agrandir l'ouverture par laquelle elles sont entrées.

Lorsqu'on veut arrêter un essaim qui s'élève fort haut , et qu'il serait quelquefois impossible de suivre dans le long voyage qu'il se propose de faire , dès que l'on s'aperçoit qu'il cherche à s'élever , il faut lui jeter du sable ou de la terre en poussière , pour le faire abaisser ou poser sur quelque arbre voisin. Si l'on peut même lui jeter de l'eau avec un balai ou une grosse seringue , au moment où il part , à la hauteur où il a dirigé son vol , il s'abaissera encore plus promptement. Enfin , un moyen presque sûr pour arrêter les abeilles , c'est de leur tirer quelques coups de fusil ou de pistolet chargés simplement à poudre ; elles rabattent aussitôt leur vol pour se poser assez bas.

Quelque part que se pose un essaim , il faut toujours avoir une ou plusieurs ruches prêtes pour le recueillir ; mais si l'on en manquait pour le moment , il faudrait le couvrir avec un linge un peu mouillé que l'on arrangerait par-dessus , et sous lequel on le retiendrait pendant quelques heures , jusqu'à ce que la ruche fût prête à le recevoir. Ces nouvelles ruches doivent être soigneusement nettoyées d'ordures et de toute espèce d'insectes. Si elles ont servi à loger d'autres abeilles , et qu'il y soit resté quelques débris de cire attachés aux parois intérieures ,

on les y laissera, et les nouveaux habitans s'en ac-
commoderont fort bien. On les frottera en dedans
avec de la mélisse ou quelques herbes aromatiques. L'usage de les enduire intérieurement avec un
peu de miel, est aussi fort bon, et ne peut que contribuer à fixer les abeilles d'un essaim.

Lorsqu'il arrive que plusieurs essaims partent
ensemble, quand on a beaucoup de ruches, et qu'ils
forment plusieurs pelotons, comme on doit suppo-
ser qu'il y a une reine à chacun, il faut les empêcher
de se réunir, en leur jetant de l'eau ou de la terre,
en sorte qu'on les force à s'aller reposer chacun
dans un lieu séparé. On en forme alors autant de
ruches particulières. Mais si, malgré les précautions
que l'on a prises, ils viennent à se mêler, il faut
examiner s'il y a plusieurs reines, et tâcher de n'en
laisser qu'une et de détruire les autres, ce qui est
assez facile en les saisissant avec la main couverte
d'un gant ou avec une baguette enduite de glu. Si
l'on ne peut les découvrir, on ne risque rien de
mettre tout le peloton dans la même ruche, parce
que les mouches sauront bien se débarrasser des
reines surnuméraires ou se séparer de nouveau.

La méthode de partager soi-même un peloton de
plusieurs essaims réunis, ne vaut rien, parce que,
s'il n'y a point de reine dans l'une des portions, elle
ne restera point dans la ruche qu'on lui aura
donnée.

Aussitôt qu'un essaim est logé dans une ruche qui
lui plaît, toutes les abeilles se mettent au travail, et

commencent à former un ou plusieurs gâteaux avec la cire qu'elles ont apportée. Mais s'il faisait du mauvais temps pendant les jours qui suivent celui où il a été recueilli, il faudrait lui fournir de la nourriture en mettant du miel sous la ruche, parce que les abeilles n'allant point butiner par la pluie, l'essaim qui n'a encore aucunes provisions dans sa nouvelle demeure, serait exposé à mourir de faim. Mais si le temps est beau, il n'y a aucune précaution à prendre, et les abeilles sauront bien aller chercher leur nourriture.

Quelques personnes ont proposé de forcer une ruche à donner son essaim, lorsqu'il est trop long à sortir ; mais comme les moyens que l'on donne ne sont point sûrs, il vaut mieux attendre que l'essaim sorte de lui-même, et le veiller plus ou moins long-temps.

On aura soin en automne de réunir ensemble les ruches trop foibles pour passer l'hiver, en suivant la méthode que j'ai indiquée pour le transvasement. Ces différentes abeilles, ainsi réunies, formeront d'excellentes ruches, qui donneront chacune un bon essaim au mois de mai suivant.

Quoiqu'il soit avantageux d'avoir beaucoup d'essaims, cependant une ruche qui en aurait fourni un ou deux, serait trop affoiblie si elle en donnait un troisième, qui ne serait pas suffisant pour former une bonne ruche. Si l'on s'aperçoit donc qu'un troisième essaim cherche à se former, on mettra une hausse à la ruche par-dessous, ou un cabochon vide par-

dessus

dessus, ou si c'est une ruche cylindrique, après en avoir tiré partie des rayons, on reculera le fond de derrière jusqu'à l'extrémité, afin qu'en donnant un espace vide considérable aux mouches, elles s'occupent à le remplir au lieu de partager leur monde. Ce moyen sert aussi à donner de l'air aux abeilles dans l'intérieur de la ruche, qui devient quelquefois trop chaude et trop étouffante, lorsqu'elle est trop remplie.

On a donné différentes méthodes pour se procurer des essaims artificiels; mais comme il est difficile de réussir quand on ne connaît pas parfaitement la manière de les mettre en pratique, et que d'ailleurs je ne conçois pas bien cette opération, je n'en parlerai point ici, et je conseille de s'en tenir tout simplement aux essaims naturels, qui ne manqueront jamais en gouvernant bien ses abeilles.

CHAPITRE V.

Du temps où les Abeilles sont en repos, et de la manière de les soigner à cette époque.

Lorsque la saison des fleurs est passée, et que le froid commence à engourdir les abeilles, elles se retirent au sommet de leur ruche en s'attachant les unes aux autres, et restent dans cet état sans prendre de nourriture, jusqu'à ce qu'il vienne quelques beaux jours, pendant lesquels elles se raniment un peu, et alors elles ont recours à leurs provisions. Cet état alternatif d'engourdissement et de réveil a lieu pendant les mois de novembre, décembre, janvier et quelquefois tout février.

On a soin durant ce temps de les empêcher de sortir, en fermant les ouvertures des ruches, non pas entièrement avec des tampons, comme le font mal-à-propos quelques personnes, mais avec une petite planche mince, percée de quelques trous assez grands pour laisser passer seulement une abeille, sans gêne. De cette manière, elles ont un peu d'air dans l'intérieur ; celles qui veulent sortir en ont la liberté, mais peu à la fois ; et celles qui n'en sont point tentées restent paisiblement dans leur habitation. Si l'on fermait entièrement leur porte, outre le défaut d'air, qui leur serait très-préjudiciable, aussitôt que le temps serait doux, ou que le soleil les inviterait à sortir, on les exposerait à périr d'ennui dans une trop longue retraite ; elles s'impatienteraient dans leur trop longue captivité, et en cherchant à sortir elles s'échaufferaient et mourraient de désespoir dans leur ruche.

Lorsque les grands froids seront arrivés et que la moindre sortie serait funeste aux abeilles, on remplace les petites planches percées dont je viens de parler, par d'autres dont les trous sont plus petits, de manière que les mouches ne puissent plus passer au travers. Elles sont alors absolument renfermées, sans être privées du courant d'air qui leur est nécessaire.

On peut aussi leur laisser un trou de 27 millimètres

(un pouce) de diamètre au haut de la ruche, pour
mieux faciliter le courant d'air ; il faut le couvrir
avec un morceau de bois percé de petits trous, ou
avec un gros linge que l'on colle ou que l'on attache
par-dessus. Lorsque l'on débouche ce trou, on voit
les abeilles amoncelées au haut de la ruche, qui
cherchent à sortir ou du moins qui s'y donnent quelques mouvemens, et qui sortiraient au premier beau
jour ; mais comme ces sorties seraient dangereuses
pour elles, il faut absolument leur interdire le passage pendant tous les temps rigoureux.

Lorsque les hivers sont très-froids dans certaines
années, quoique le rucher soit défendu du nord
par le mur du fond, je conseille de placer de
grands paillassons sur le devant, et de les y laisser le
soir, le matin et pendant la nuit, même pendant le
jour, si le soleil ne paroît point et qu'il tombe des
frimas.

Il sera encore bon de garnir les ruches par derrière avec du foin ou des feuilles d'arbres sèches, ce
qui se peut faire très-aisément en formant un rebord
avec des planches posées en long et soutenues par
les montans des tablettes sur lesquelles les ruches
sont placées. Cependant, lorsque les ruches sont bien
fournies d'abeilles, la chaleur s'y soutient assez sans
toutes ces précautions, qui ne sont nécessaires que
pour les ruches foibles.

Lorsqu'on n'a pas de rucher et que les ruches
sont exposées aux injures de l'air, le plus sûr parti
est de les placer pendant l'hiver dans une serre ou

quelque endroit fermé, et de les y couvrir avec quelques paillassons ou des surtouts, ou avec une double ruche plus grande, mais de manière que les mouches aient toujours un peu d'air dans l'intérieur et qu'elles soient placées dans un lieu exempt d'humidité. Si l'on prend le parti de clorre ainsi les ruches, il faudra redoubler d'attention contre les rats et les souris qui pourraient les aller dévaster.

Après avoir pris contre le froid les précautions nécessaires, on ne touchera plus aux ruches jusques vers la fin de février ; mais il faudra les visiter de temps en temps pour examiner s'il ne s'y commet point quelques ravages de la part des ennemis extérieurs, tels que les rats, les souris, les mulots et même les renards. On prendra en conséquence les plus grandes précautions pour les éloigner ou pour les exterminer, ainsi que je l'ai dit plus haut. Quant à la nourriture des abeilles, elles n'en ont aucun besoin pendant l'hiver, à moins qu'il ne soit très-doux ; mais les provisions qu'on leur a laissées en automne doivent leur suffire jusqu'au moment où elles sont prêtes à sortir, et j'ai donné dans le chapitre III la manière de les nourrir alors, si leurs provisions sont épuisées.

CHAPITRE VI.

*De la manière de connoître les bonnes Ruches;
du temps où il faut les acheter, et de la
manière de les transporter.*

UNE bonne ruche doit être bien fournie d'abeilles
jeunes, actives et laborieuses. On est assuré de ces
qualités lorsqu'on les voit sortir avec vivacité pour
aller butiner ; qu'elles rentrent en se pressant aux
portes pour déposer leurs récoltes, et que leur ailes
sont bien entières. Les abeilles, au contraire, qui prennent lentement leur vol, qui reviennent avec nonchalance, et dont les ailes sont déchiquetées, sont à
coup sûr de vieilles mouches.

Lorsqu'elles sont toutes rentrées le soir, ou le matin avant qu'elles partent, si, en donnant un petit
coup sur une ruche avec le doigt du milieu, on entend
un bruit sourd ou bourdonnement étouffé à plusieurs
reprises, c'est une preuve qu'elle est bien peuplée.
Mais si le son est plus clair, et qu'il cesse aussitôt,
c'est que la ruche est dégarnie.

Pour connoître si une ruche est propre, si la cire
n'est point noire ou moisie, il faut, avant le lever du
soleil, ou le soir à la chandelle, soulever légèrement
la ruche, en la renversant en arrière ; lorsqu'on aper-

çoit une cire belle et blanche, qu'il n'y a sur la table
ni ordures ni mouches mortes, c'est une preuve que
les abeilles sont jeunes et actives. Mais il faudra examiner soigneusement si la cire du dessus de la ruche
est aussi belle que celle d'en bas ; car ceux qui vendent
des abeilles pourraient tromper, en coupant au printemps toute la cire d'en bas et laissant la mauvaise du
dessus ; et comme celle qu'ils ont enlevée se répare
avec de la neuve par les abeilles, on ne s'apercevrait
pas de la fraude.

On peut aussi connoître la bonté d'une ruche à
son poids ; mais il faudrait savoir à peu près ce que
pesait cette ruche quand elle était vide. Cependant
on peut être sûr que les plus lourdes sont les meilleures.

La saison la plus favorable pour acheter des ruches, et pour les transporter ou les déplacer, est la
fin de l'hiver ou le commencement du printemps ; les
abeilles, encore engourdies, sont moins troublées par
les secousses du transport, et l'air est assez doux pour
pouvoir les laisser sortir deux ou trois jours après
leur arrivée ou leur replacement. Cette sortie leur est
absolument nécessaire pour se vider hors de la ruche
et pour se refaire des fatigues qu'un voyage leur occasionne, quelques précautions que l'on prenne pour
ne les pas secouer.

Pour transporter une ruche, on la détache doucement, en ôtant avec un couteau le mortier ou mastic
qui la tenait collée sur la table ; on l'enlève pour la
poser, par son ouverture, sur un linge gros et clair

étendu par terre, et que l'on relève de toute part autour de la ruche, pour l'y lier fortement avec une corde, de manière qu'il soit bien tendu sur l'ouverture, qui doit être exactement bouchée.

S'il n'y a qu'une ruche à transporter, il n'y a rien de si facile ; on attache les bouts du linge qui l'environne à un bâton long et suffisamment fort, que deux hommes prennent sur leurs épaules en plaçant la ruche entre eux deux. Si l'on a deux, trois et même quatre ruches, on les porte sur un brancard ou civière, dont le fond, sur lequel on les pose, est à jour ; cette civière, qui a deux bras à chaque bout, se porte également par deux hommes, et les mouches n'éprouvent aucune secousse violente.

La difficulté consiste donc à se servir d'une charette, lorsqu'on a beaucoup de ruches à transporter ; dans ce cas, il faut mettre beaucoup de paille sur la charette, et tourner le bas des ruches en haut ou sur le côté, afin que les abeilles puissent avoir de l'air. On liera et l'on maintiendra bien les ruches en place, afin qu'elles ne soient pas sans cesse balottées ou retournées par les cahots.

Lorsque les abeilles sont arrivées, on les met en place, en les tournant comme elles doivent l'être, mais sans ôter d'abord le linge qui les enveloppe. On attendra la nuit pour l'enlever entièrement, parce que les mouches retourneraient dans leur premier domicile, s'il n'était pas bien éloigné, ou elles iraient s'égarer dans la campagne, pour ne plus revenir.

Le lendemain on examinera l'intérieur de la ruche,

pour voir si les gâteaux sont brisés , et pour enlever ceux qui le seraient. On posera bien chaque ruche sur son support, et on garnira de mastic toutes les ouvertures qu'on apercevra, en ne laissant que la porte. Si la ruche n'est pas solide sur son support, on placera de petits coins de bois dans les endroits qui ne portent pas, avant d'appliquer le mastic. Enfin, on les mettra dans le même état où elles étaient avant leur déplacement.

CHAPITRE VII.

Des Plantes qui conviennent le mieux aux Abeilles, pour leur fournir la cire et le miel.

QUELQUES soins que l'on prenne pour élever des abeilles, c'est en vain que l'on se flattera de pouvoir multiplier ses ruches et d'amasser un rucher considérable, si l'on n'a pas autour de soi toutes les ressources qui sont nécessaires pour leur fournir de quoi amasser les matériaux dont elles ont besoin pour construire et remplir leurs gâteaux et leurs rayons. Mais si vos abeilles trouvent à leur portée et en abondance les plantes qui leur fournissent la cire et le miel, alors vous verrez vos ruchers prospérer et se multiplier régulièrement chaque année.

J'ai vu un amateur d'abeilles, qui n'avait pas autour de son habitation de quoi fournir à toutes ses mouches, transporter ses ruches plus loin, à mesure qu'elles avaient consommé les produits de chaque station où il les plaçait ; mais il faut être libre de tout autre soin pour suivre une méthode qui demande une attention aussi constante.

Les abeilles recueillent la cire et le miel sur les fleurs de toutes les espèces de plantes ; mais elles prennent la cire sur les étamines de chaque fleur, et le miel dans le fond du calice, où il s'en trouve un petit réservoir que l'on nomme *nectaire* ou *vase à nectar*. Tous les arbres et les plantes dont les fleurs sont à étamines, fournissent donc la matière à cire ; mais le miel ne se trouve que dans celles qui ont un *nectaire* ou réservoir à miel, au fond de leur calice.

Pour que les abeilles puissent donc trouver une matière abondante pour leurs récoltes, il faut qu'elles soient à portée d'une immense forêt, dont les arbres de toute espèce leur offrent avec profusion de quoi se rassasier ; une vaste prairie émaillée de toute sorte de fleurs ; des campagnes remplies de blé noir ou sarrazin, de navette, de colzat, de raves, etc. ; des vergers garnis d'arbres fruitiers ; des montagnes couvertes de romarins, de thym, de serpolet, et d'autres plantes aromatiques. Le chardon à bonnetier, qui croît abondamment le long des chemins et des haies, et que l'on peut cultiver facilement dans les plus mauvais terrains ; le cytise ou *trifolium*, le genêt, la bourrache, la bugloze, qui ne demandent aucune culture ; les vesces, le sainfoin ou esparcette ; la plupart des fleurs de parterre ; en un mot, presque toutes les fleurs fournissent de quoi butiner aux abeilles.

On ne manquera donc pas de cultiver devant le rucher, le plus de fleurs de toute espéce que l'on pourra, surtout des plantes qui fleurissent dès les premiers beaux jours, telles que les hépatiques, les primevères, les jacinthes, les oreilles d'ours ou auricules, etc. On y placera des plantes aromatiques, de la lavande, de l'hysope, du thim, de la mélisse ou citronelle, etc.

Les murs des environs seront garnis d'abricotiers, de pêchers ; en un mot, l'on rassemblera aux environs du rucher les fleurs les plus précoces, afin de procurer aux abeilles, dans les premiers beaux jours, de quoi se récréer et se refaire des privations de l'hiver, sans être obligées d'aller au loin chercher leur nourriture et leurs matériaux.

Il est bon de remarquer ici que quand il se trouve une quantité considérable de buis aux environs d'un rucher, le miel que les abeilles tirent de leurs fleurs est âcre et mal-faisant, ainsi que celui qu'elles pourraient aller prendre sur des plantes vénéneuses.

De la Manière de préparer la cire et le miel.

Avant de fondre la cire que l'on retire du rucher en gâteaux, il faut retirer des rayons tout le miel qu'on veut en extraire, parce que la cire qui restera se fondra avec celle des gâteaux où il n'y a point de miel.

Aussitôt que l'on a sorti les gâteaux de la ruche, on sépare ceux qui sont les plus beaux et les plus blancs, de ceux qui sont bruns ou noirs, et de ceux qui ne sont que de cire ou qui contiennent du couvain.

On passe légèrement la lame d'un couteau de chaque côté des rayons qui contiennent du beau miel, pour détacher les couvercles des cellules où il est renfermé, et qui l'empêcheraient de couler. On rompt ensuite en plusieurs pièces tous ces rayons, et on les met sur des claies ou dans des paniers très-propres, ou sur une toile de canevas tendue sur un châssis. On place par-dessous des vases de terre vernissés pour recevoir le miel. Si l'air est froid, on approchera les rayons d'un feu modéré, pour faire couler le miel plus aisément. C'est là ce qu'on appelle le *miel vierge*, qui est toujours le plus beau et le meilleur. Lorsque ce premier miel est sorti, on achève de briser les gâteaux et l'on y mêle ceux de moindre qualité, pour les replacer ensemble sur les claies, etc., et en faire découler un autre miel, qui sera encore d'une qualité distinguée, mais inférieure à celle du premier. Lorsqu'il n'en coule plus du tout, on pétrit les gâteaux avec les mains, sans y mêler ceux qui contiennent du couvain, et on les tord dans un gros linge attaché à deux bâtons, ou on les serre dans une presse. On fait chauffer ce second miel, et après l'avoir bien écumé, on le met refroidir dans des pots. Quant au premier, il n'a besoin d'aucune préparation.

Manière de fondre la cire.

Après avoir séparé le miel des rayons de cire dans lesquels il était déposé, on mêle les pelotes que l'on a faites en pressant la cire entre les mains dans de l'eau chaude pour en extraire tout le miel, avec les gâteaux de cire sèche, et même avec ceux où il se trouve du couvain, et on les met dans un chaudron avec un kilogramme ou 15 hectogrammes (2 ou 3 livres) d'eau, ou moins, selon la quantité de cire, pour empêcher que la cire ne brûle en la faisant bouillir. On remue de temps en temps avec un bâton ou une spatule de bois. Lorsque tout est bien dissous et fondu, on le verse tout bouillant dans un sac de grosse toile un peu claire, dont on lie bien la gueule avec une ficelle, et que l'on place sous une presse à peu près semblable à celle des huiliers. Si l'on n'a pas de presse, ou que l'on n'ait que peu de cire, on prendra un morceau de toile d'environ 5 décimètres (18 à 20 pouces) carrés; on fera à chaque bout un repli bien cousu, dans lequel on passera un bâton d'environ 27 millimètres (un pouce) de grosseur sur 325 millimètres (un pied) de longueur; on froncera la toile pour la serrer au milieu de chaque bâton, et après avoir rempli de cire fondue environ la moitié de la poche que formera la toile, on repliera les deux bords l'un sur l'autre;

et en tournant chaque bâton dans un sens opposé on serrera la toile suffisamment pour en faire sortir toute la cire. Il faudra même la remuer deux fois en desserrant les bâtons, afin de faire sortir ce qui resterait dans le milieu de la masse. Cette opération demande deux personnes.

On doit fondre la cire par parties d'environ 25 à 30 hectogrammes (5 à 6 livres) au plus, car une trop grande quantité fondue à la fois serait très-embarrassante.

Que l'on se serve d'une presse ou d'une toile avec deux bâtons pour serrer la cire fondue, il faut la faire couler dans un baquet où l'on a mis de l'eau pour faire surnager et figer la cire, que l'on enlèvera à mesure et que l'on séparera en morceaux pour la fondre une seconde fois et la mettre en pains en la versant dans des terrines ou des chaudrons mouillés. Pour cette refonte on mettra peu d'eau dans la chaudière ; on ne fera point bouillir la cire, et on l'écumera soigneusement.

Après que les pains sont bien refroidis, on renverse les vases dans lesquels on a versé la cire, et l'on racle toute la crasse qui s'est déposée au fond des pains. Alors on peut vendre cette cire à ceux qui la font blanchir.

CHAPITRE VIII.

Des Vers à soie.

Tout propriétaire qui a des mûriers blancs à sa portée et qui n'en profite pas pour élever des vers à soie, n'entend pas bien ses intérêts, puisqu'il peut en tirer un parti très-avantageux sans faire de dépense et sans employer un temps considérable. J'ai connu un vicaire de campagne dont le traitement ecclésiastique était trop foible pour le faire vivre, et qui, ayant trouvé une plantation de mûriers sur sa paroisse, se faisait, en deux mois, dix-huit cents livres de revenu, en élevant des vers à soie, quoique le local ne fût pas favorable.

Je pense que ce qui dégoûte, en général, de se livrer à une occupation aussi lucrative et qui demande si peu de temps, c'est que l'on s'épouvante des difficultés qu'elle présente, d'après les traités trop étendus et trop minutieux que l'on a donnés sur cette matière, et dans lesquels on ne s'est peut-être pas assez clairement expliqué.

Je réduirai donc à quatre points principaux les attentions qu'il faut avoir pour faire réussir parfaitement telle quantité de vers que l'on voudra élever :

1.º Avoir à sa portée une quantité de mûriers

blancs, proportionnée à celle des vers que l'on fera
éclore (on a fait des essais avec la feuille de mûrier
noir, qui ont parfaitement réussi) ;

2.° Ne faire couver que de la bonne graine d'une
bonne espèce de vers ;

3.° Les changer souvent de feuilles fraîchement
cueillies, et ne leur en jamais donner qui soient
mouillées, humides, desséchées ou corrompues ;

4.° Tenir les vers dans une température convenable et à peu près égale, sans les priver d'air.

Des Mûriers.

Un préjugé presque général sur les mûriers blancs
destinés à nourrir les vers à soie, c'est que ceux qui
sont greffés sont beaucoup meilleurs que les sauvageons, c'est-à-dire, que ceux qui viennent simplement de graine semée, de marcottes ou de boutures.
Le seul avantage des mûriers greffés est de fournir
une feuille plus grande et plus étoffée ; mais je soutiens que la feuille du sauvageon, lorsqu'il est bien
cultivé dans un terrain convenable, procure de plus
belle soie, en plus grande quantité, et que le ver
qui en est nourri se porte mieux. Comme j'ai l'expérience de ce que j'avance, je me soucie fort peu
que l'on regarde mon opinion comme un paradoxe.

Si vous n'avez donc pas des mûriers à votre portée, ou que vous n'en ayez qu'une trop petite quantité, voici le moyen que j'ai pratiqué pour gagner
du temps en les semant.

Choisissez de la graine de mûre dont le fruit a été recueilli sur un arbre sain et vigoureux, dont les feuilles n'aient pas été cueillies pour nourrir des vers. On ne prendra que la graine des fruits parfaitement mûrs, qui seront tombés d'eux-mêmes, ou que l'on aura secoués légèrement. Etendez ces fruits, à mesure que vous les recueillerez, dans un lieu à l'ombre, mais bien aéré, et laissez-les s'y dessécher peu à peu. Conservez les ensuite dans du sable jusqu'à la fin de février suivant. Alors faites une ou plusieurs couches sourdes, selon la quantité de graine que vous voulez semer ; chargez-les de 23 ou même de 27 millimètres (10 ou 12 lignes) de terre bonne et légère que vous unirez avec le rateau. Tracez sur ces couches des rayons de 4 centimètres (18 lignes) de profondeur, à 162 ou 189 millimètres (6 ou 7 pouces) de distance l'un de l'autre, et semez — y votre graine assez épais, parce que vous pourrez en éclaircir le plant, qnaud elle sera levée. Recouvrez légèrement les rayons, et criblez, sur toute la surface de la couche, du terreau fin de vieilles couches, ou des débris de fumier pourri et réduit presque en poussière, ou du crotin de cheval bien émietté, de l'épaisseur de 14 millimètres (un demi-pouce). Arrosez ensuite toute la couche légèrement avec de l'eau tiède, à neuf heures du matin, et chaque soir mettez des paillassons sur des cercles ou des perches, jusqu'à la fin des froids, pour que la couche ne se refroidisse pas trop pendant la nuit et pour éviter la gelée.

Si

Si le mois de mars est très-sec, il faudra renouveler de temps en temps les arrosemens, mais toujours le matin et avec de l'eau douce.

Lorsque les graines seront levées, laissez-les pousser à la hauteur de 54 millimètres (2 pouces) ou
environ ; alors, si le semis est trop épais, éclair-
cissez-le en arrachant les pieds faibles, et ne laissant
que les plus forts, à 135 ou 163 millimètres (5 ou 6 pouces) de distance. Ayez bien soin de ne laisser croître
aucune mauvaise herbe sur vos couches, et tous
les mois donnez-leur un petit binage avec un pio-
chon, ou seulement une cheville de bois. Dans le
courant de mai et des mois suivans, vous arroserez
votre semis dans les sécheresses, en mettant un peu
de salpêtre fondu dans chaque arrosoir, environ 77
décigrammes (2 gros).

Vos mûriers pousseront d'un mètre environ
(3 pieds) de hauteur dans la première année, s'ils
sont bien soignés. Dès le mois de novembre suivant,
ou dès que les feuilles seront tombées, vous arracherez avec précaution les plus forts pieds de
vos mûriers, sans endommager leurs racines, et
vous pourrez les mettre en place ou en pépinière.
Le terrain où vous les placerez doit être de même
nature que celui où vous les aurez semés, c'est-à-
dire, léger, mais fertile. Une terre effrittée, maigre,
ou une autre qui serait trop grasse, ne vaudraient
rien.

Ce terrain doit avoir été préparé par un bon labour très-profond, à la bêche ou à la grande pio-

Tome I.

che. On plantera chaque pied dans un trou de 325 millimètres (un pied quarré), à un mètre environ (trois pieds) de distance l'un de l'autre en tout sens ; on pourra même en mettre quelques-uns des plus forts en place à demeure, dans des trous quarrés de 65 centimètres (2 pieds) de profondeur sur un mètre ou un mètre 299 millimètres (3 à 4 pieds) de largeur ; on les soutiendra avec des tuteurs, et au mois de mars on les élaguera de toutes les branches qui pourraient avoir poussé le long de la tige.

Plantez chaque pied avec toutes ses racines, autant qu'il sera possible ; et si vous en avez brisé quelques-unes en les arrachant, vous les couperez au-dessus de la cassure. Laissez surtout le pivot entier ; en plantant, criblez, pour ainsi dire, la terre en la secouant sur la bêche ou la pelle, au lieu de la jeter en masse, comme le font mal à propos quelques personnes.

Vous laisserez sur les couches les pieds faibles de votre semis, pendant l'année suivante, jusqu'au mois de novembre, où vous les planterez comme les précédens. Il faudra seulement les élaguer en mars, et ne leur laisser que la maîtresse tige, que vous soutiendrez avec un tuteur pour la bien dresser.

Lorsque les tiges de vos arbres auront un mètre 297 millimètres ou un mètre 624 millimètres (4 à 5 pieds) de hauteur, vous les couperez en biais à 2 millimètres (une ligne) au-dessus du dernier œil ou bouton, pour leur faire pousser les branches qui doivent faire leur tête.

Il faudra entretenir soigneusement vos plantations par des labours légers, que vous réitérerez trois ou quatre fois pendant l'été, et les nettoyer de mauvaises herbes.

Au bout de six ans, vos arbres seront en état de vous fournir des feuilles, mais il ne faudra pas y toucher auparavant, à moins que vous n'en cueilliez sur des branches que vous voudrez retrancher l'année suivante.

Cette méthode est beaucoup plus expéditive que celle des marcottes et des boutures ; mais on peut écussonner les sauvageons, lorsqu'ils ont 14 millimètres (6 lignes) de diamètre, et les jets qu'ils pousseront seront très-vigoureux. On prendra les écussons sur des mûriers sains d'une belle espèce.

Ne manquez pas d'élever des mûriers à basse tige, en buissons et en espalier, contre quelque mur exposé au midi, afin d'avoir des feuilles dès le courant d'avril, pour donner la première nourriture aux vers à soie, car l'on sait que le mûrier est naturellement tardif, et les vers réussissent beaucoup mieux quand on les élève avant les grandes chaleurs.

Du Local destiné à l'éducation des Vers à soie.

Lorsqu'on est pourvu d'une quantité suffisante de mûriers, il faut préparer un logement pour y élever les vers à soie. On nomme ces ateliers *coconière* ou *magnaudière*, peu importe.

Choisissez un emplacement qui ait ses jours du

levant au midi, et qui ne soit point sur un terrain humide ni environné d'eau. Plantez quelques peupliers à l'entour, plutôt que d'autres arbres qui donneraient trop d'ombre.

Que votre atelier soit plutôt trop grand que trop petit, et qu'il soit éclairé par plusieurs fenêtres au levant et plusieurs au midi, lesquelles seront garnies de persiennes ou volets à languettes que l'on puisse baisser ou élever facilement. Le plancher ou plafond sera plutôt élevé que trop bas, afin que la salle contienne plus d'air.

Il faut avoir plusieurs pièces pour composer un atelier, savoir : une pour y déposer les feuilles et les faire ressuyer lorsqu'elles sont humides ; une, qui est l'atelier proprement dit, et qui doit être la plus grande ; enfin une troisième, qui sera la plus petite, pour placer les vers malades.

Si l'atelier proprement dit a 6 mètres (dix-huit pieds) de largeur sur 10 mètres (30 pieds) de longueur, et 3 mètres 573 millimètres à 3 mètres 898 millimètres (onze à douze pieds) de hauteur, il pourra contenir le produit d'un hectogramme 53 grammes à un hectogramme 836 décigrammes (cinq à six onces) de graine de vers à soie, c'est-à-dire, environ cent cinquante mille vers et même plus, si la graine est bonne et que la couvée aille à bien, puisque 3 décagrammes (une once) de graine contiennent près de quarante mille œufs ; mais je suppose qu'il en manquera beaucoup. Je le répète, il vaut mieux que l'atelier soit trop grand que trop petit :

chacun consultera là-dessus ses facultés et son emplacement. Il serait bon qu'il fût placé au premier étage, ou qu'étant au rez-de-chaussée, il y eût une cave au dessous pour éviter toute humidité.

Au milieu de chaque bout de la salle où les vers seront élevés, on construira un fourneau ou poële à la manière de ceux d'Allemagne. Ils consistent en un carré de brique ou terre cuite, d'un mètre 299 millimètres (quatre pieds) de long, sur 975 millimètres (trois pieds) de largeur, et un mètre 624 millimètres (cinq pieds) de hauteur, au-dessus de la plate-forme qui le couvre. L'épaisseur sera de la largeur de la brique posée à plat, c'est-à-dire, d'environ 108 à 135 millimètres (quatre à cinq pouces). Plus cette épaisseur sera forte, plus le fourneau retiendra sa chaleur. Si l'on peut avoir des pierres à feu pour la construction de ces fourneaux, au lieu de se servir de briques, ils n'en seront que plus solides et tiendront encore mieux la chaleur. Le dessous sera élevé de 217 à 271 millimètres (huit à dix pouces) au-dessus du niveau de la salle, et soutenu par de petits pilliers, afin que la chaleur de l'âtre puisse encore augmenter celle des autres parties du fourneau, en se répandant dans la salle.

L'ouverture des fourneaux pour y placer le bois, la tourbe ou le charbon de terre, avec lesquels on les chauffera, sera en dehors de la salle, et fermera avec une petite porte de forte tôle ou de fer battu, tournant sur des gonds et arrêtée par un loquet.

Il doit y avoir une petite cheminée au dessus.

Quelques matières que l'on puisse brûler dans ces fourneaux, il ne peut rien en pénétrer dans la salle ; la chaleur y sera toujours soutenue ; on n'y verra pas un atome de fumée, et il ne sera nécessaire d'y faire du feu qu'une fois le matin et autant le soir chaque jour. La quantité de bois ou autres matières à y brûler se réglera sur le degré de chaleur dont on aura besoin dans l'intérieur. Si l'atelier est petit, par exemple, de 4 mètres 873 millimètres (15 pieds) sur 6 mètres 497 millimètres (20 pieds), il n'y aura besoin que d'un fourneau que l'on pourra placer dans le milieu du fond de la salle.

Je soutiens que les poëles ordinaire de fonte ou de faïence avec leurs tuyaux, ni les cheminées que l'on nomme *chauffé-panse*, ne peuvent suppléer aux fourneaux simples que je viens de décrire, quand même on brûlerait le double de matières combustibles. D'ailleurs il n'est presque pas possible d'éviter la fumée, surtout si l'on y brûle de la tourbe ; au lieu que les fourneaux d'Allemagne économisent le bois et ne donnent jamais de fumée.

L'atelier étant disposé comme il faut, tant pour lui donner de l'air, que pour l'entretenir dans un degré de chaleur convenable, il s'agit de le meubler pour placer les vers commodément et les servir de même. A cet effet on a besoin de tablettes ou rayons de planches posées solidement et élevées les unes au-dessus des autres pour ne point perdre de place.

Pour poser ces tablettes, ayez des montans de bois de sapin, de 108 millimètres (quatre pouces) d'é-

quarrissage , sur une hauteur proportionnée à l'é-
lévation du plafond ou planches supérieures de l'a-
telier. Ces montans seront arrêtés par le bas dans le
carrelage ou planches du sol, et par le haut ils seront attachés solidement aux solives ou au plafond.
A 458 ou 475 millimètres (17 ou 18 pouces) du
carrelage , ils seront percés d'une mortaise pour recevoir une traverse qui y sera chevillée, en sorte
qu'elle contiendra les deux montans à 975 millimètres (trois pieds) l'un de l'autre , de dehors en dehors, ou 758 millimètres (deux pieds quatre pouces)
en dedans.

A 758 millimètres (28 pouces) au-dessus de cette
traverse, on en placera une autre pareille , et ainsi de
487 en 487 millimètres (de dix-huit en dix-huit
pouces) , jusqu'à la hauteur du plancher supé-
rieur. Ces montans seront multipliés selon la longueur
et la largeur de l'atelier, et on placera chaque paire
garnie de ses traverses , à un mètre 949 millimètres
ou 2 mètres 274 millimètres (6 à 7 pieds) l'une de
l'autre. Toutes les parties de cet assemblage seront
passées à la varlope et bien unies.

Sur les traverses on posera des tablettes ou rayons
de planches assemblées à rainures à languettes , de
975 millimètres (trois pieds) de largeur sur 27 millimètres (douze lignes) d'épaisseur, en sorte qu'elles
seront entaillées à l'endroit et suivant la grosseur des
montans , pour pouvoir poser à plat sur les traverses
auxquelles on les clouera.

Pour que ces planches, qui seront blanchies à la

varlope sur le côté du dessus, ne se désunissent pas entr'elles, on en collera les feuillures, ou l'on clouera par dessous trois liteaux, un à chaque bout et l'autre au milieu.

Entre les rangs des tablettes on laissera une petite allée ou espace d'environ 975 millimètres (trois pieds), pour le service des ouvriers, et un espace pareil à chaque bout de l'atelier, pour passer d'un rang à l'autre.

On clouera d'un montant à l'autre, par dehors, un bon liteau de bois, à la hauteur de la tablette supérieure, tant pour lier les montans les uns aux autres, dans leur longueur, que pour servir d'appui à l'échelle qui sera nécessaire pour le service des tablettes.

On pourrait garnir les tablettes d'un rebord de 27 à 34 millimètres (12 à 15 lignes) de hauteur; mais comme le rebord n'empêcherait point les vers de tomber, il devient inutile. Donnez aux vers une nourriture abondante, placez les feuilles de mûrier plus épais dans le milieu qu'aux bords des clayons dont je vais parler, et les vers n'en iront pas chercher ailleurs.

Les claies sont de petites corbeilles plates et quarrées d'osier, de 65 millimètres (2 pieds) ou environ de longueur, sur 325 ou 406 millimètres (12 à 15 pouces) de largeur. On peut en faire de plus petites, que l'on nomme *clayons*. Les unes et les autres ont un rebord d'environ 41 millimètres (1 pouce et demi) de hauteur. Elles se font avec des osiers dépouillés de leur écorce, et elles servent à contenir les vers à mesure qu'ils sortent des œufs, jusqu'à leur première mue. On les emploie ensuite pour les changer d'une tablette à l'autre. On doit par conséquent en avoir un nombre proportionné au service de l'atelier.

Il faut aussi des échelles ou des marche-pieds, qui se font avec du sapin; mais les échelles sont préférables, parce qu'elles sont plus légères et plus aisées à manier et à transporter. Elles doivent être assez hautes pour poser sur la traverse clouée sur les montans, et être garnie par le bas de deux pointes de fer pour les empêcher de glisser.

On aura plusieurs thermomètres, qui marquent exactement les degrés de chaleur, et ils seront placés dans différens endroits de l'atelier, pour connaître la différence de sa température.

Du Temps et de la Manière de faire éclore les Vers.

Le local étant préparé et tenu très-propre, si la saison favorable approche, et que les mûriers, placés à de bonnes expositions, commencent à pousser, ce qui a ordinairement lieu à la fin d'avril ou au commencement de mai, on fera éclore la quantité de vers que l'on se propose d'élever, et qui doit être proportionnée au nombre de mûriers que l'on a à sa disposition et à la dimension de l'atelier où ils seront placés.

Si vous avez une petite chambre dans laquelle vous puissiez entretenir une chaleur égale à celle d'une

personne tenue chaudement dans son lit, votre graine
y éclôra sans être couvée par la méthode ordinaire,
qui est de les tenir sous les habits de quelques femmes,
contre la chemise. Dans une année où les chaleurs
de l'été furent considérables, j'avais serré dans une
armoire les feuilles de papier sur lesquelles j'avais
fait pondre les femelles des papillons, que j'avais dé-
tournées au mois de juin. En les examinant par ha-
sard, mais fort à propos, je trouvai les deux tiers des
vers qui venaient d'éclore, et qui se promenaient de
tous côtés pour chercher à manger. Je me hâtai de
leur cueillir des feuilles, et je vins à bout de faire une
seconde éducation qui réussit presque aussi bien que
la première, excepté que les cocons ne furent pas si
gros. Je conclus de là que le couvage par les femmes est
une peine et une précaution auxquelles on peut très-
bien suppléer par une chaleur artificielle. Par exemple, en échauffant un des fourneaux dont j'ai parlé,
et posant sur sa tablette la graine de vers dans des
boîtes de carton, elle éclôra parfaitement, si vous
avez soin d'entretenir cette chaleur au degré suffisant ;
mais il faut commencer par lui donner, dans les premiers jours, une chaleur très-douce, et l'augmenter
peu à peu. Ainsi, pendant le premier jour, on la
tiendra à 8 degrés, au second à 10, ensuite à 12 ou
13, et enfin on peut la porter à 20, au dixième ou onzième jour, qui est le terme du couvage : l'essentiel
est de ne pas la pousser trop vite. On a remarqué
que les vers éclos au 14 ou 15.e degré donnaient une
soie forte, nerveuse et d'une qualité supérieure.

Choisissez donc d'abord de la bonne graine, et faites en sorte de ne pas vous laisser tromper, si vous n'en avez pas recueilli vous-même. On la connaît à sa couleur d'un gris foncé comme celui de l'ardoise. En l'écrasant entre les ongles, elle pétille avec un petit bruit, et il en doit sortir une humeur visqueuse et transparente. Si elle n'a pas ces deux qualités, elle est mauvaise.

On peut encore l'éprouver en en mettant une pincée dans un gobelet d'eau; celle qui ira au fond sera bonne, et celle qui surnagera sera mauvaise.

Votre graine étant choisie, mettez-la dans des boîtes plates, à l'épaisseur de 4 millimètres (2 lignes) seulement; le fond de ces boîtes sera garni d'un papier doux, et vous couvrirez la graine d'un papier pareil.

Posez vos boîtes sur une planche élevée de 54 ou 81 millimètres (2 ou 3 pouces) au-dessus d'un des fourneaux de l'atelier ou de la chambre destinée aux vers malades, et placez contre le mur, à la même hauteur des vers, un thermomètre pour vous guider dans les différens degrés de chaleur que vous leur ferez éprouver successivement pendant les dix à onze jours de la couvée.

Lorsque la graine approchera du moment d'éclore, elle prendra une couleur blanchâtre. A mesure que les vers sortiront, on ne conservera que ceux qui sont noirs ou bruns; ce sont les meilleurs. On jette ceux qui sont rougeâtres, parce qu'ils consommeraient de la feuille sans aucun profit. Lorsqu'il n'y en a que quelques-uns qui éclosent avant les autres, on ne prend pas la peine de les élever, il vaut mieux attendre que toute la couvée sorte à la fois, pour ne faire qu'une bonne éducation et que les *mues* se fassent en même temps; cela évite beaucoup de peines et de soins.

Aussitôt que l'on s'aperçoit du changement de couleur de la graine, et que les vers sont près d'éclore, on met sur les boîtes une feuille de papier percée de petits trous très-près les uns des autres, qui couvre toute la graine. On place sur ce papier quelques jeunes feuilles de mûrier fraîchement cueillies; et à mesure que ces vers éclosent, ils passent par ces trous pour venir chercher les feuilles. On prendra bien garde que ces feuilles jeunes et tendres n'aient pas la moindre humidité de pluie ni de rosée; car de cette attention dépendent la santé et la vie des vers.

On place les vers éclos chaque jour dans des boîtes particulières et numérotées 1, 2, 3, etc. C'est ordinairement depuis sept jusqu'à neuf heures du matin qu'il en éclôt le plus. On prend tous les vers montés sur les feuilles de chaque boîte avec une grande épingle, et non avec les doigts, pour les mettre dans les boîtes numérotées, que l'on ne mêle point ensemble; mais on leur donne à manger, selon l'ordre de leur naissance, en commençant par le dernier numéro, jusqu'à ce qu'on arrive au premier.

Après deux ou trois jours de la sortie des vers, on peut jeter la graine qui reste, comme inutile, parce que les vers qui pourraient encore éclore ne vaudraient pas la peine d'être élevés; et comme il en

manque ordinairement beaucoup, on doit toujours
mettre couver un tiers de graine de plus que le
nombre que l'on désire : ainsi si vous voulez des vers
de 6 décagrammes (deux onces de graine), vous
en mettrez couver 9 décagrammes (trois onces).
Souvenez-vous que j'ai recommandé de la mettre
peu épais dans les boîtes, et de la bien égaliser.

La chaleur nécessaire aux vers nouvellement éclos
doit être depuis seize jusqu'à vingt degrés au thermomètre de Réaumur. Ces insectes ne craignent pas
la chaleur, mais ils ne peuvent passer sans danger
d'un degré à un autre beaucoup plus fort. Ainsi je ne
puis trop répéter qu'il faut soutenir une chaleur à
peu près égale, et lorsqu'elle est portée graduelle-
ment à dix-huit ou vingt degrés, si vous avez l'attention de la maintenir constamment, vous verrez prospérer vos vers avec rapidité.

Une autre attention essentielle, c'est de ne leur
donner que de la feuille proportionnée à leur âge ;
des vers naissans ne pourraient manger une feuille
trop avancée, et ceux qui sont plus âgés trouveraient
une nourriture trop foible dans une feuille qui commence à pousser, et en consommeraient quatre
fois plus que de celle qui leur convient.

Lorsque les vers sont dans l'atelier où leur éducation doit se faire, on les tiendra dans un jour modéré, et on ne les exposera point à recevoir les rayons
du soleil, parce que le trop grand jour les fatigue.

On aura donc soin de ne répandre sur eux qu'une
lumière douce et égale, ce qui sera très-facile au

moyen des persiennes dont les fenêtres doivent être garnies.

On prendra garde aussi de leur faire éprouver un courant d'air trop direct qui pourrait les refroidir : ainsi, pour renouveler l'air de la salle, on n'ouvrira qu'une fenêtre à la fois, par exemple, au levant; après l'avoir fermée, on en ouvre une au midi, et ainsi de suite, mais en laissant toujours les languettes des persiennes plus ou moins baissées.

La propreté la plus scrupuleuse doit être observée dans l'atelier. On n'y laissera aucune matière sujète à se pourrir ou à se corrompre, aucuns débris de feuilles ni de crotin, et aucuns vers morts ni languissans.

Revenons maintenant à la manière dont les vers doivent être nourris à mesure qu'ils avancent en âge.

On ne doit cueillir les feuilles de mûriers qu'à mesure qu'on en a besoin. On donne d'abord aux jeunes vers naissans les nouvelles feuilles entières, parce qu'il est plus facile d'en faire la levée en prenant par la queue ou pétiole la feuille sur les bords de laquelle ils se trouvent placés pour manger.

A mesure qu'ils avancent, on peut leur hacher les feuilles trop grandes, d'abord menues, et ensuite moins, à mesure qu'ils grossissent; mais après la seconde mue on ne les hache plus.

On donnera trois repas aux vers, l'un le matin, le second à midi et le troisième le soir. La manière la plus expéditive de leur donner à manger, est d'avoir des châssis légers de bois mince de sapin, garnis de filet ou mailles de fil larges de 27 millimètres (un pouce). Ces châssis seront quarrés , et pourront entrer dans les claies. Lorsqu'on veut donner à manger aux vers répandus dans la litière, ou feuilles rongées d'une claie , on met de la feuille nouvelle sur le filet des châssis partout également , et on le pose sur la claie ; aussitôt tous les vers montent sur les nouvelles feuilles en passant à travers les mailles. Après un demi-quart d'heure , on lève le châssis , et si quelques-uns sont restés dans la claie , on les place avec les autres , et l'on nettoie la claie , dans laquelle il est facile de replacer les nouvelles feuilles du châssis chargées de vers. Cette méthode est très-avantageuse , et je l'ai suivie avec la plus grande satisfaction.

La quantité de nourriture que l'on doit donner aux vers de chaque claie , se règle sur leur nombre et sur leur appétit. On en peut juger à l'heure du repas: si les feuilles du repas précédent sont entièrement mangées, et qu'il ne reste presque que les carcasses , il faudra augmenter la dose pour le repas suivant ; si , au contraire , une partie des feuilles n'a pas été touchée , on en mettra moins. Le grand point est de ne pas laisser jeûner les vers, sans cependant sacrifier plus de feuilles qu'il n'en est besoin.

Des Qualités de la feuille de mûrier , et de la Manière de la cueillir.

La meilleure feuille de mûrier pour la nourriture des vers et pour la qualité de la soie, est celle des arbres qui croissent dans une terre légère, pierreuse, sablonneuse et sur un terrain élevé. Un mûrier planté dans une terre grasse et humide ne donnera jamais une bonne feuille; l'exposition du levant et du midi est aussi la plus favorable pour sa qualité. Un jeune mûrier donnera une feuille moins parfaite qu'un mûrier de quinze à vingt ans. La feuille d'un sauvageon ou arbre semé donnera une plus belle soie que celle d'un arbre greffé, mais elle est plus difficile à cueillir, et n'est pas si abondante ni si étoffée. La feuille des mûriers noirs est très-inférieure, et ne pourrait d'ailleurs se donner qu'après la quatrième *mue*.

Pour bien cueillir les feuilles de mûriers lorsque l'arbre est élevé, il faut avoir pour échelle une perche de sapin, de chêne ou de frêne, suffisamment longue, et percée de trous éloignés de 271 à 325 millimètres (10 à 12 pouces) l'un de l'autre, du haut en bas de la perche. Dans ces trous on passe des chevilles ou broches rondes de cœur de chêne, longues de 542 à 650 millimètres (20 à 24 pouces), de manière qu'elles débordent également de chaque côté de la perche.

Pour que cette espèce d'échelle ne tourne pas quand on est dessus, on fend le bas de la perche jusqu'à un mètre 299 millimètres (4 pieds) de longueur, et on en écarte les deux brins à 812 millimètres (2 pieds et demi) l'un de l'autre, après avoir passé un lien ou anneau de fer au-dessus de cette

fente,

fente, afin qu'elle ne se prolonge pas plus haut. Ces deux brins se maintiennent ainsi écartés avec de longues chevilles ou échelons pareils à ceux que l'on met le long de la tige non fendue. Ces échelles sont très-légères, et se placent facilement entre les branches de l'arbre. On pose les pieds tout près de la perche, et l'on ne risque pas de tomber de dessus l'arbre en cassant les branches ou en perdant l'équilibre.

La méthode de cueillir les feuilles en glissant la main du haut en bas ou du bas en haut de chaque branche, est très-mauvaise. En glissant la main du haut en bas, vous arracherez le *pétiole* ou la queue de la feuille, et vous ferez avorter le bouton qui doit en pousser l'année suivante ; et en la glissant du bas en haut, vous froissez ou vous déchirez les feuilles. La meilleure manière, selon moi, est de se servir de ciseaux pour couper chaque feuille à 14 millimètres (un demi – pouce) ou environ de la branche, de manière que le bouton qui doit pousser l'année suivante, se conservera sous l'aisselle du bout de la queue qui restera, et la feuille ne sera ni froissée ni déchirée, mais tombera doucement dans un panier que l'on tiendra de la main gauche sous la branche, pendant que la droite coupera avec les ciseaux. On peut encore étendre des draps sous l'arbre pour recevoir les feuilles à mesure qu'on les coupe ; alors le coupeur n'a besoin que d'une main pour son opération. Cette méthode paraît minutieuse,

Tome I.   28

mais on doit songer qu'il est essentiel de conserver ses arbres vigoureux, et d'avoir chaque année des feuilles abondantes et bien conditionnées; or la méthode d'arracher les feuilles peut faire le plus grand tort aux arbres.

Une autre manière de cueillir les feuilles, et qui est pernicieuse aux vers, c'est de les entasser, à mesure qu'elles sont cueillies, dans un tablier ou sac que le cueilleur porte devant lui, en sorte qu'elles sont déjà échauffées avant de les sortir du sac. Un panier est de beaucoup préférable, en ce que les feuilles y tombent doucement sans être pressées avec la main; et quand le panier est rempli, on le verse doucement sur un linge, que l'on replie par les quatre coins pour le porter dans la chambre destinée à conserver les feuilles.

Revenons toujours au naturel autant qu'il est possible. Comment les vers à soie se nourrissent-ils dans le pays de leur origine? en parcourant les branches des arbres, dont ils mangent les feuilles toujours fraîches. Or, si vous froissez des feuilles avec les mains et que vous les fassiez fermenter en les entassant, les vers les mangeront faute de meilleures; mais ils éprouveront des maladies, ou ils languiront, et ne donneront qu'une soie imparfaite. Il n'y a qu'à leur donner des feuilles cueillies avec précaution, et d'autres qui auront été froissées ou échauffées; et l'on verra la différence de leurs progrès.

On ne doit jamais cueillir les feuilles à la rosée
du matin, mais après que le soleil en a dissipé l'humidité. Les feuilles cueillies par la pluie, et don-
nées aux vers étant encore mouillées, leur sont per-
nicieuses. Si vous êtes donc forcé de cueillir des
feuilles humides, ne manquez pas de les faire ressuyer en les étendant sur des draps, dans des greniers aérés, ou dans un lieu sec, sans les entasser, et
en les remuant de temps en temps avec une petite
fourche.

Quant aux feuilles que l'on a cueillies bien conditionnées, c'est-à-dire, sans rosée ni pluie, et sans
les avoir laissé échauffer, après les avoir rassemblées
sur un même linge, on en relève les coins, et on les
porte dans un lieu frais à l'ombre, pour les y conserver pendant vingt-quatre heures seulement, à
moins que l'on n'ait prévu un orage ou une pluie,
et que l'on n'ait été obligé de faire double provision ; dans ce cas, il ne faudrait pas tenir les feuilles
entassées, mais les répandre, et ne donner aux lits
que 54 ou 81 millimètres (2 ou 3 pouces) d'é-
paisseur.

Des différentes mues des vers à soie.

Lorsque les vers à soie sont prêts à *muer*, c'est-
à-dire, à se dépouiller de leur peau, ce qui leur
arrive jusqu'à quatre fois, leur appétit augmente
pendant vingt-quatre heures pour la première mue,

pendant trente-six heures pour la seconde, pendant quarante-huit pour la troisième, et pendant soixante pour la quatrième. A ces différentes époques, il faut leur donner quatre repas par jour, et augmenter à chacun la quantité de feuilles. Cette attention fait que les vers se remplissent et prennent de la force pour changer de peau.

Pendant la mue, la chaleur de l'atelier doit être un peu diminuée ; on la tiendra de 18 à 20 degrés du thermomètre.

La mue a été bonne, 1.º lorsque les vers s'agitent avec vivacité dès qu'on souffle légèrement sur eux après qu'elle est passée ; 2.º lorsqu'il leur faut un espace plus grand qu'auparavant ; 3.º lorsqu'ils sont égaux en grosseur et en longueur ; 4.º si, après qu'elle est passée, ils mangent la feuille avec avidité ; 5.º lorsqu'ils ne quittent pas la litière pour courir sur la tablette ; 6.º lorsqu'on trouve peu de morts ou de traîneurs.

Après la première mue, la couleur du ver devient d'un gris de perle parsemé de petites taches noires peu apparentes ; sa longueur est de 9 millimètres (4 lignes). On doit continuer à lui donner de la feuille tendre ou hachée. Egalisez bien vos vers avant qu'ils passent aux mues suivantes.

Après la seconde *mue*, la longueur du ver est de 23 à 27 millimètres (10 à 12 lignes). Au second jour leur peau est plus claire et devient un peu blanche. A cette époque, si leurs pattes sont blanches, le cocon sera blanc; si elles sont jaunes, le cocon le sera aussi. On augmentera leur nourriture, mais on ne mettra pas les feuilles trop épaisses; il vaudrait mieux leur donner un repas de plus, parce que les vers n'aiment point une feuille piétinée ni échauffée.

On met alors les vers sur les tablettes de l'atelier en suivant les numéros des claies, et on leur donne un espace suffisant, car il meurt beaucoup de vers lorsqu'ils sont trop serrés : 19 mètres 490 millimètres (60 pieds) carrés ne sont pas trop pour les vers provenus de 3 décagrammes (une once) de graine.

Après la troisième *mue*, les vers ont de 45 à 49 millimètres (20 à 22 lignes) de longueur; leur tête est grosse et leur corps est ramassé; le dernier anneau est épâté; ils paroissent un peu couleur de chair, mais ils s'éclaircissent deux ou trois jours après, lorsqu'ils veulent entrer dans la grande *frèze* ou *briffe*, qui est un appétit extraordinaire. Alors les repas doivent être plus abondans et donnés de quatre en quatre heures. Les feuilles qu'on leur donne doivent être fortes et nourrissantes, celles des vieux arbres sont les meilleures; ne les en laissez jamais manquer, quelque consommation qu'ils en fassent : nettoyez par conséquent plus souvent leur litière, afin de les tenir très-proprement.

Cet état dure depuis six jours jusqu'à huit : ne leur donnez pas une trop forte chaleur, parce qu'ils se presseraient trop de manger, et les cocons seraient plus minces et mal étoffés; mais tenez l'air de l'atelier à 22 ou 23 degrés du thermomètre.

Si la saison est trop chaude, vous rafraîchirez l'atelier en l'arrosant plusieurs fois par jour, et en plaçant des vases pleins d'eau fraîche de distance en distance.

De la Montée des Vers.

Dans les derniers jours de la *brissa*, la longueur du ver est depuis 81 millimètres (trois pouces) jusqu'à 95 millimètres (quarante-deux lignes); sa peau est absolument tendue; son appétit est entièrement éteint; sa couleur devient claire et transparente, en commençant par les anneaux de la tête. Sa grosseur diminue ensuite, et il est enfin ce qu'on appelle *mûr* ou *tourné*. Dans cet état il devient plus alerte; il court sur les tablettes, grimpe aux montans, et va chercher à faire son cocon le plus haut qu'il peut ou dans l'encoignure des murs. On voit le brin de soie qui sort de la filière.

Lorsque les vers sont arrivés à ce point, il ne faut point perdre de temps pour arranger les cabanes qui doivent servir à leur montée : voici comme on s'y prend.

Prenez de la bruyère, des genêts, des tiges de lavande, ou même des rameaux d'arbrisseaux de toute espèce, que vous aurez coupés d'avance et que vous aurez bien fait sécher en les exposant à l'air ou

au soleil; ou, si vous êtes pressé, passez-les au
four. Lorsqu'ils sont parfaitement secs, battez-les
pour en faire tomber toutes les feuilles, qui embarrasseraient le ver dans son travail.

Disposez vos rameaux ou tiges de plantes en petits
paquets, et placez-les les uns près des autres, en appuyant le pied sur la tablette d'en bas et en pliant
le dessus de la tige sous la tablette supérieure, en
forme de demi-cintre ; faites-en autant de chaque
côté des tablettes, et vous aurez réellement des espèces de cabanes. Représentez-vous plusieurs voûtes
jointes ensemble par leurs côtés ; vous aurez une idée
de celles des vers à soie. Il faut que les ouvertures de
ces cabanes soient du côté de la largeur des tablettes
et non suivant leur longueur. Les rameaux qui formeront la voûte, seront séparés de manière que les
vers puissent pénétrer sans peine entre les brins
pour y établir leurs cocons en trouvant tous les points
d'appui nécessaires ; si l'on ne prenait pas cette précaution, il n'y aurait que le devant des cabanes bien
garni.

Les personnes qui n'élèvent que quelques centaines
de vers à soie par amusement, peuvent leur donner
des cornets de papier collés au mur, et mettre un
ver dans chaque cornet ; il y fera son cocon.

Lorsqu'on ne veut pas être surpris par la montée,
on garnit à l'avance deux tablettes de ces cabanes, et
on y porte les vers hâtifs.

Il faut avoir soin de ne faire cabaner les vers que

lorsqu'ils sont entièrement prêts à filer ; autrement il faudrait encore leur donner à manger, ils courraient de tous côtés sans se fixer , et l'on se trouverait dans le plus grand embarras. Cependant il faut prévenir leur fuite pour *coconner*, parce qu'ils perdraient beaucoup de soie en cherchant à s'établir pour filer.

Quelques personnes croient que le tonnerre peut nuire beaucoup aux vers dans le temps de la monte ; mais c'est une erreur qui est démentie par l'expérience : on tirerait même des coups de pistolet dans l'atelier sans déranger les vers.

On peut détacher les cocons des cabanes ou rameaux sur lesquels les vers seront établis, cinq ou six jours après qu'ils ont été formés. Si on les y laissait plus tard , ils perdraient de leur poids. En les détachant, on en sépare la bourre ou première bave et les ordures qui pourraient être attachées aux fils de soie.

Lorsque les cocons sont détachés, il est nécessaire, pour les conserver long-temps , de faire mourir les vers qui y sont renfermés, parce qu'au bout de vingt jours ils les perceraient pour en sortir, et la soie serait perdue.

On commence donc , dès les premiers jours que l'on a détaché les cocons, à choisir ceux que l'on veut garder pour donner de la graine; il en faut 5 hectogrammes (une livre) pour 3 décagrammes (une once) de graine. On prend à cet effet ceux des vers

qui ont été les plus hâtifs à monter; mais il est impossible de distinguer ceux qui donneront des papillons mâles ou femelles; et ceux qui prétendent que
les cocons pointus d'un bout donnent les mâles, et
ceux qui sont arrondis à chaque bout, des femelles,
sont démentis par l'expérience.

Après avoir détourné la quantité nécessaire, on
secoue chaque cocon auprès de l'oreille, pour savoir
si la chrysalide est morte ou vivante. Si elle rend un
son aigu, c'est qu'elle est morte et détachée du cocon; si au contraire le bruit est sourd, c'est qu'elle
remplit mieux le cocon et qu'elle est vivante. Après
ce choix, on enfile les cocons en forme de chapelet,
et après les avoir suspendus à des perches ou à des
clous, on attend que les papillons sortent. Au bout
de 18 à 20 jours, on les visite tous les matins, depuis
le lever du soleil jusqu'à 8 ou 9 heures; c'est le
temps où les papillons quittent leur coque. On les
enlève et on les place sur une table pour les faire
accoupler. Cette table sera couverte d'une vieille
étoffe de voile ou d'étamine, pour que les papillons
puissent s'y cramponner. On place contre le mur de
pareils morceaux d'étoffe, sur lesquels on porte les
femelles après l'accouplement. On a soin de relever
le bas de ces morceaux d'étoffe en forme de bourrelet, pour recevoir la graine qui pourrait tomber
sans cette précaution.

Aussitôt qu'on a vu quelques papillons, il faut
tous les matins visiter les chapelets, ôter les papil-

lons de dessus les cocons, et les placer sur la table, les mâles d'un côté et les femelles de l'autre. Si on en trouve qui soient déjà accouplés, on les prend par les ailes et on les transporte doucement sur la table. Les mâles sortent plus tôt que les femelles, et l'on en trouve un plus grand nombre dans la même matinée. Après l'accouplement on met les surnuméraires de côté pour le lendemain, en cas de besoin.

On distingue le mâle de la femelle à son corsage qui est plus mince, à sa vivacité, au battement continuel de ses ailes. La femelle a au contraire une marche lente, et son ventre, plein d'œufs, est plus court et plus gros.

Pour faire accoupler les papillons, on place une femelle sur un morceau d'étoffe qui couvre la table, et l'on met un mâle à côté d'elle. On suit toujours la même ligne en plaçant la femelle à côté du mâle. Quand une ligne est finie, on en recommence une autre, jusqu'à ce que tous les papillons de la journée soient employés. Quant aux mâles surnuméraires, on les met sur une autre table, jusqu'au lendemain.

La durée de l'accouplement ne doit être que de neuf à dix heures ; alors on les sépare doucement pour porter la femelle sur le morceau d'étoffe placé contre le mur : elle y fera sa ponte pendant la nuit. Les mâles qui paraissent encore vigoureux, pourront servir encore le lendemain, s'il ne s'en trouve pas assez de nouveaux ; mais ceux-ci sont préférables.

Si on laissait le mâle accouplé avec la femelle sans la désunir, il resterait trop long-temps en cet état, et la femelle mourrait sans avoir pondu ; et si on les séparait avant huit à dix heures d'accouplement, la ponte serait plus difficile et moins abondante. Une femelle qui a été accouplée pendant neuf à dix heures, pond au moins cinq cents œufs ; lorsque sa ponte est finie, elle tombe épuisée et on l'ôte pour faire place à d'autres.

On aura soin de ne pas placer les papillons pour l'accouplement, dans un endroit trop chaud ; il est bon au contraire qu'il soit un peu frais; la trop grande chaleur nuirait beaucoup à la ponte.

Lorsque toutes les femelles ont fini leur ponte, on les jette. On laisse les morceaux d'étoffe où elles ont pondu, attachés contre le mur pendant une quinzaine de jours, si l'endroit n'est pas trop chaud ; autrement, après un long séjour, la graine pourrait éclore. Pendant ces quinze jours on ne fera aucune poussière dans la chambre, on ne la balaiera même pas par cette raison. Au bout de quinze jours, on détache les morceaux d'étoffe, on étend par dessus un vieux linge blanc de lessive, et l'on roule ensemble chaque morceau d'étoffe avec la toile qui le couvre.

Tous ces rouleaux se mettent dans un sac suspendu au plancher; mais si la chaleur devient trop forte, on les porte dans un endroit frais sans être humide, et on les place dans une armoire. On les suspend de nouveau au plancher lorsque les chaleurs diminuent. En hiver, on place le sac dans la chambre que l'on habite, afin de le tenir à l'abri de la gelée. Dans les grands froids on le suspend au ciel du lit ; quand ils sont passés, on le remet au plancher, et toujours à un courant d'air. En un mot, il est important de placer la graine à une température toujours à peu près égale.

Lorsque le temps de la couvée approche, on détache la graine des morceaux d'étoffe sur lesquels elle est collée, et dont elle se sépare aisément avec un couteau dont la lame ne doit pas être tranchante.

J'ai recueilli de la graine de vers à soie sur des feuilles de papier gris, et je l'y ai très-bien conservée, en les roulant et les tenant enfermés dans une armoire.

On peut faire, chaque année, deux éducations de vers à soie ; mais la seconde ne vaut jamais la première.

Manière d'étouffer les cocons.

Après avoir choisi les cocons que l'on destine à donner de la graine, et les avoir mis en chapelet jusqu'à ce que les papillons en sortent, il faut faire mourir les chrysalides dans ceux dont on veut tirer la soie, pour empêcher qu'elles ne se forment en papillons, qui, en sortant des cocons, perdraient entièrement la soie. Il serait sans doute très-avantageux de filer ces cocons aussitôt qu'ils sont formés ; mais cela serait impossible à ceux qui en ont un très-grand nombre et qui en font commerce, ou bien il faudrait employer un nombre considérable d'ouvriers.

La méthode la plus ordinaire est de prendre de grands paniers, ou corbeilles, dans lesquels on met les cocons ; on les couvre avec des chiffons de vieux linge ou d'étoffe. On les met au four après que le pain est tiré, et on les y laisse environ une heure ; mais il faut bien prendre garde que le four ne soit trop chaud, car il calcinerait les cocons, et le brin de soie se casserait en les dévidant.

Il vaut donc mieux mettre les cocons dans l'eau bouillante pendant quelques minutes, et en les retirant les faire sécher sur des claies très-claires où ils puissent s'égoutter promptement.

Des Maladies des Vers à soie.

La rouge. J'ai dit, en parlant de la couvée des œufs, que les vers qui en naissent avec une couleur rouge, devaient être rejetés, parce qu'ils ne donneraient jamais de bons cocons. Cette maladie vient ou de la trop grande chaleur que les œufs ont éprouvée en couvant, ou du passage subit du froid au chaud, ou du chaud au froid. Si l'on s'aperçoit donc que la plupart des vers qui éclosent aient ce défaut, le plus court parti est de les jeter, et de recommencer une autre couvée.

Les vaches ou *gras* ou *jaunes*. La tête du ver est enflée ; la peau qui recouvre ses anneaux est luisante comme un vernis ; les anneaux sont gonflés ; le ver donne une eau jaune, qui paraît de cette couleur sur la feuille.

Cette maladie vient de ce que l'air n'a pas été renouvelé dans l'atelier, ou de la vapeur qui s'exhale de la litière que l'on a laissée trop entassée sans la nettoyer. Donnez donc de l'air, tenez vos vers proprement, et vous éviterez cette maladie ; mais si vous trouvez quelques vers qui en soient attaqués, jetez-les promptement, sans quoi ils infecteraient les autres.

Les morts blancs ou *tripés*. Il se trouve quelquefois des vers morts qui paroissent aussi frais que ceux qui sont en vie. On prétend que cette mort subite est causée par l'air méphitique provenant de la litière. On conseille de garnir le devant des tablettes avec des conducteurs de fil de fer. Mais je dirai toujours : donnez à vos vers des feuilles fraîches ; nettoyez-les souvent ; ne laissez point entasser leur litière ; entretenez-les dans un air suffisamment chaud et souvent renouvelé, et ils se porteront toujours bien.

La luzette, *luisette* ou *clairette*. La couleur du ver devient d'un rouge clair, puis d'un blanc sale ; il laisse tomber par les filières une goutte d'eau gluante, et son corps est transparent. Il faut jeter ces vers comme inutiles. Cependant si, après la quatrième mue, on trouve des *luzettes* disposées à faire leurs cocons, on peut les faire cabaner.

Dévidage des Cocons.

Avant de dévider la soie des cocons, on met de côté ceux qui sont doubles, trop foibles ou trop grossiers, et on les réserve pour les mettre en flottes et en écheveaux.

On met dans un chaudron presque rempli d'eau de rivière bouillante, et placé sur un fourneau bas, une poignée ou deux de cocons choisis et bien nettoyés de leur bourre; on les remue et on les agite avec un paquet de bouleau ou de bruyère bien sèche, arrangé en forme de brosse; et lorsque l'agitation et la chaleur ont détaché les bouts de soie qui se prennent à ces verges, on les alonge jusqu'à ce qu'aucun fleuret n'y paroisse plus : on les assemble ensuite par 10, 12 et même 14, pour en former des fils égaux et de la grosseur convenable aux différens ouvrages de soierie auxquels ils sont destinés. Huit bouts suffisent pour la rubannerie ordinaire; mais il en faut beaucoup plus pour les étoffes de soie, et il faut être instruit parfaitement là-dessus avant de faire son dévidage, afin de trouver le débit le plus avantageux de la soie.

Si l'eau du chaudron est trop chaude, il faut de temps en temps y en jeter un peu de froide pour lui donner le degré convenable, ce qui se connoît par l'usage.

Le dévidoir ou métier à tirer la soie est un châssis

de bois soutenu sur quatre pieds d'une hauteur proportionnée au fourneau à côté duquel on le place. La
construction et l'usage de ce dévidoir ne sont pas faciles à décrire: c'est pourquoi je conseille d'en acheter de tout faits, et de s'instruire en même temps de
la manipulation du dévidage en la voyant opérer
dans une manufacture de soie. Sans cette précaution,
on aura beau lire les descriptions les plus détaillées,
on s'exposera toujours à perdre beaucoup de cocons et à faire un mauvaise filage.

J'avoue qu'ayant élevé des vers à soie avec le plus
grand succès, je n'ai jamais osé entreprendre de
dévider leurs cocons, si ce n'est quelques-uns pour
essai.

FIN DU PREMIER VOLUME.

TABLE

TABLE

Des Parties, des Chapitres et des Titres contenus dans le Tome premier.

Tome I.   29

Fin de la Table du premier Volume.

FAUTES A CORRIGER.

Page 6, ligne 13; planchers, *lisez* planches.
Page 37, ligne 15; pieux, *lisez* pièces.

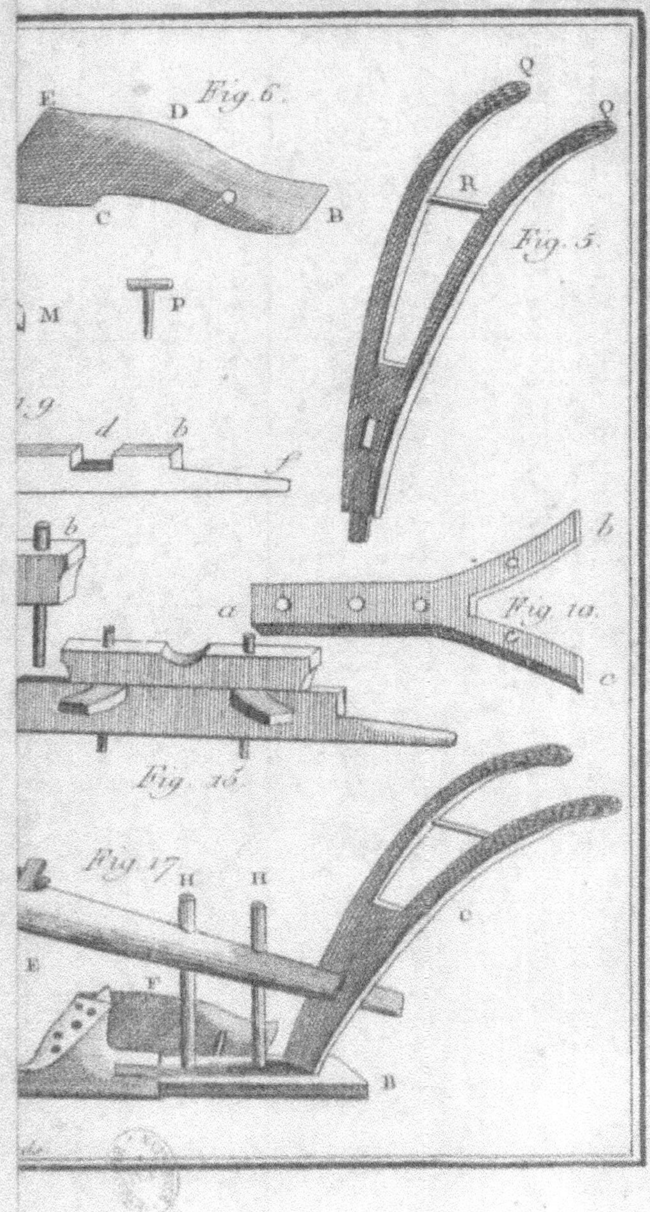
Fig. 6.
Fig. 5.
Fig. 9.
Fig. 10.
Fig. 15.
Fig. 17.

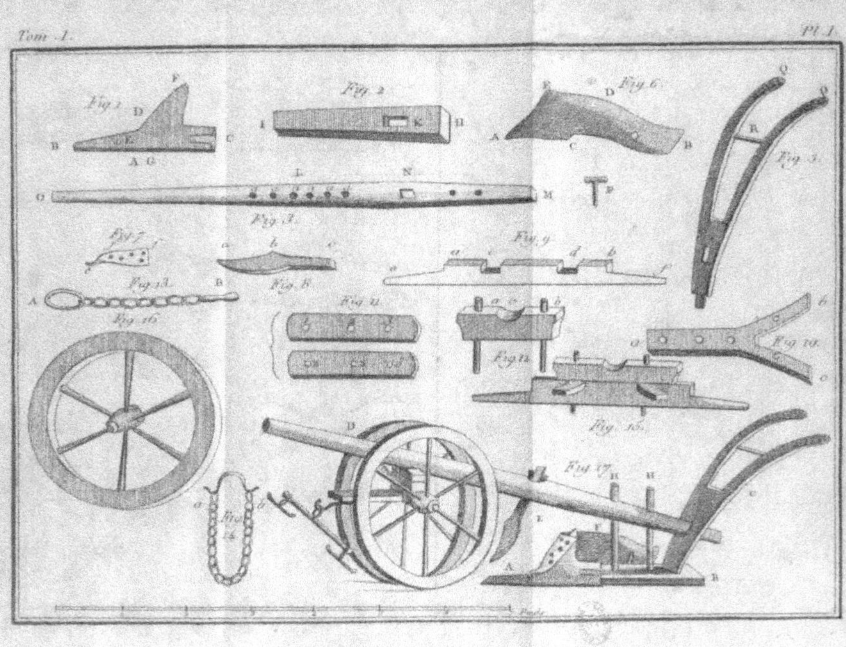
Fig. 1
Fig. 2
Fig. 6
Fig. 5
Fig. 3
Fig. 7
Fig. 8
Fig. 9
Fig. 13
Fig. 14
Fig. 11
Fig. 10
Fig. 12
Fig. 15
Fig. 16
Fig. 17
Pieds

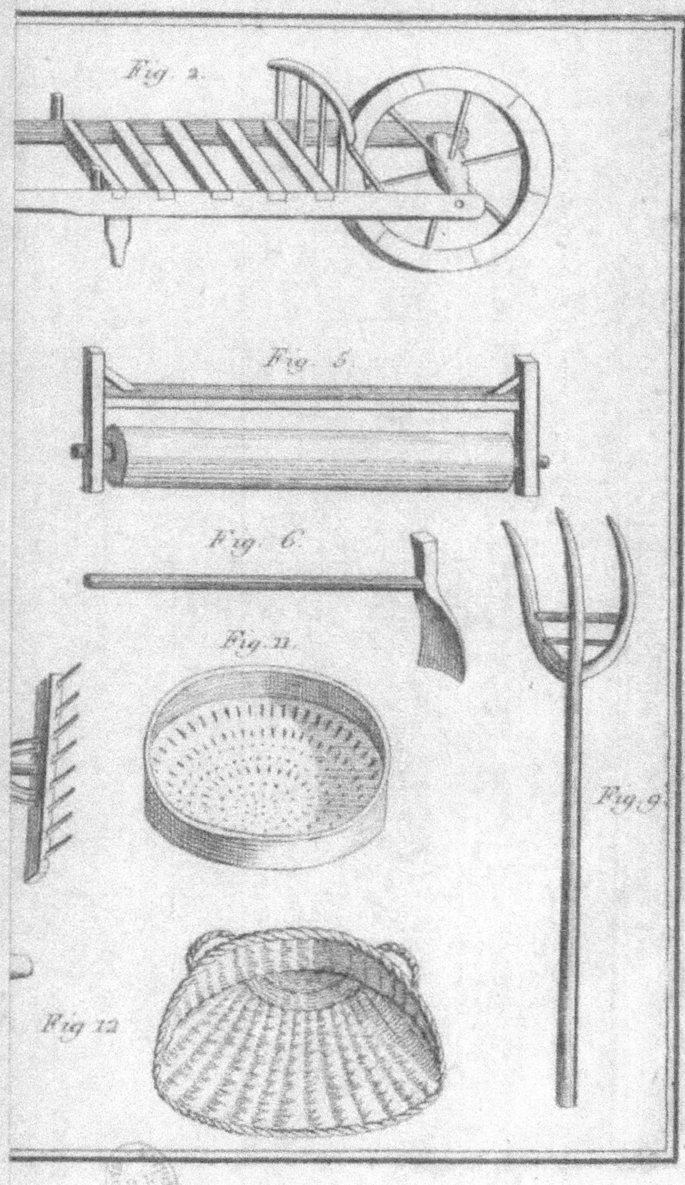

Pl. II.
Fig. 2.
Fig. 5.
Fig. 6.
Fig. 11.
Fig. 9.
Fig. 12.

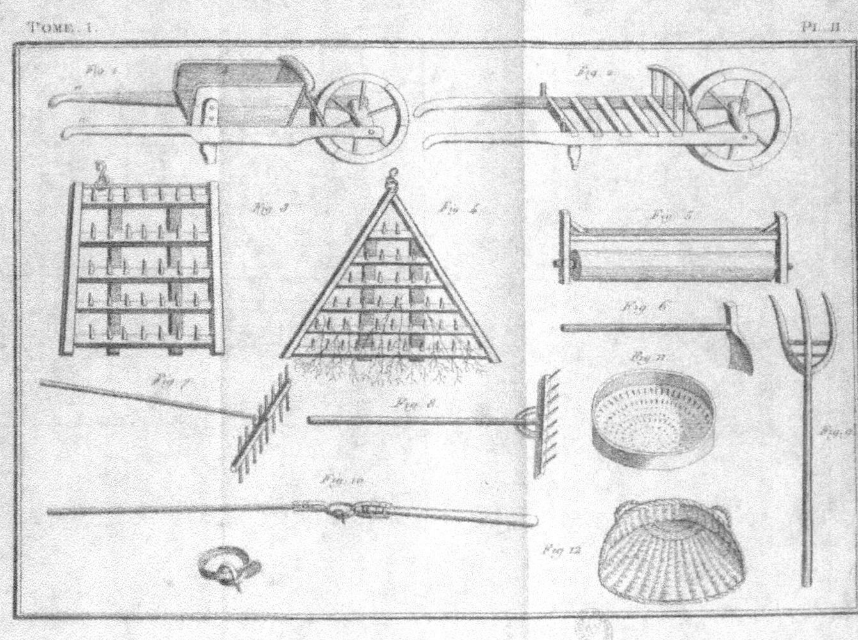

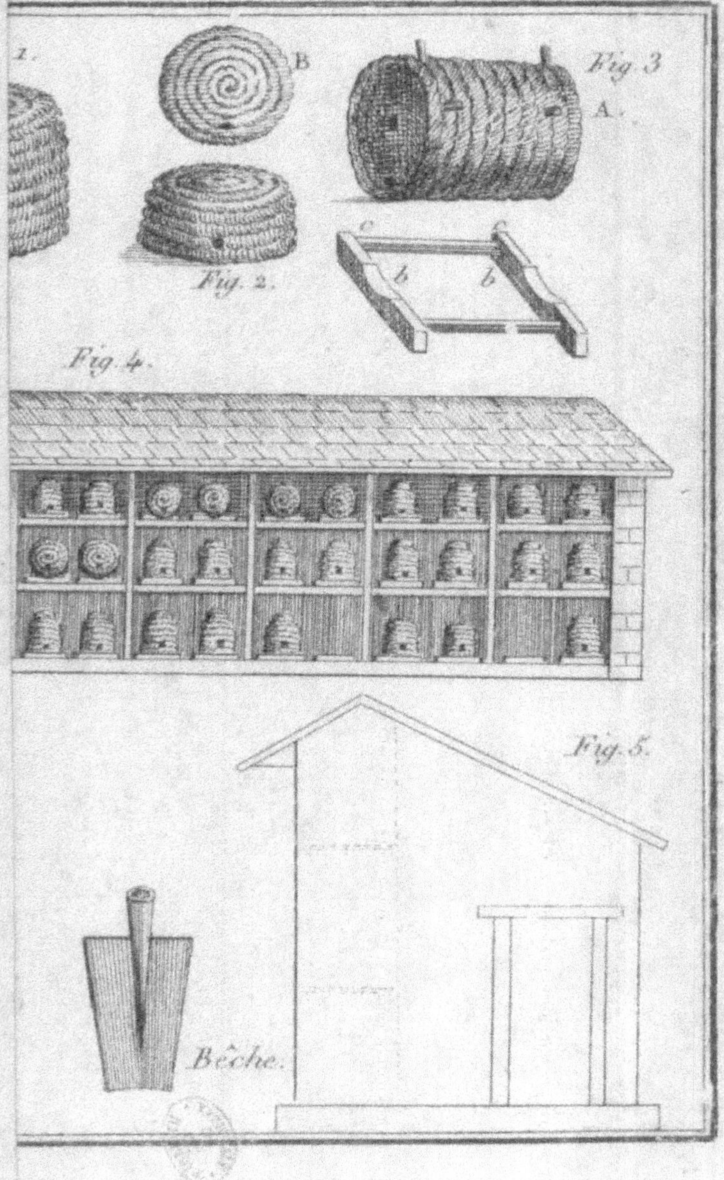
1.
B
Fig 3
A.
Fig. 2.
c
c
b
b
Fig. 4.
Fig. 5.
Bêche.

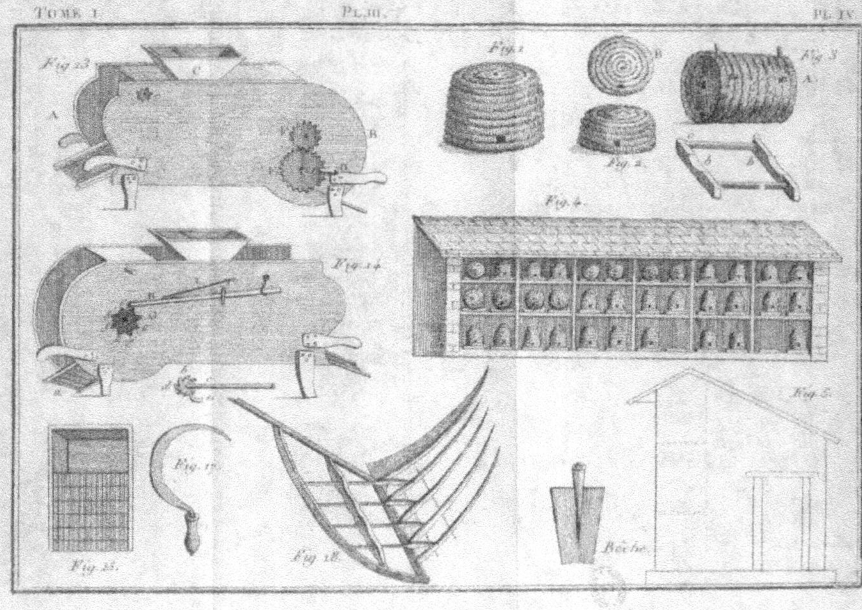
Fig. 13.
Fig. 14.
Fig. 1.
Fig. 2.
Fig. 3.
Fig. 4.
Fig. 5.
Fig. 15.
Fig. 17.
Fig. 18.
Bêche.